台科大圖書
since 1997

Automobile
汽車學－
柴油引擎篇

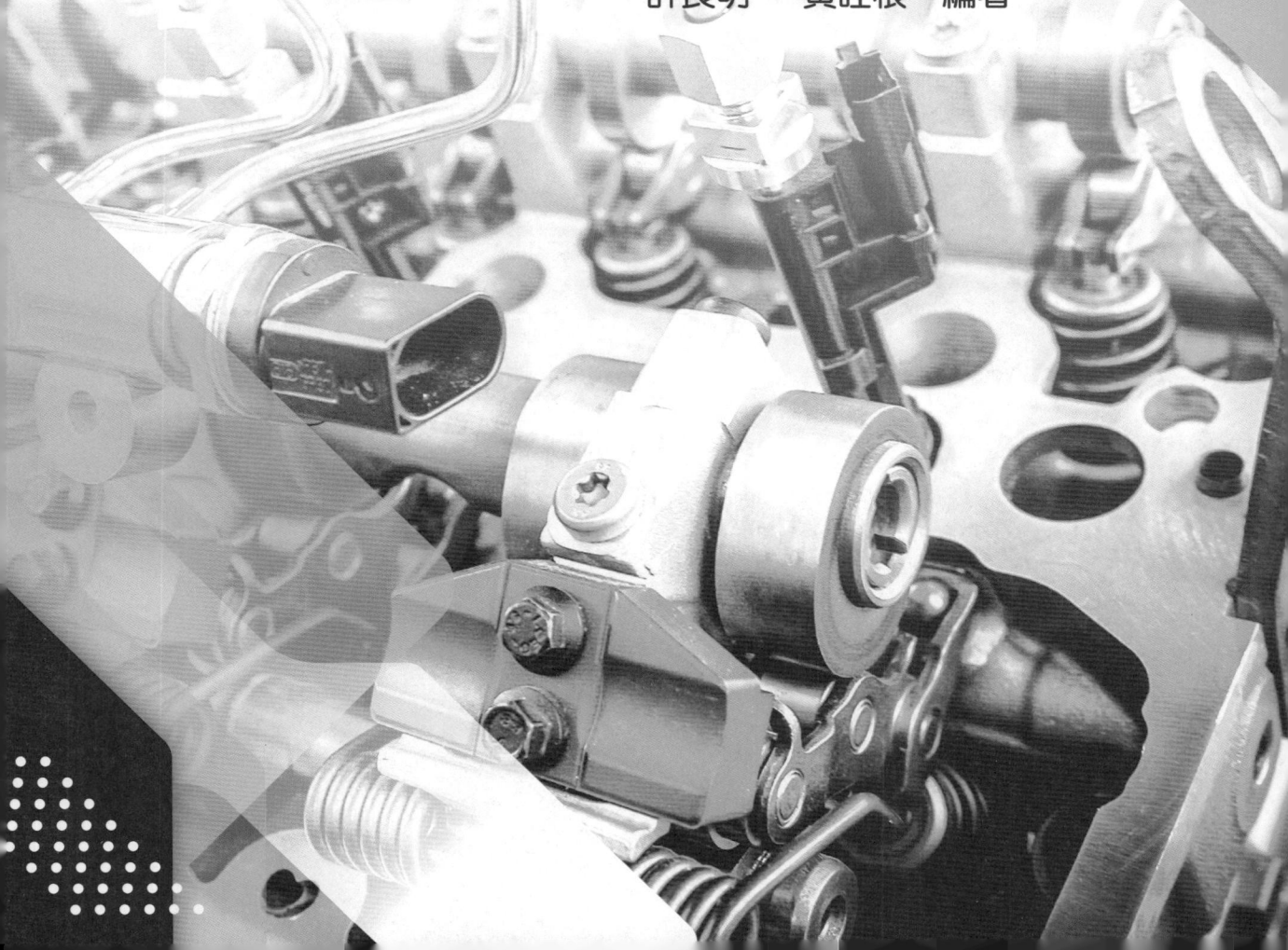

許良明・黃旺根　編著

序

一、本書共分七章,第一章 緒論,第二章 柴油引擎本體系統,第三章 燃料系統,第四章 潤滑系統,第五章 冷卻系統,第六章 預熱系統,第七章 排放污染物控制裝置。內容極為充實,敘述力求深入淺出。

二、本書適用於動力機械群選修課程用,也適用於科大四技二專之車輛工程系及汽車從業人員的參考書籍。

三、本書在各章節設計有隨堂評量及綜合評量,提供讀者學後測驗,驗證所學。

四、本書雖經多次校正,恐仍有疏漏之處,尚祈各諸先進能不吝指教。

編者謹誌

Contents

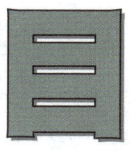

第 1 章　緒論

1-1　柴油引擎概述　　2
1-2　柴油引擎之循環理論與工作原理　　11
　綜合評量　　22

第 2 章　柴油引擎本體系統

2-1　柴油引擎本體各主要機件的功用和構造　　26
　2-1-1　汽缸蓋與汽缸體　　26
　2-1-2　活塞、活塞環、活塞銷　　31
　2-1-3　連桿、曲軸與軸承　　37
　2-1-4　飛輪與減震器　　43
　2-1-5　凸輪軸與汽門機構　　45
2-2　其他附屬機件的功用與構造　　48
　綜合評量　　52

第 3 章　燃料系統

3-1　燃料與燃燒　　56
　3-1-1　柴油的特性與添加劑　　57
　3-1-2　空氣與柴油的混合比及空氣過剩率　　62
　3-1-3　正常燃燒與異常燃燒　　64
　3-1-4　燃燒室　　70
3-2　柴油噴射系統概述　　78

Contents

3-3 複式高壓噴射系統的構造與工作原理　　82
　3-3-1 低壓油路機件的構造與作用原理　　83
　3-3-2 高壓油路機件的構造與作用原理　　93
3-4 高壓分配式噴射系統的構造與作用原理　　111
3-5 低壓分配式噴射系統　　129
3-6 單式高壓噴射系統　　141
3-7 噴射器的功用、構造與工作情形　　147
3-8 正時裝置的功用、構造與工作情形　　156
3-9 調速器的功用、構造與工作情形　　159
3-10 增壓器的功用、構造與工作情形　　193
3-11 電腦控制柴油噴射系統　　198
綜合評量　　222

第 4 章　潤滑系統

4-1 潤滑概述　　228
4-2 潤滑系統的主要機件　　234
綜合評量　　245

第 5 章　冷卻系統

5-1 熱的傳遞與排除　　250
5-2 水冷式冷卻系統　　252
綜合評量　　265

Contents

第 6 章　預熱系統

6-1　副燃燒室加熱式預熱系統　　　270
6-2　進汽歧管加熱系統　　　280
　　　綜合評量　　　283

第 7 章　排放污染物控制裝置

7-1　柴油車排放污染氣體概述　　　288
7-2　排放空氣污染物標準與測試　　　290
7-3　排氣污染物處理裝置　　　294
　　　綜合評量　　　296

中英文索引　　　附-1

評量簡答　　　附-3

緒 論

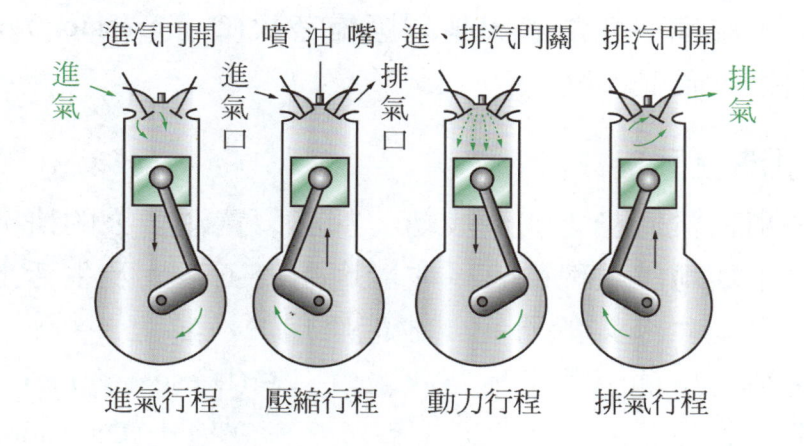

進汽門開　噴油嘴　進、排汽門關　排汽門開

進氣　進氣口　排氣口　　　　　排氣

進氣行程　壓縮行程　動力行程　排氣行程

本章學習目標

1. 能瞭解柴油引擎發展史。
2. 能瞭解柴油引擎的優缺點。
3. 能瞭解柴油引擎與汽油引擎的優缺點。
4. 能瞭解柴油引擎發生逆轉之原因及特徵。
5. 能瞭解柴油引擎的循環理論。
6. 能瞭解四行程柴油引擎的工作原理。
7. 能瞭解二行程柴油引擎的工作原理。
8. 能比較四行程與二行程柴油引擎的優缺點。

1-1　柴油引擎概述

　　柴油引擎在進氣行程時，吸入汽缸的為純空氣；當壓縮行程時，活塞將汽缸內之空氣壓縮，空氣被壓縮後，其壓力與溫度都會增高；一般柴油引擎之壓縮比約為 15～23：1，因此，被壓縮後之壓力約達 25～35kg/cm^2，同時空氣溫度也將升至 400～700℃，而柴油在 30kg/cm^2 之壓力下，其著火點約為 200℃。所以，在壓縮終了前，將柴油以霧狀噴入高壓高溫之空氣內，柴油本身即能自行著火燃燒。

　　由於柴油引擎之著火爆發是利用空氣被壓縮後之高壓高溫將柴油點燃，因此，柴油引擎之著火稱為壓縮著火(Compression Ignition)；所以，柴油引擎又簡稱 CI 引擎。

一、柴油引擎發展史

　　任何一項工業產品之開發成功，都必須貫注多人的研究心血與時間，並經過不斷地試驗與改良，才能應用於工業上及生活上。柴油引擎的發展也是經由多人的研究，才能應用於汽車上。

　　我們往往將柴油引擎也稱為狄塞爾引擎(Diesel Engine)主要是為了紀念柴油引擎的發明人——德國工程師狄爾塞博士(Dr. Rudolf Diesel)，以紀念他對柴油引擎之偉大貢獻。

　　早在 1824 年法國年青工程師卡諾氏(Carnot)即提出柴油機之理論：
1. 將空氣在汽缸內壓縮，其壓縮比應達 15：1 以上，壓縮溫度應可達 300℃ 以上，此時將燃料噴入應可自行燃燒。
2. 應設計一簡易噴射器，將燃料在空氣被壓縮後噴入。
3. 燃料在燃燒後，其汽缸內的溫度會升高，所以必須將引擎的汽缸冷卻，以容許活塞在汽缸內繼續運作。
4. 應將排氣引導經過水鍋爐下，使排氣熱量能再利用。(創造廢氣再利用之理論)。

　　由於卡諾氏早逝，僅享年 37 歲，所以，並未將其理論推展於實驗室。

1892 年德國工程師狄塞爾博士(Dr. Rudolph Diesel)，認為空氣經壓縮後，其溫度應可超過燃料的點火溫度，而獲得德國專利，許可其研究製作"壓縮點火引擎"。

1893 年，狄塞爾完成第一部引擎，它以煤粉當燃料，結果，此部引擎試驗失敗，其失敗的原因為燃燒所得到的動力超過其計算之數字，且未考慮汽缸之冷卻設備，致使引擎發生爆炸。

1895 年，狄塞爾完成第二部引擎之試驗，它以煤油為燃料，並設計噴油器，利用壓縮空氣將煤油噴入汽缸(稱為空氣噴射或有氣噴射)，此部引擎馬力不大，耗油量卻很驚人，所以實用性較低。

1897 年狄塞爾終於成功地完成一部具有十八匹馬力之水冷式柴油引擎，備受世人推崇。不過，此時之柴油引擎因效率低，且極為笨重，故僅用於工業或發電方面。

1908 年西德現今之 M. A. N 廠之前身 Mas Chinenfabrik Augsburg 廠，依照 E. Vogel 工程師之構想，研究無氣噴射系統(Airless Injection System)即燃料之噴射完全以壓縮噴射，而不需噴入空氣以利其汽化，可惜沒有成功。結果於 1910 年由英國的威克斯公司(Vickers Co.)發展成功。

1922 年西德 BENZ 廠試驗由 L. Orang 工程師所發明之副燃燒室引擎，並將其裝配於農業用之貨車，獲得很好的評價。所以 Benz 廠於 1923 年將其納入生產，於 1924 年 2 月發售於世界。

1924 年美國之 Cummins Engine 廠開發單體式噴射裝置(Unit Injection)，並試用於運輸機械上。經過 Cummins 廠不斷地加以改良，終於在 1930 年初次嘗試將此種柴油引擎裝置於轎車上，在 1932 年將此引擎裝於貨車上，並與驕車同時發售。

1930 年日本才開始研究柴油引擎，1931 年日本之三菱公司開始研究海軍用船艇之柴油引擎。

1939 年日本之日野、五十鈴才與歐洲系技術合作，相繼完成預燃室式、渦流室式、直接噴射式之四行程柴油引擎。此時期日本軍國主義正大舉侵華，迫於當時之情勢而無法繼續發展，直到 1959 年以後，豐田、日產、五十鈴才又分別登場，將柴油引擎之發展繼續往前推進。

轎車用之柴油引擎在二次世界大戰後之市場,大致都由英國的 Perkins 和西德的 Benz 所佔據。

　　1971 年美國加州首先對柴油車訂有排煙濃度限制,使各廠商須對燃燒方面著手研究,有朝燃燒室方面研究,也有朝燃料噴射方面研究,期能將排煙合乎政府所訂之標準。其中在燃燒室方面最有成果的為英國的 Perkins 與日本的日野及五十鈴。而在燃燒噴射方面最有成果的為西德之 Bosch 與英國之 CAV。

　　在 1973 年正值石油能源危機,各廠商也都致力於如何降低燃料消耗之研究,其研究的策略是想利用機械增壓或排氣渦輪增壓以提升引擎之馬力,以降低燃料消耗量。無論何種年代,柴油引擎仍在持續不斷地研究中,且朝三大項目邁進:

　　1. 研究運轉範圍大、馬力強之柴油引擎。
　　2. 研究熱效率高、燃料消耗率低之柴油引擎。
　　3. 研究污染性低之柴油引擎。

　　在 1980 年初期,電腦控制式汽油噴射系統已蓬勃發展,而部份汽車廠也投入電腦控制式柴油噴射系統的開發,尤其是日本豐田汽車公司(TOYOTA)與五十鈴汽車公司(ISUZU),均將其波細 VE 型高壓分配式噴射泵加以改良,其調速器之控制採用電子控制式(電子式調速器),使噴射量的控制更為精確,以提高引擎之輸出馬力、低速扭力、加速性、省油性,並降低引擎之運轉噪音及減少排氣污染。

　　現代很多柴油車為了能提高引擎的控制性能,及能合乎第三期廢氣排放之標準,紛紛在柴油引擎之燃料噴射系統上裝置電腦控制系統,利用電腦來修正噴射量、噴射正時及控制噴射率等,使引擎能以最佳的狀況運轉,並合乎廢氣排放之標準。

二、柴油引擎的優缺點與應用

(一)柴油引擎的優點:

1. 熱效率較高,燃料消耗率較低

　　由於柴油引擎為壓縮點火引擎,其壓縮比較高,約15～23：1,所以,其熱效率較高,約 30～40%;且燃料消耗率較低,約 170～220 gr/ps-hr。

2. 汽缸直徑不受限制

由於柴油引擎係在壓縮上死點前才將燃料以高壓噴入燃燒室內，在燃燒室內任何位置之油粒只要吸收足夠的熱量後，即能自行著火燃燒，所以沒有火焰傳播路徑過長的問題，因此，其汽缸之直徑可以不受限制，能設計大排氣量之引擎，以提高引擎的出力。

3. 低速扭力及馬力較大

一般柴油引擎在進氣系統並無文氏管與節汽門之設計，其進氣阻力較小，容積效率較大，在低速時之扭力與馬力輸出較大，所以重型車大都採用柴油。

4. 扭力變化小，行駛性能較佳

由於柴油引擎在各種負荷下，吸入汽缸的空氣量幾乎保持一定，而係以噴射量來改變引擎的出力，所以在轉速變化時，其扭力變化較小，行駛性能較佳。

5. 故障率較低

柴油引擎因沒有點火系統，不會有點火系統故障的問題，所以故障率較低，且對收音機之無線訊號，較不會造成干擾。

6. 保養工作較簡單

柴油引擎之保養工作較簡單，僅須定期清理或更換柴油濾清器、空氣濾清器等機件即可。

7. 安全性較高

由於柴油的閃火點較高，較不易因火花而引起火災，所以安全性較高。

8. 空氣污染較低

柴油引擎的空燃比範圍較大約 16～200：1，所以 HC、CO 之排放量較少；但因其壓縮壓力高，燃燒溫度高，所以 NO_x 之排出量較多。

（二）柴油引擎的缺點：

1. 較笨重，且製造成本較高

    因柴油引擎的壓縮比較高，燃燒壓力也較高，為了使引擎的機件能承受強大的燃燒壓力，其機件的強度較大，也較笨重，製造成本也較高。

2. 制動平均有效壓力較低，單位馬力重量較大

    由於柴油引擎較笨重，運動機件之慣性損失較大，所以同排氣量之引擎，其制動平均有效壓力較低，而單位馬力重量較大。

3. 噪音、震動均較大

    因柴油引擎的壓縮比較高，爆發力較強，所以噪音大、震動也較大。

4. 起動馬達與電瓶容量較大

    由於柴油引擎較笨重，扭轉阻力較大，所以須採用大容量的電瓶與起動馬達。

5. 冷天起動較困難

    柴油引擎在天氣較冷時，因進氣溫度較低，壓縮溫度也低，所以起動較困難，必須藉預熱塞將燃燒室加溫，以提高壓縮後之空氣溫度，提高冷車之起動性。

6. 調整工作較困難

    柴油引擎因裝設有高壓噴射系統，其噴射泵非常精密，須專業人員才能調整和修理。

7. 易排放黑煙

    由於柴油引擎係在壓縮上死點前才噴射，且在燃燒時仍持續噴油，所以易排放黑煙。

8. 最高轉速及最大馬力均較低

    柴油引擎的機件較笨重，慣性損失較大，所以最高轉速較汽油引擎為低，最大馬力也較低。

下表為柴油引擎與汽油引擎之優缺點比較：

比較之項目	柴油引擎	汽油引擎
1. 熱效率	約 30～40%	約 25～30%
2. 燃料消耗率	170～220 gr/ps-hr	220～300 gr/ps-hr
3. 汽缸直徑	不受限制	因爆震問題受限制
4. 低速扭力與馬力	較大	較小
5. 扭力變化	較小	較大
6. 行駛性能	較佳	較差
7. 故障率	無點火系統，故障率較低	有點火系統，故障率較高
8. 危險性	柴油閃火點較高，引起火災之危險性較小	汽油之閃火點較低，引起火災之危險性較大
9. 保養工作	較簡單	較困難
10. 空氣污染	HC、CO 排放量較少，NOx、黑煙較多	HC、CO 排放量較多，NOx、黑煙較少
11. 收音機之干擾	無點火系統，不會干擾	易干擾收音機
12. 最大馬力	較小	較大
13. 最高轉速	較低，約 5000 rpm	較高，約 9000 rpm
14. 冷天起動	較困難	較易
15. 電瓶容量	需較大約 100～120AH	較小約 40～60 AH
16. 空燃比範圍	較廣約 16～200：1	較窄約 7～18：1
17. 調整工作	因燃料噴射裝置較精密，所以，調整較困難	調整容易
18. 製造成本	較高	較低
19. 單位馬力重量	較大	較小

柴油引擎現今日漸普及，主要之原因為柴油引擎之熱效率高，燃料消耗率低，運轉成本低，柴油價廉，且其缺點由於科技上之進步，有部份已獲得良好之改善。

三、柴油引擎之逆轉

柴油引擎發生逆轉之原因有二：

1. 人為操作不良

　　當汽車行駛於斜坡上時，其引擎之輸出扭力應大於上坡所需要之抵抗力；若駕駛者加速不良，致使引擎熄火，此時，駕駛者若踩離合器及煞車之動作太慢，易使引擎因受車輪之傳動而產生逆轉之現象。

2. 起動不良

　　由於柴油引擎之壓縮比高達 15～23：1，其壓縮壓力很高，若在起動時，電瓶電力不夠，或噴油過早，致使飛輪之慣性力不足，在壓縮未完成時，即將活塞下壓，使活塞下行，此時，若燃料剛好足以燃燒，則引擎即發生逆轉現象。

（一）發生逆轉之理由

　　柴油引擎之逆轉，均發生在四行程往復活塞式之直列式噴射系統的引擎。由於柴油引擎在進氣行程時，吸入汽缸的為純空氣，因此，發生逆轉時，排汽門即變為進汽門，進汽門變為排汽門，由排汽門吸入的仍是純空氣，所以，柴油引擎才會有逆轉的現象發生，而汽油引擎吸入汽缸的為混合汽，若逆轉，則由排汽門吸入的為純空氣，火星塞雖點火，但不會爆發，所以，汽油引擎不會有逆轉之現象。

　　圖 1-1 所示為四行程柴油引擎之汽門正時圖，圖 1-2 所示為四行程柴油引擎逆轉時之汽門正時圖。由圖可知，當引擎逆轉時，排汽門變為進汽門，進汽門變為排汽門，原來的進氣行程變為排氣行程，原來的壓縮行程變為動力行程，原來的動力行程變為壓縮行程，原來的排氣行程變為進氣行程。

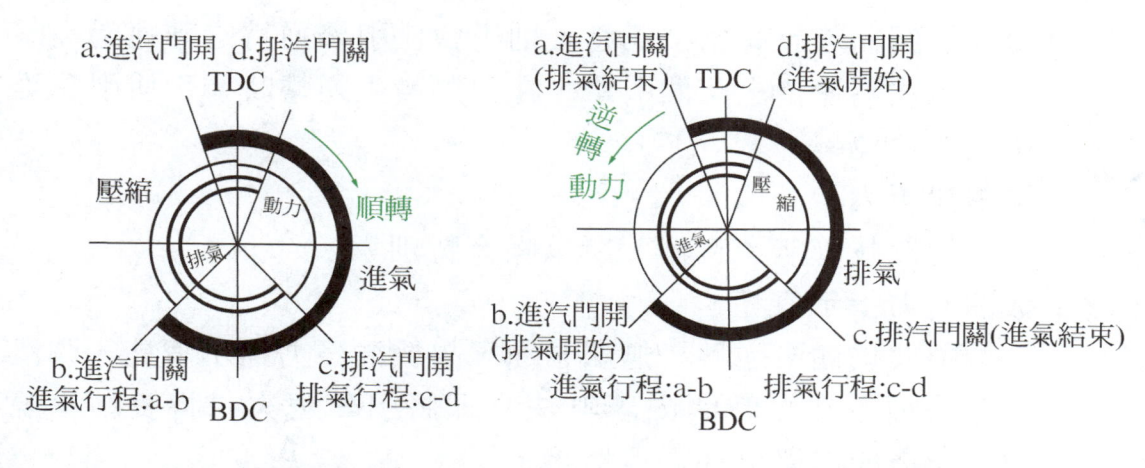

● 圖 1-1　四行程柴油引擎氣門正時圖　　● 圖 1-2　逆轉時氣門正時圖

　　柴油引擎逆轉時，其燃料噴射時間剛好與正常運轉時相反，如圖 1-3 所示，在正轉時為噴射結束，正好為逆轉時之噴射開始，在正轉時之噴射開始，剛好為逆轉時之噴射結束，所以在逆轉時之噴射正時恰好為可燃燒時期，因此，在發生逆轉時引擎照樣發動。

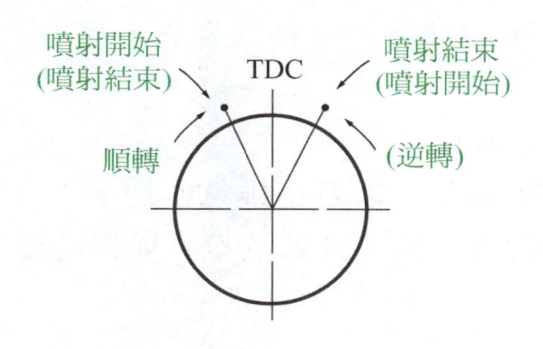

● 圖 1-3　柴油引擎噴射正時圖

(二)柴油引擎逆轉之特徵與後果

　　柴油引擎若發生逆轉，將會產生下列之現象：
　　1. 從空氣濾清器口排出大量黑煙(逆轉時進汽岐管變成排汽岐管)。
　　2. 加速踏板雖放鬆，但引擎仍以高速運轉。
　　　　此種現象會發生在真空式調速器之引擎，因引擎逆轉時，原來之真空管卻受到排氣壓力之作用(進汽歧管變為排汽歧管)，使齒桿推向最大噴油量之位置，引擎以高速運轉，與操作加速踏板無關。若設有副文氏管,則不會使引擎逆轉之轉速過高。但機械式調速器之柴油引擎,在引擎發生逆轉時,仍使引擎維持在怠速運轉。

3. 爆震聲響大

　　進汽歧管無消音器,所以噪音特別大。

4. 機油壓力指示燈亮

　　由於機油泵逆轉,無法泵油,故機油壓力指示燈亮。潤滑系統失效,在短時間內若無法立即將引擎熄火,將使軸承燒壞,並造成引擎機件過度磨損。

5. 進氣系統零件易產生熱變形

　　由於進汽歧管變為排汽歧管,其本身零件耐熱程度較差,所以,易使進氣遮斷閥、進汽歧管等因熱變形而損壞,也易使空氣濾清器著火而發生火災。

(三) 柴油引擎逆轉時之熄火方法

當柴油引擎發生逆轉時,可按下列之方法將其熄火:

1. 切斷燃料。
2. 操作減壓桿至減壓位置。
3. 關閉進氣遮斷裝置,以阻止排氣作用。
4. 將變速桿排入高速檔,踩緊煞車,並鬆開離合器使引擎熄火。

隨堂評量

一、是非題

(　) 1. 柴油引擎在進氣行程時,吸入汽缸的是新鮮混合汽。

(　) 2. 柴油引擎之壓縮比約15～23:1,其壓縮壓力約25～35 kg/cm²。

(　) 3. 柴油引擎係在壓縮終了前才將燃料噴入,再利用火星塞將燃料點燃。

(　) 4. 柴油引擎具有熱效率高,燃料消耗率較低之優點。

(　) 5. 柴油引擎之燃料銷耗率約220～300 gr/ps-hr。

(　) 6. 柴油引擎之汽缸直徑不受限制，所以可以設計大排氣量之引擎。
(　) 7. 重型車大多較喜歡使用柴油引擎，因柴油引擎在高速時具有高馬力輸出。
(　) 8. 柴油引擎具有扭力變化較小，行駛性能佳之優點。
(　) 9. 柴油引擎之故障率較低，但保養工作較複雜。
(　) 10. 柴油引擎之制動平均有效壓力與單位馬力重量均較汽油引擎為大。
(　) 11. 柴油引擎之最高轉速與最大馬力均較汽油引擎為低。
(　) 12. 柴油引擎在電瓶電力不夠時起動引擎，較容易造成逆轉現象。
(　) 13. 任何柴油引擎都可能因人為操作不良而產生逆轉之現象。
(　) 14. 柴油引擎發生逆轉時，潤滑系統將完全失效。
(　) 15. 機械式調速器之柴油引擎在發生逆轉時，引擎會維持在高速狀態。
(　) 16. 真空式調速器之柴油引擎，若設有副文氏管，引擎雖發生逆轉，仍能維持在怠速運轉。
(　) 17. 柴油引擎在運轉中，若壓下減壓桿，則引擎會熄火。
(　) 18. 柴油引擎之進氣遮斷閥，係用來調節引擎之進氣量。

二、問答題

1. 柴油引擎具有那些優點？
2. 柴油引擎具有那些缺點？
3. 說明柴油引擎逆轉之特徵與後果？
4. 柴油引擎逆轉時之熄火方法有那些？

1-2　柴油引擎之循環理論與工作原理

一、狄塞爾循環與混合循環

　　柴油引擎之循環理論有二種，一為狄塞爾循環，如早期之空氣噴射式(Air Injection)低速柴油引擎，即為此種循環。另一為混合循環，目前之車用高速柴油引擎，即為混合循環。

(一)狄塞爾循環

狄塞爾循環又稱為等壓循環,因其燃燒是在等壓狀態下完成而得名,如圖 1-4 所示為狄塞爾循環之 P－V 線圖(壓容圖)。其循環理論可分為四個形態來敘述:

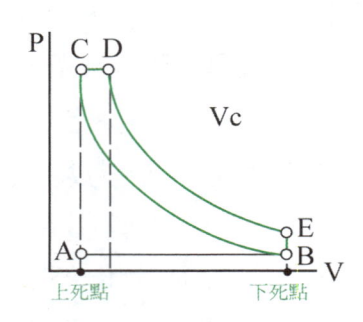

●圖 1-4　狄塞爾循環之 P－V 線圖

1. **進氣行程**

　　A－B 表示進氣行程,活塞由上死點 A 向下移動至下死點 B,此時,新鮮的空氣被吸入汽缸內。

2. **壓縮行程**

　　B－C 表示壓縮行程,活塞由下死點 B 向上移動至上死點 C,此時,汽缸內之空氣被壓縮在燃燒室內,在 C 點壓縮壓力達到最高。

3. **動力行程**

　　C－D－E 表示動力行程,燃料由 C 點開始噴入,D 點噴射完畢,所以 C－D 時,燃料被噴入汽缸發生燃燒,由於燃料是在等壓狀況下燃燒,所以又稱為等壓循環。燃燒後之膨脹氣體將活塞繼續推至下死點 E。

4. **排氣行程**

　　E－B－A 表示排氣行程,在 E 點排汽門打開,在排汽門打開之瞬間,膨脹氣體立即排出,使汽缸內之壓力降低,活塞利用慣性由下死點移向上死點 A,而完成一次的循環。

(二)混合循環

混合循環又稱為等容等壓循環。如圖1-5所示為混合循環之P－V線圖(壓容圖)，其循環理論也可以分為四個形態來敘述：

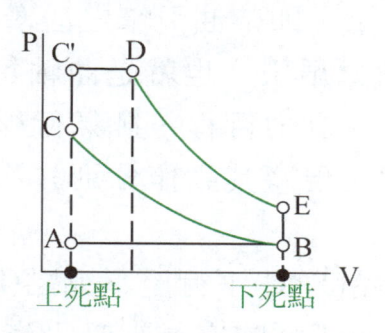

●圖1-5　混合循環之P－V線圖

1. 進氣行程

　　A－B表示進氣行程，活塞由上死點A向下移動至下死點B，此時，新鮮的空氣被吸入汽缸內。

2. 壓縮行程

　　B－C表示壓縮行程，活塞由下死點B向上移動至C點，此時，汽缸內之空氣被壓縮。

3. 動力行程

　　C－C'－D－E表示動力行程，其主要之特點為燃料在上死點前噴射，在C點開始燃燒，所以由圖中可看到其壓力急遽上升至C'，且在C'－D其燃料仍然繼續噴射至D點結束。由於其燃燒過程分由等容C－C'及等壓C'－D兩部份組成，所以稱為混合循環。燃燒後膨脹之氣體，繼續將活塞推至下死點E。

4. 排氣行程

　　E－B－A表示排氣行程，在E點排汽門打開，在排汽門打開之瞬間，膨脹氣體立即排出，使汽缸內之壓力降低，如圖E－B所示，活塞利用慣性由下死點B移向上死點A，而完成一次循環。

二、四行程和二行程柴油引擎的工作原理

(一)四行程柴油引擎的工作原理

所謂四行程柴油引擎，即柴油引擎之活塞在汽缸內上下往復運動各兩次，能完成一次動力循環，也就是曲軸每旋轉兩轉(720°)，即完成進氣行程、壓縮行程、動力行程、排氣行程之動作。如圖1-6所示為柴油引擎之工作原理，現將其動作分別詳述如下：

1. 進氣行程

活塞由上死點(TDC)下行至下死點(BDC)，此時，進汽門打開，排汽門關閉，新鮮的空氣被吸入汽缸內。

2. 壓縮行程

活塞由下死點(BDC)上行至上死點(TDC)，此行程中，進汽門、排汽門均關閉，汽缸內之空氣被活塞壓縮成高壓高溫之氣體，其壓力約達 $25 \sim 35 kg/cm^2$，溫度高達 $400 \sim 600°C$。如圖1-7所示為壓縮壓力與壓縮溫度及柴油著火溫度之關係，當壓縮壓力愈高時，壓縮溫度愈高，但柴油的著火溫度愈低。

3. 動力行程

在接近壓縮行程之末端時，噴油嘴立即將燃料(柴油)噴入汽缸之高壓高溫的空氣內，燃料立即汽化與燃燒，燃燒後之膨脹氣體，使汽缸內之壓力激增，立即將活塞推下，即為動力行程，此行程中，進汽門、排汽門均關閉。

4. 排氣行程

在活塞接近下死點時，排汽門打開，動力行程即結束，汽缸內之高壓廢氣立即由排汽門排出，由於慣性作用，活塞繼續由下死點向上移動，將汽缸內之剩餘廢氣，由排汽門排出，此為排氣行程，在上死點時，排汽門準備關閉，進汽門已打開，繼續下一循環之進氣行程。

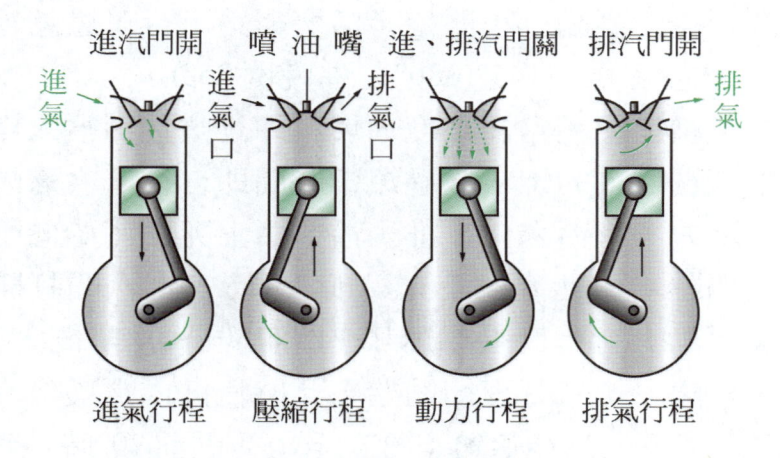

● 圖 1-6　四行程柴油引擎之工作原理

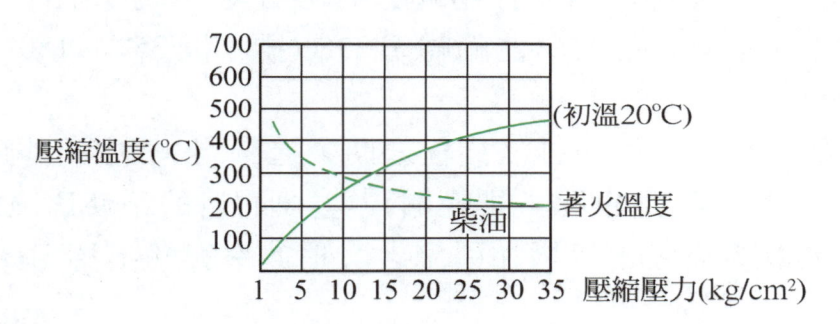

● 圖 1-7　壓縮壓力與壓縮溫度及柴油著火溫度之關係

　　由於引擎輸出馬力的大小與進氣量是否充分、廢氣排除是否乾淨有很密切的關係，因此，一般柴油引擎之設計，其進汽門、排汽門均早開晚關(在上死點、下死點之前打開，且過了上死點、下死點才關閉)至於早開多少度，晚關多少度，則依各引擎之特性而有不同的設計。

　　如圖 1-8 所示為一典型的進排汽門正時圖。其進汽門早開 20°，晚關 35°，排汽門早開 35°，晚關 20°。

　　當活塞在上死點(TDC)之前 20°，進汽門打開，過了上死點後，繼續下行，此時，空氣高速流入汽缸；但過了下死點(BDC)後，活塞開始上行，此時，空氣因流體慣性仍繼續流入汽缸，在過了下死點後 35°，進汽門才關閉，在進氣行程中曲軸轉了 235°(進早開 20° + 180° + 進晚關 35°)。

進汽門關閉後，壓縮行程開始，活塞繼續上行，壓縮行程到活塞達上死點為止，曲軸轉了145°(180°－進晚關35°)。

在活塞將達壓縮上死點前幾度，燃料即經噴油嘴噴入汽缸之高溫高壓之空氣中，被噴入的燃料經過短暫時間即自行著火燃燒，在汽缸內產生激增之壓力，將活塞向下推，活塞由上死點開始向下移動，此為動力行程之開始，當活塞達下死點前35°時，排汽門打開，此時，動力行程結束，動力行程時曲軸轉了145°(180°－排早開35°)。

排汽門一打開，排氣行程即開始，此時汽缸內之廢氣立即由排汽門排出，活塞過了下死點後繼續上行，至上死點前20°時進汽門打開，進氣行程開始，但排汽門一直在過了上死點後20°才關閉，此時，排氣行程終了，排氣行程時，曲軸轉了235°(排早開35°＋180°＋排晚關20°)。

在進氣行程初期，與排氣行程末期，進汽門、排汽門均打開，此稱為汽門重疊時期(進早開＋排晚關)，主要的目的是使廢氣能排得更乾淨，進氣能更充足，以增加引擎之容積效率與輸出馬力。

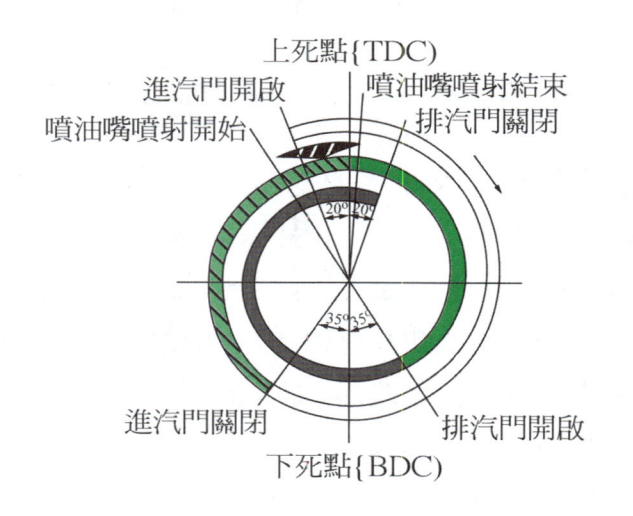

○圖1-8　進、排汽門正時圖

(二)二行程柴油引擎的工作原理

所謂二行程柴油引擎，即柴油引擎之活塞在汽缸內上下往復運動一次，能完成一次動力循環；也就是曲軸每旋轉一轉(360°)，即能完成進氣、壓縮、動力、排氣之動作。由於活塞僅上下二次,就必須完成進氣、壓縮、動力、排氣等四項工作,所以沒有獨立的進氣行程與排氣行程,必須靠進入汽缸之新鮮空氣將廢氣排除,故進氣行程又稱掃氣行程。二行程柴油引擎之掃氣方式有橫流掃氣法、環流掃氣法、單流掃氣法三種。

1. **橫流掃氣法**(Cross – flow Scavenging)

    其排氣口之上緣在掃氣口之上方,且分別在汽缸兩側,如圖 1-9 所示,此種設計新鮮空氣流失較多,廢氣掃除也較不徹底,構造較簡單,一般用於小型引擎。

2. **環流掃氣法**(Loop – flow Scavenging)

    其排氣口在掃氣口之上方,且位於汽缸之同側或相差在 90° 以內。如圖 1-10 所示,新鮮空氣進入汽缸後,迴轉一圈再將廢氣掃除,所以又稱反轉掃氣法,其掃氣效果較橫流掃氣法為佳。

3. **單流掃氣法**(Unit – flow Scavenging)

    其排氣口改用排汽門控制,排汽門裝於汽缸蓋上,如圖 1-11 所示,當新鮮的空氣由掃氣口進入汽缸後,能很順利地往上竄升,將廢氣由排氣口掃出,此種方式之掃氣效果最佳,一般二行程柴油引擎均採用之。現以單流掃氣法來說明二行程柴油引擎之工作原理。

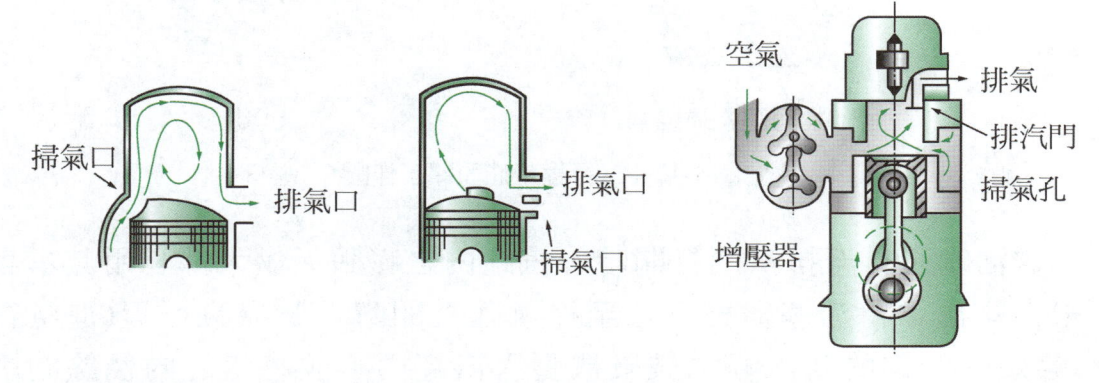

● 圖 1-9　橫流掃氣法　　● 圖 1-10　環流掃氣法　　● 圖 1-11　單流掃氣法

如圖 1-12 所示為單流掃氣法之二行程柴油引擎的工作圖,由於二行程之進氣行程、排氣行程均在下死點附近完成,若僅靠自然吸氣與本身之壓力排出，必使進氣不充足，排氣不乾淨；因此，二行程柴油引擎均裝有增壓器來壓縮空氣，使新鮮空氣能充滿汽缸，並強迫將殘餘之廢氣排出汽缸外。

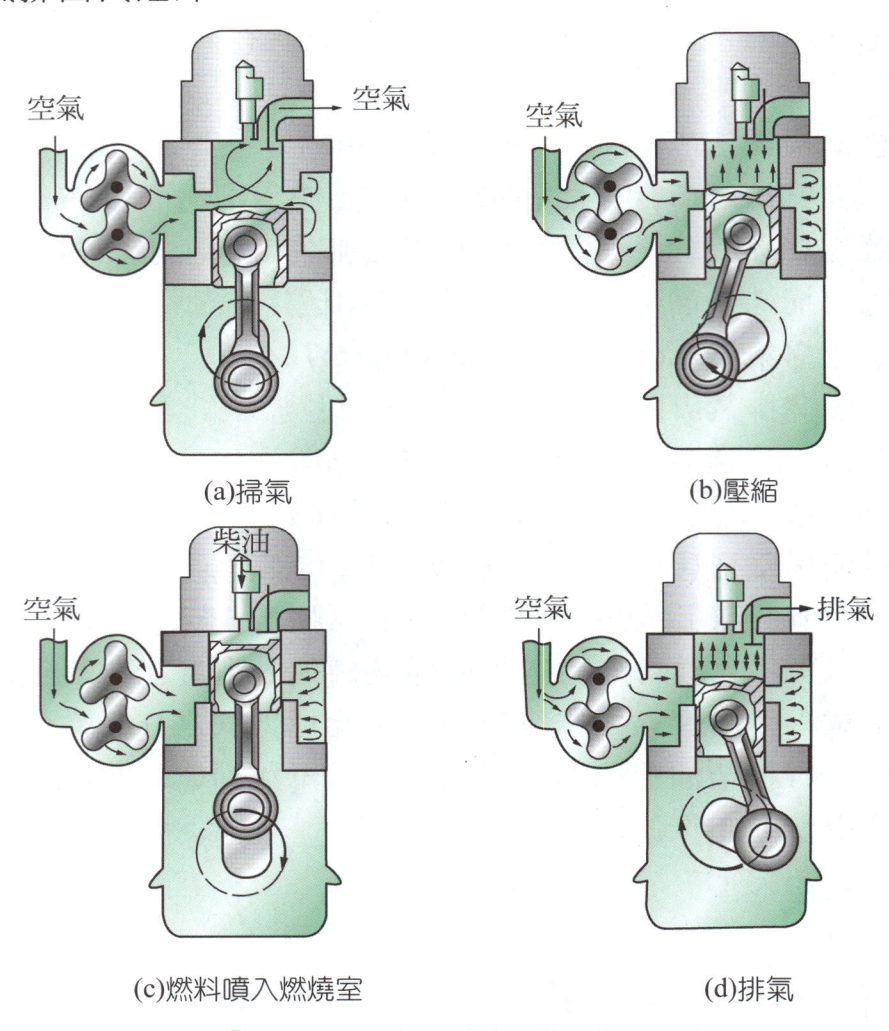

(a)掃氣　　　　　　　　　(b)壓縮

(c)燃料噴入燃燒室　　　　(d)排氣

● 圖 1-12　二行程柴油引擎工作圖

　　當活塞下行至排汽門打開時，汽缸內之膨脹氣體大都利用其本身之壓力排出，待活塞繼續下行至掃氣孔打開時，為掃氣行程(進氣行程)開始，新鮮的空氣經由鼓風機壓入汽缸內，並將汽缸內殘餘的廢氣由排汽門趕出，此時掃氣行程與排氣行程同時進行。當活塞過了下死點並且上行，先將掃氣口遮閉，隨後排汽門也關閉，此時，壓縮行程開始，直至活塞到達上死點，此為壓縮行程。當活塞將達上死點時，燃料即由噴油嘴噴入高壓高溫的空氣中，燃料經過短暫時間即自行著火燃燒，燃燒產生之膨脹氣體，將活塞由上死點下壓，此時動力行程開始。當活塞過了行程中點，排汽門打開，汽缸內之膨脹氣體自行由排汽門排出，此時，動力行程結束，排氣行程開始，活塞繼續下行至掃氣口打開時，掃氣行程開始，也同時進行排氣作用，而完成一次工作循環。

單流掃氣法之二行程油引擎，其掃氣口與排汽門正時有兩種，一為排汽門在掃氣口之後關閉，又稱為對稱掃氣；如圖 1-13 之內圓所示，此種方式廢氣排除較乾淨，但壓縮壓力較低。另一為排汽門先關閉後，掃氣口才遮閉，又稱不對稱掃氣；如圖 1-13 之外圓所示，此種方式，由於排汽門先關閉後，掃氣口仍打開，有繼續增壓之效果，使汽缸內空氣量增加，以增加引擎馬力之輸出。

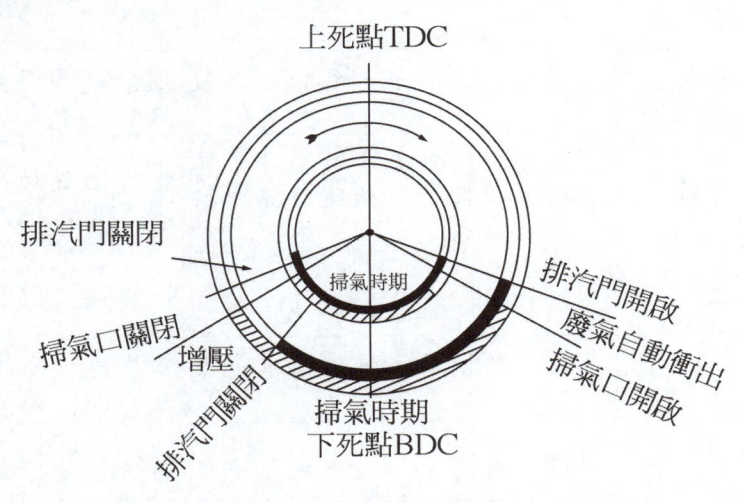

● 圖 1-13　二行程柴油引擎之掃氣口與排汽門定時

三、二行程柴油引擎與四行程柴油引擎之比較

二行程柴油引擎與四行程柴油引擎各具有優缺點，如二行程柴油引擎曲軸每轉一轉(360°)即有一次動力產生，但由於其掃氣與排氣需同時進行，必需靠鼓風機來增壓，會消耗引擎一些動力，而且，其排汽門打開較早，動力行程縮短，使其動力無法全部發揮。四行程柴油引擎雖然可以不需鼓風機來增壓，但曲軸每轉兩轉(720°)才有一次動力產生，而且在進氣與排氣行程均會消耗動力，所以，兩者還是各有

千秋,今後的發展,還是以如何改進進氣效率與如何提高引擎輸出功率為強烈之競爭因素。若要引擎在低、中速範圍即有較大的扭力與馬力輸出,應選擇二行程柴油引擎。

現以下表來詳細比較二行程柴油引擎與四行程柴油引擎之優缺點:

比較項目	二行程柴油引擎	四行程柴油引擎
1. 動力之產生	曲軸轉一轉產生一次動力	曲軸轉兩轉,產生一次動力
2. 行駛之穩定性	動力間隔較小,扭力較平均,行駛較穩定	動力間隔大,震動較大,行駛較不穩定
3. 輸出馬力	同排氣量、同轉速之引擎比較,其馬力約為四行程之1.4～1.7倍	馬力較小
4. 單位馬力重量	較小	較大
5. 容積效率	進排氣時間短,容積效率較差	進排氣時間充足,容積率較佳。
6. 引擎各部熱負荷	單位時間動力次數較多,其熱負荷較大,須使用容量較大之水箱	動力次數較少,熱負荷較輕,可使用容量較小之水箱
7. 燃料消耗率	較耗油	較省油
8. 噪音	無汽門機構,構造簡單,噪音小。	需有進、排汽門機構、構造複雜,噪音大。
9. 製造成本	構造較簡單,成本較低	構造較複雜,成本較高
10. 汽缸磨耗	因有掃氣孔,易使汽缸產生偏磨耗,且活塞環易損壞	汽缸磨耗較少
11. 故障率	因設有增壓器(鼓風機)故障率較高	故障率較低
12. 最大馬力與最高轉速	因進排氣作用較不完全,最大馬力與最高轉速較低	因進排氣作用較完全,其最大馬力與最高轉速較高
13. 低中速扭力	較大	較小

隨堂評量

一、是非題

( ) 1. 柴油引擎之循環理論包括等容循環、等壓循環與混合循環等三種。

( ) 2. 等壓循環又稱狄塞爾循環，屬於低速柴油引擎循環。

( ) 3. 混合循環又稱等容等壓循環，屬於高速柴油引擎循環。

( ) 4. 混合循環之柴油引擎，其燃料係在活塞達壓縮上死點時噴入。

( ) 5. 進汽門早開 24°、晚關 30°，排汽門早開 35°、晚關 20°之四行程柴油引擎，其進氣行程為 244°。

( ) 6. 同第 5 題，該柴油引擎之排氣行程為 235°。

( ) 7. 同第 5 題，該柴油引擎之動力行程為 155°。

( ) 8. 同第 5 題，該柴油引擎之壓縮行程為 150°。

( ) 9. 二行程柴油引擎之掃氣方式有橫流掃氣法、環流掃氣法、單流掃氣法等三種。

( ) 10. 橫流掃氣法之掃氣效果較環流掃氣法為佳。

( ) 11. 環流掃氣法之掃氣口與排氣口分別設於汽缸之兩側。

( ) 12. 單流掃氣法之柴油引擎係採用排氣渦輪增壓器。

( ) 13. 二行程柴油引擎若使用對稱掃氣法，其掃氣效果較佳，壓縮壓力較低。

( ) 14. 二行程柴油引擎在低速範圍即有較大的扭力與馬力輸出。

( ) 15. 四行程柴油引擎之容積效率較二行程為佳，所以要使用容量較大的水箱。

( ) 16. 二行程柴油引擎之單位馬力重量較四行程為小。

( ) 17. 二行程柴油引擎之故障率較四行程為高。

( ) 18. 四行程柴油引擎之汽缸磨耗率較二行程為大。

二、問答題

1. 依混合循環之 P－V 圖說明其作用情形。
2. 比較二行程柴油引擎與四行程柴油引擎之優缺點。

綜合評量

(　) 1. 下列有關車用柴油引擎之敘述何者為非？　(A)屬於狄塞爾循環　(B)吸入汽缸內的為純空氣　(C)其容積效率比汽油引擎為高　(D)其壓縮壓力約 25～35kg/cm²。

(　) 2. 下列有關柴油引擎之敘述何者為非？　(A)其運轉噪音比汽油引擎大　(B)其壓縮比比汽油引擎高，是為了使燃料容易霧化　(C)其排出之CO比汽油引擎低　(D)運轉中不會使收音機信號受到干擾。

(　) 3. 二行程柴油引擎與二行程汽油引擎之比較，較明顯之優點為　(A)容積效率較高　(B)壓縮比較低　(C)運轉噪音較小　(D)保養較容易。

(　) 4. 柴油引擎的起動力量較汽油引擎起動力量為　(A)小　(B)大　(C)相等　(D)無法比較。

(　) 5. 下列何者不是柴油引擎之缺點？　(A)燃料消耗大　(B)單位馬力重量大　(C)調整較困難　(D)製造成本高。

(　) 6. 為了使進氣充足，柴油引擎進排汽門均必須　(A)早開早關　(B)早開晚關　(C)晚開早關　(D)晚開晚關。

(　) 7. 下列何者不是柴油引擎發生逆轉時之現象？　(A)排出大量黑煙　(B)噪音大　(C)機油壓力指示燈亮著　(D)機油壓力升高。

(　) 8. 柴油引擎和汽油引擎兩者主要差異在於　(A)引擎構造不同　(B)引擎性能不同　(C)引擎起動方式不同　(D)燃料著火方式不同。

(　) 9. 下列有關二行程柴油引擎與四行程柴油引擎之比較何者為非？　(A)前者馬力較強　(B)前者熱負荷較大　(C)後者容積效率較佳　(D)後者運轉較平穩。

(　) 10. UD二行程柴油引擎，其掃氣方式為　(A)同向掃氣　(B)單流掃氣　(C)橫向掃氣　(D)反轉掃氣。

(　) 11. 下列何者非柴油引擎熄火之方法？　(A)將點火開關切斷　(B)將排汽閥遮斷　(C)將燃料切斷　(D)將減壓閥壓下。

( ) 12. 下列何者非柴油引擎發生逆轉之特徵？ (A)機油指示燈亮 (B)冷卻系統完全失效 (C)引擎之噪音很大 (D)引擎易以高速運轉。

( ) 13. 下列敘述何者為正確？ (A)四行程引擎動力次數較多 (B)二行程引擎的低速扭力較大 (C)四行程引擎熱負荷較大 (D)四行程引擎較耗油。

( ) 14. 柴油引擎燃料的燃燒是靠下列何者來點火？ (A)火花塞 (B)預熱塞 (C)壓縮空氣之熱量 (D)點火器。

( ) 15. 汽油引擎較柴油引擎 (A)熱效率高 (B)燃料之引火點較高 (C)引擎結構笨重 (D)燃料消耗量大。

( ) 16. 柴油引擎較汽油引擎 (A)燃料消耗量高 (B)最高轉數低 (C)故障多 (D)低速時扭力小。

( ) 17. 排氣溫度高，表示 (A)馬力大 (B)熱效率低 (C)熱效率高 (D)省油。

( ) 18. 柴油引擎壓縮行程終了，燃燒室內高壓空氣溫度可達 (A)200℃ (B)500℃ (C)1000℃ (D)1200℃。

( ) 19. 二行程柴油引擎不如二行程汽油引擎之耗油嚴重，主因是 (A)吸進純空氣 (B)進汽門比排汽門大 (C)多汽門裝置 (D)真空度大。

( ) 20. 二行程柴油引擎之工作循環，與進氣行程差不多同時發生作用的是 (A)壓縮行程 (B)動力行程 (C)排氣行程 (D)預壓行程。

( ) 21. 高速四行程柴油引擎其燃燒過程是 (A)等容等壓燃燒 (B)等容燃燒 (C)等壓燃燒 (D)狄塞爾燃燒。

( ) 22. 二行程柴油引擎之優點為 (A)容積效率高 (B)燃料消耗量少 (C)平均有效壓力高 (D)動力次數多。

( ) 23. 下列有關柴油引擎之敘述何者正確？ (A)屬於火花點火引擎 (B)是在壓縮上死點前才噴入燃料使燃料與空氣能充分混合 (C)熱效率約25～30% (D)係以控制進入汽缸之混合汽量來控制引擎之轉速。

( ) 24. 四行程柴油引擎所承受的熱負荷較二行程柴油引擎　(A)一樣　(B)低　(C)高　(D)不一定。

( ) 25. 四行程循環柴油引擎完成一個工作循環，曲軸應旋轉幾度？(A)90°　(B)180°　(C)360°　(D)720°。

( ) 26. 柴油引擎之柴油與空氣的混合係發生在　(A)噴射泵　(B)燃燒室中　(C)進汽歧管　(D)節汽門之後端。

( ) 27. 二行程柴油引擎使用增壓器具有何項功用？　(A)增加汽缸之容積效率　(B)協助排除廢氣　(C)冷卻排汽門　(D)以上均是。

( ) 28. 柴油引擎動力行程最高燃燒壓力可達　(A)25～35　(B)50～70　(C)100～120　(D)150～200　kg/cm²。

( ) 29. 汽油引擎之熱效率約為 25%～28%，而柴油引擎約為 (A)20%～30%　(B)30%～40%　(C)40%～50%　(D)50%～60%。

( ) 30. 同一排氣量之二行程柴油引擎，其馬力比四行程柴油引擎約大　(A)1～1.2 倍　(B)1.4～1.7 倍　(C)2 倍　(D)3 倍。

( ) 31. 四行程柴油引擎進汽門於何時打開？　(A)上死點前 10 度～30 度　(B)上死點後 10 度～30 度　(C)下死點前 40 度～50 度　(D)下死點後 40 度～50 度。

( ) 32. 柴油引擎之熱效率比汽油引擎為高，故其排出的廢氣溫度比汽油引擎為　(A)高　(B)低　(C)相同　(D)視引擎設計而定。

( ) 33. 相同排氣量之汽油引擎與柴油引擎比較，汽油引擎之　(A)熱效率較高　(B)制動平均有效壓力較高　(C)容積效率高　(D)低速扭力大。

( ) 34. 下列之敘述何者錯誤？　(A)柴油引擎較汽油引擎易發生逆轉　(B)四行程柴油引擎較二行程引擎易發逆轉　(C)柴油引擎在低速時之扭力較汽油引擎為大　(D)柴油引擎之熱效率約為 25～30%。

( ) 35. 柴油引擎之最高轉速較汽油引擎為低，主要是因為　(A)柴油引擎之壓縮壓力較高　(B)柴油引擎之馬力較大　(C)柴油引擎之燃燒壓力較高　(D)活塞重量較重。

2 柴油引擎本體系統

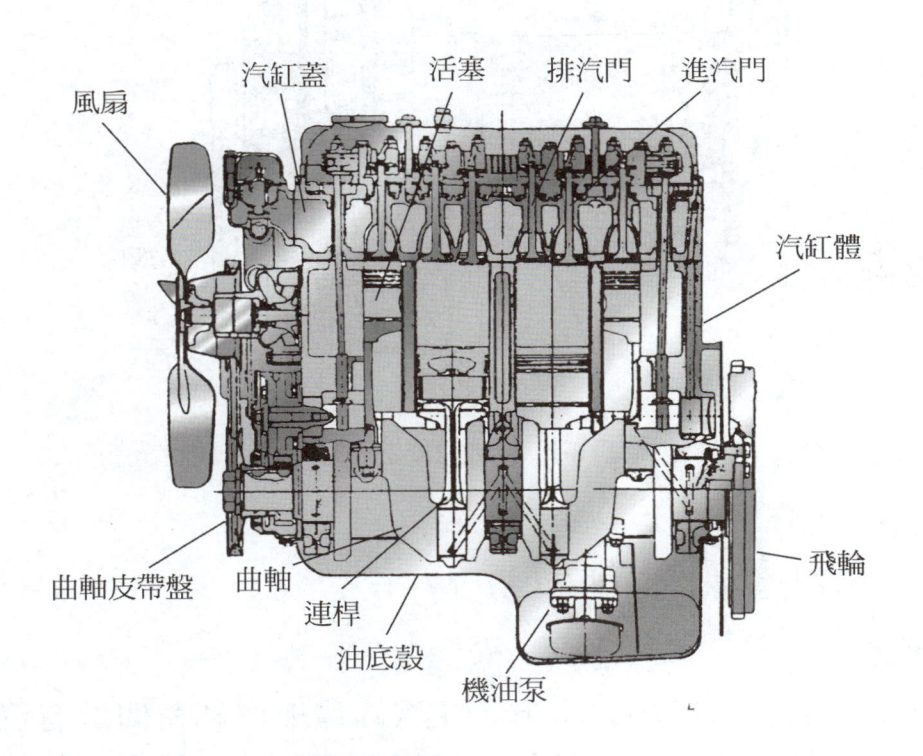

本章學習目標
1. 能瞭解柴油引擎本體各機件的構造與特性。
2. 能瞭解柴油引擎進氣系統機件的構造與特性。
3. 能瞭解柴油引擎進氣系統附屬機件的構造與特性。

2-1 柴油引擎本體各主要機件的功用和構造

引擎本體之構造如圖 2-1 所示，主要是由汽缸蓋、汽缸體、活塞、連桿、曲軸、凸輪軸、汽門機構、飛輪等機件組合而成。

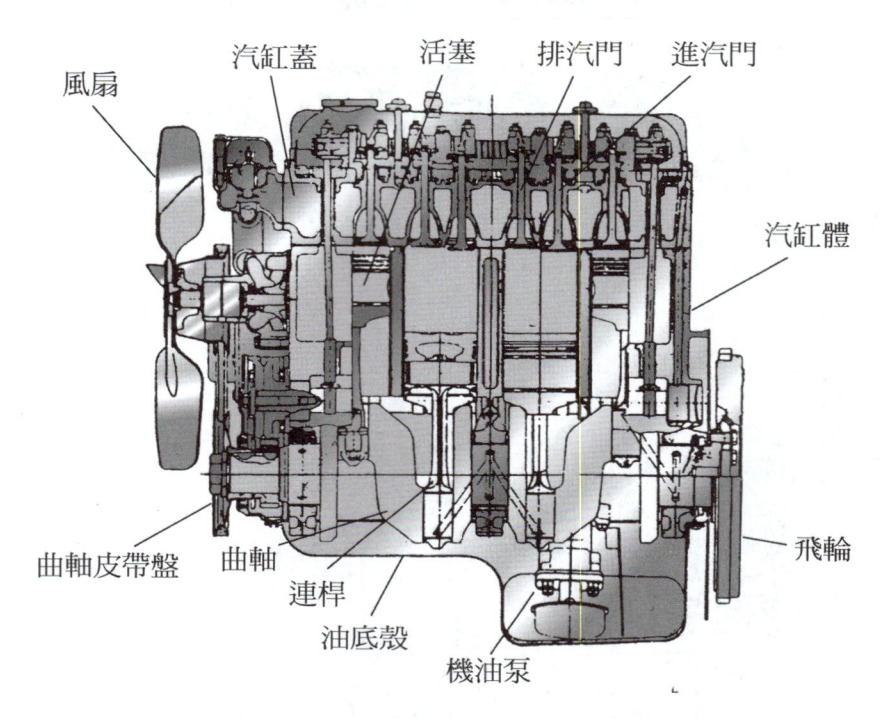

● 圖 2-1　柴油引擎之構造

2-1-1　汽缸蓋與汽缸體

一、汽缸蓋

汽缸蓋係裝在汽缸體之上方，在汽缸體與汽缸蓋間裝有汽缸床墊，再用許多螺栓將汽缸蓋鎖緊在汽缸體上，以保持良好的氣密作用，汽缸蓋的側面裝有進汽歧管、排汽歧管、噴油嘴等機件，上面裝有汽門機構，如圖 2-2 所示為柴油引擎之汽缸蓋組件。

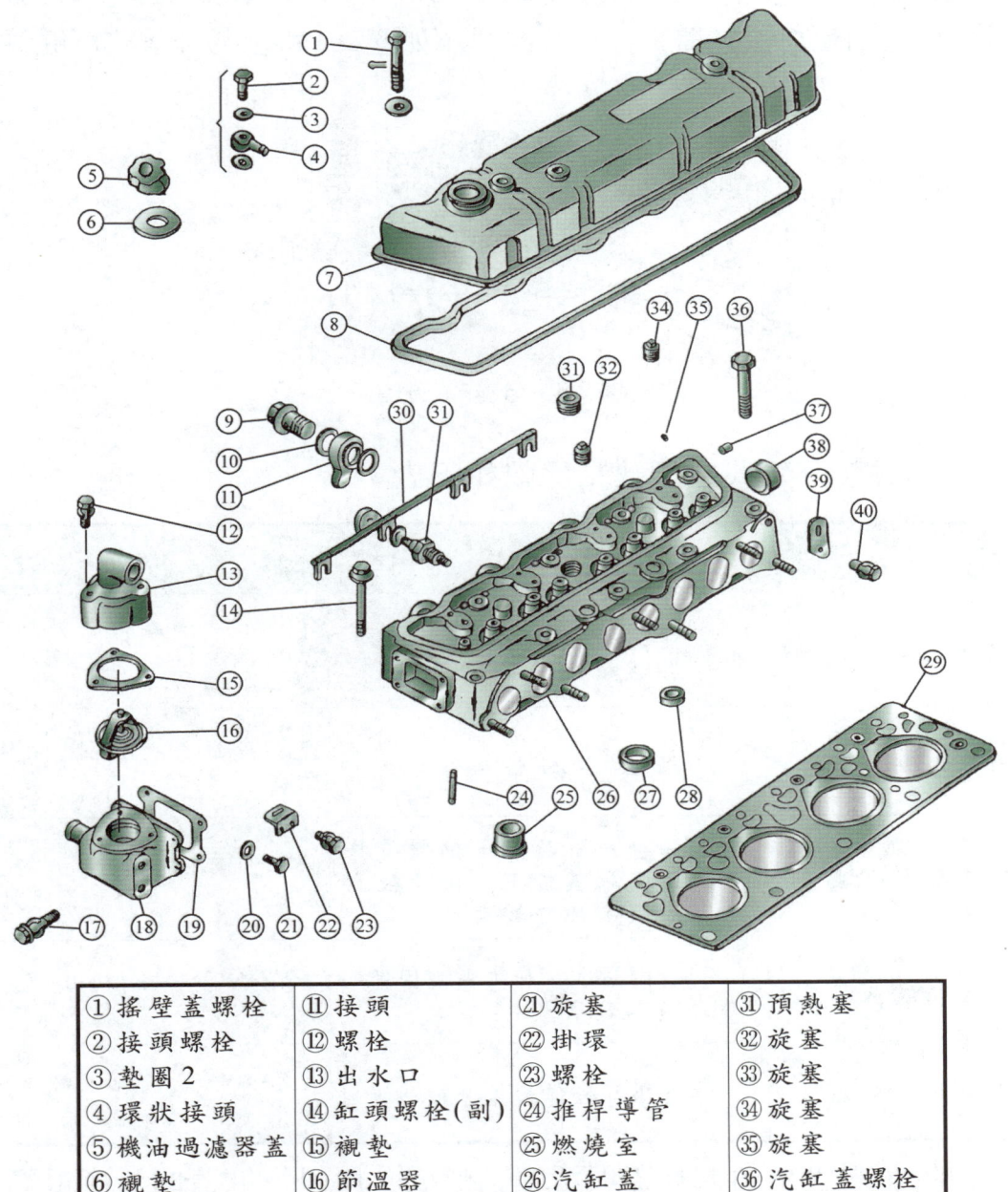

第二章　柴油引擎本體系統

①搖壁蓋螺栓	⑪接頭	㉑旋塞	㉛預熱塞
②接頭螺栓	⑫螺栓	㉒掛環	㉜旋塞
③墊圈 2	⑬出水口	㉓螺栓	㉝旋塞
④環狀接頭	⑭缸頭螺栓(副)	㉔推桿導管	㉞旋塞
⑤機油過濾器蓋	⑮襯墊	㉕燃燒室	㉟旋塞
⑥襯墊	⑯節溫器	㉖汽缸蓋	㊱汽缸蓋螺栓
⑦搖臂蓋	⑰螺栓	㉗進油閥座	㊲旋塞
⑧襯墊	⑱節溫器殼	㉘出油閥座	㊳旋塞
⑨接頭螺栓	⑲襯墊	㉙汽缸床墊	㊴掛環
⑩襯墊	⑳襯墊	㉚預熱塞電纜	㊵螺栓

● 圖 2-2　柴油引擎之汽缸蓋組件

汽缸蓋一般都是整體鑄造而成，如圖 2-2 所示為整體式汽缸蓋，但大型柴油引擎之汽缸蓋則採用分離式，如圖 2-3 所示為分離式汽缸蓋。

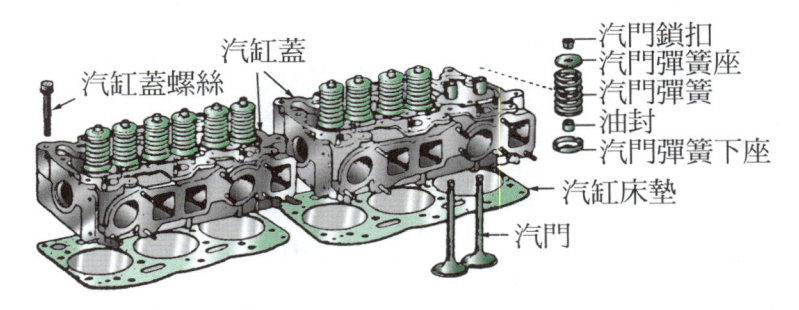

● 圖 2-3　分離式汽缸蓋

整體式與分離式之優缺點比較如下表：

比較項目	整體式	分離式
1. 引擎之大小與重量	能縮短相鄰汽缸之間隔，其體積較小，重量較輕	分離之汽缸蓋由各自螺栓鎖緊，間隔拉開，體積較大重量較重。
2. 引擎之剛性結構	整體式之剛性強	由於汽缸蓋被分割，剛性較差。
3. 檢修之方便性	若僅一缸故障，仍需將整體汽缸蓋拆下，檢修較為麻煩、耗費較大	若單缸故障，僅需拆下個別之汽缸蓋，檢修較為便利。
4. 生產之成本	整體鑄造、加工較為困難，成本較高。	分割後鑄件較小，鑄造、加工較容易，其成本較低。
5. 引擎熱負荷之影響	其冷卻性能較差，較易變形	其冷卻性能較佳，較不易變形。

由於燃燒室是由汽缸蓋與活塞頂形成，所以汽缸蓋的溫度很高，為了讓其得到適當的冷卻，在汽缸蓋內設有冷卻水循環之通路，同時，在汽缸蓋上需有進、排氣通道，汽門推桿孔、固定螺栓孔、汽門導管孔等，其構造極為複雜。

二、汽缸床墊

汽缸床墊係裝於汽缸體與汽缸蓋間，其主要的功用是防止漏氣、漏水、漏油。由於柴油引擎之壓縮比較高，其燃燒壓力與溫度均較高，所以大都使用鋼皮石棉床墊(在鋼皮內包覆石棉纖維)，以提高其耐用性。

三、汽缸體

汽缸體為引擎構造之骨架，為一整體之鑄件，如圖 2-4 所示，汽缸體能支持汽缸套、汽缸蓋、曲軸、凸輪軸、及其他附屬設備。

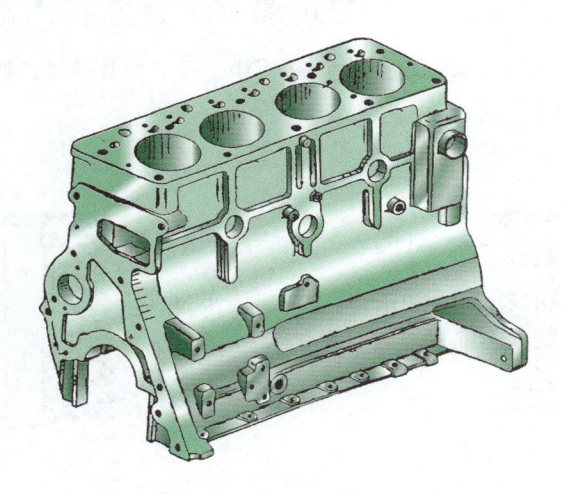

● 圖 2-4　汽缸體

汽缸為讓活塞在其內部作往復運動之場所，為了維修容易，一般都採用汽缸套；汽缸套之材料一般採用合金鑄鐵，以離心澆鑄法製成；在汽缸內壁鍍多孔性鉻，以提高耐磨性與潤滑性。

汽缸套依其構造可分為乾式汽缸套與濕式汽缸套兩種：

1. 乾式汽缸套

乾式汽缸套與汽缸體之結合情況如圖 2-5 所示，由於其汽缸外壁不與冷卻水直接接觸，所以稱為乾式汽缸套。其厚度較薄、散熱較差、不會發生漏水的問題，但修理、更換較困難，在汽缸磨損後，可以搪缸處理，一般都使用於汽油引擎。

2.濕式汽缸套

濕式汽缸套與汽缸體之結合情況如圖 2-6 所示，由於其汽缸套外壁與冷卻水直接接觸，所以稱為濕式汽缸套。其厚度較厚，散熱性較佳；但與汽缸體之密合較不易，若處理不好，較易發生漏水的現象；其修理、更換較容易，在汽缸磨損後，不可以搪缸，而直接更換汽缸套，一般都使用於柴油引擎。

濕式汽缸套上方有凸緣，在汽缸蓋鎖緊後，能使汽缸套保持定位，以防止漏氣與漏水；而在汽缸套下部有二條耐磨性佳的橡皮"○"型環，以防止漏水。通常在汽缸套裝好後，需做水壓試驗，當加壓至 2～3kg/cm² 時，在 5 分鐘內應不漏水，才算通過檢驗。

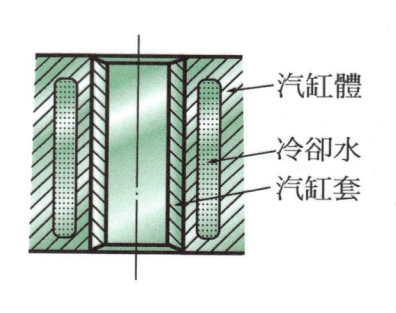

● 圖 2-5　乾式汽缸套　　　　● 圖 2-6　濕式汽缸套

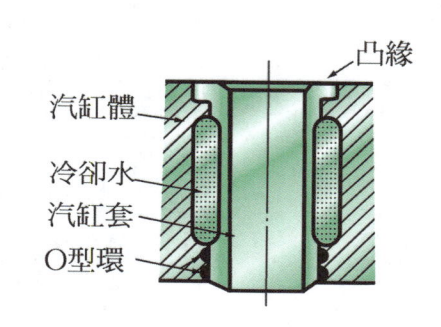

隨堂評量

一、是非題

(　) 1. 大型柴油引擎之汽缸蓋大多採用整體式。
(　) 2. 整體式汽缸蓋之冷卻性較差，較容易變形。
(　) 3. 整體式汽缸蓋之重量較分離式汽缸蓋為輕。
(　) 4. 汽缸床墊具有防止漏水、漏油、漏氣之功用。
(　) 5. 濕式缸套之冷卻性較佳，磨損後也可以搪缸。
(　) 6. 濕式汽缸套上方有凸緣，能使汽缸保持定位，以防止漏水與漏氣。

二、問答題

1. 汽缸床墊具有那些優點？
2. 說明濕式缸套之構造與特性。

2-1-2 活塞、活塞環、活塞銷

一、活塞

由於燃燒室是由活塞頂與汽缸蓋所構成，當燃料在燃燒室燃燒後，其溫度高達2000℃以上，其中18～20%之熱量需由活塞所吸收，若不予適當冷卻，在某種狀況下將會使活塞熔化而破損。活塞散熱的方法一般有兩個途徑，一是經由活塞環將熱量傳至汽缸壁，再由冷卻水帶走，由此種方式帶走的熱量約佔70～80%；另一種方法是將機油噴至活塞頂背面，讓機油將活塞的熱量帶至油底殼散熱。活塞溫度的高低，常因引擎之性能、燃燒室之設計而不同，一般約達330～440℃。活塞本身除了要耐高溫外，且要接受燃料燃燒之爆發力(約 50～70 kg/cm^2)來傳達動力，並不斷地在汽缸內做往復運動，因此，活塞必須具有強度大、導熱性佳、質輕、耐高溫、耐磨、膨脹係數小等特性。

活塞之構造如圖 2-7 所示，包括活塞頂、活塞頭、活塞裙。活塞頂的形狀常因燃燒室之型式而有所不同；活塞頭側面開有 4～5 條之活塞環槽，以安裝活塞環，包括 3 條壓縮環，1～2 條油環。

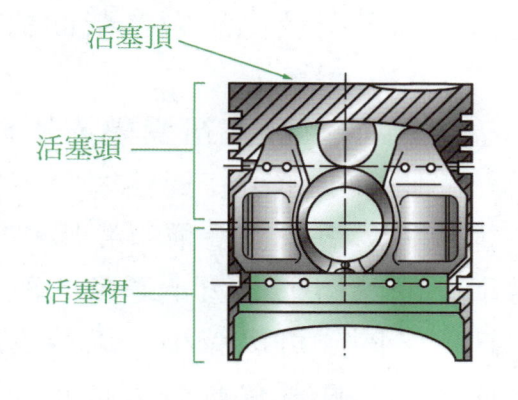

圖 2-7 活塞的構造

由於活塞頂之溫度很高，為了避免活塞頂之熱量集中傳熱至最上面之活塞環，而使活塞環因過度膨脹而卡死，一般都在第一活塞環槽之上面開一道隔熱槽，如圖 2-8 所示。

活塞在汽缸內往復運動時，與汽缸壁之接觸主要是靠活塞環與活塞環產生氣密作用，而利用活塞裙引導活塞作直線運動。

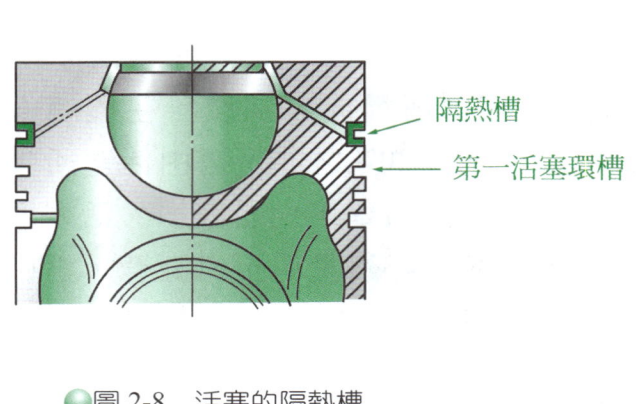

● 圖 2-8　活塞的隔熱槽　　　　　　　● 圖 2-9　活塞的形狀

活塞之種類一般可分為全筒式活塞、裂槽式活塞、拖鞋式活塞三種，如圖 2-10 所示，由於柴油引擎所承受之燃燒壓力較高，活塞必須十分堅固，一般都採用全筒式活塞或拖鞋式活塞。

1. **全筒式活塞**

    其活塞裙為圓柱型，與汽缸壁平行接觸，其優點為結構堅固，且可控制汽缸壁之油膜，其材料大多採用膨脹係數較小之特種鑄鐵，適用於高負荷及高馬力之柴油引擎。

2. **裂槽式活塞**

    裂槽式活塞是為了使活塞裙受熱膨脹時有足夠的空間容納，而避免受熱膨脹而卡死，在與活塞銷方向垂直之壓縮衝擊面上開設有斜線或 T 型槽，直槽稱為膨脹槽，能容納活塞裙之熱膨脹；橫槽稱為隔熱槽，以防止過多的熱量傳至活塞裙。此型之活塞與汽缸壁之間隙可以減小，以減少活塞在汽缸內之拍擊噪音，一般使用於熱膨脹係數較大之鋁合金活塞。

3.拖鞋式活塞

拖鞋式活塞是在活塞裙部與活塞銷平行方向削去一部份金屬，以減輕活塞重量，使活塞在高速往復運動時之慣性減低，並能減少活塞與汽缸壁之滑動面積，減少摩擦力，使機械損失減少，一般使用於高負荷、高轉速引擎。

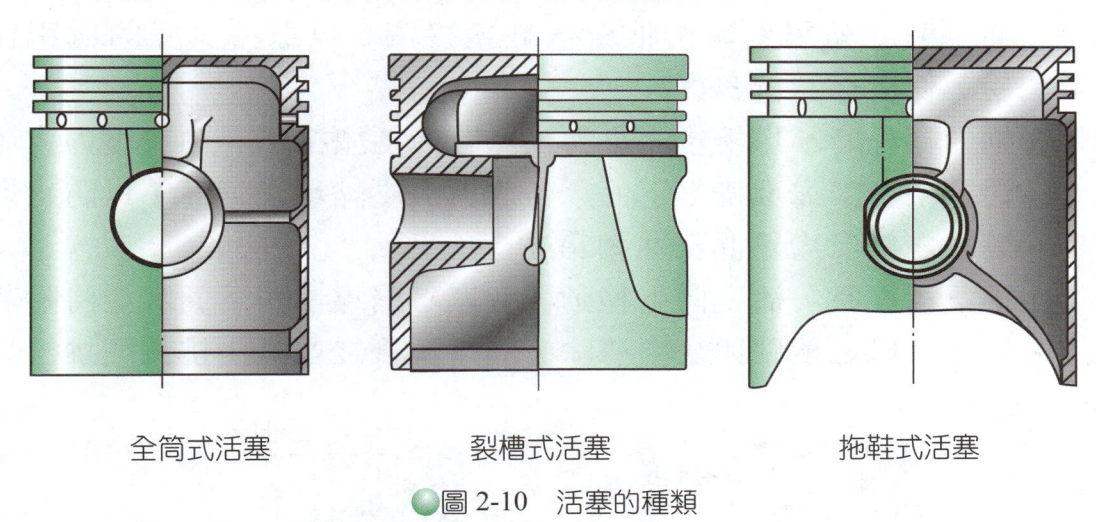

全筒式活塞　　　　裂槽式活塞　　　　拖鞋式活塞

○圖 2-10　活塞的種類

二、活塞環

活塞環裝置於活塞環槽內，與汽缸壁緊密接觸，並不斷地跟隨活塞在汽缸內往復運動，其主要的功用有：

1. 能將活塞頂之熱量迅速傳至汽缸壁，以防止活塞過熱而燃毀。
2. 與汽缸壁緊密接觸，以保持氣密，防止漏氣。
3. 防止潤滑油上升至燃燒室燃燒，並使汽缸壁存有油膜，保持良好的潤滑。

由於活塞環常在高壓高溫下工作，不但要在汽缸內做高速運動，也要與汽缸壁保持良好的氣密作用，因此，活塞環需具備能耐熱、耐磨、導熱性好，彈性佳之特性。

活塞環有壓縮環與油環兩種，車用柴油引擎之活塞環，通常使用3道壓縮環及2道油環，最上層3道為壓縮環，油環則分別裝在壓縮環下方。活塞環在各行程時，其與汽缸壁之作用情形，如圖2-11所示。

1. 進氣行程時，活塞向下移動，使活塞環抵靠環槽之上面，油環首先將汽缸壁之機油刮下，壓縮環再將油環未刮下之機油刮下，並儲存於活塞環下面，以備壓縮行程，動力行程之用。
2. 壓縮行程時，活塞向上移動，活塞環緊靠環槽下面，且汽缸內之空氣被壓縮，此被壓縮之空氣壓力也同時作用在壓縮環之背面，使壓縮環更緊密地與汽缸壁接觸，以保持良好的氣密作用，使壓縮狀況良好。
3. 動力行程時，燃燒後之壓力大增，將活塞推下，由於壓力大，活塞環仍緊靠環槽之下面，且施力於壓縮環之背面，以防止燃燒後之廢氣大量漏至曲軸箱。
4. 排氣行程時，活塞向上移動，活塞環緊靠環槽下面，並將附著於汽缸壁之積碳與灰塵清除，隨燃燒後之廢氣由排汽門排出。

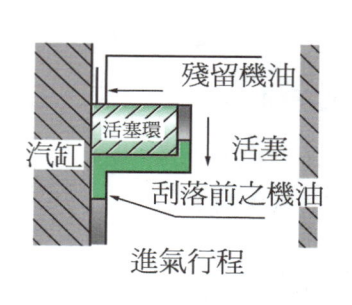

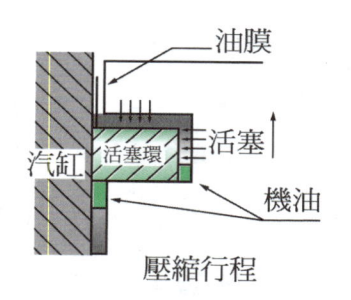

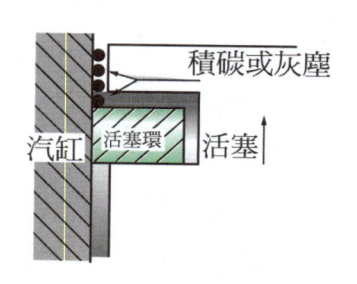

圖 2-11　活塞環之作用

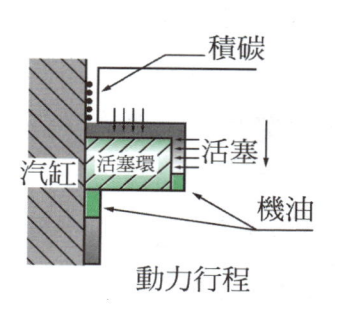

壓縮環的形狀有很多種，依斷面形狀來分，一般較常用的有矩形、斜面形、內斜角形、楔形等四種，如圖 2-12 所示

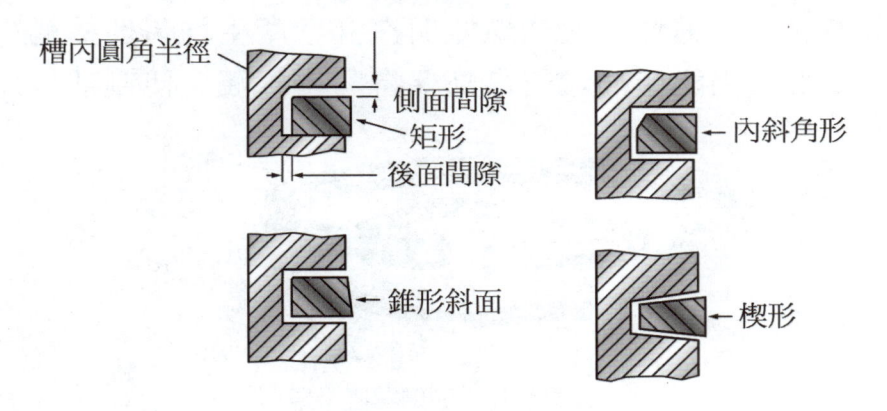

◎圖 2-12　壓縮環之斷面形狀

活塞環之接口形狀較常用的直線式、階級式、斜角式三種。如圖 2-13 所示，其中以階級式密封性最好，但直線式構造簡單，且活塞環接口之漏氣現象並非嚴重，所以一般仍是使用直線式較多。

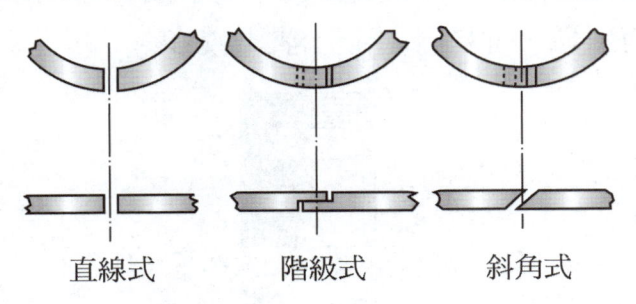

◎圖 2-13　活塞環之接口形狀

油環主要的任務在防止過量的潤滑油流向燃燒室，而產生積碳現象，並使缸壁與活塞間保持適當的潤滑。通常油環在表面中央開有油溝或油孔，讓刮下來之潤滑油能經由油溝或油孔流回油底殼。依斷面型式，常用的有寬道式、斜角式、撓性式等，如圖 2-14 所示。

◎圖 2-14　油環之斷面形狀

有些油環為了增加其與汽缸壁之接觸壓力，以提高其刮油性能，常在油環與環槽之間，裝用鋼片製成之擴張環，如圖 2-15 所示，此擴張環能增加油環的彈性，使油環能與汽缸壁產生均勻地接觸；當油環磨損時，擴張環仍能使油環與汽缸保持緊密接觸，使刮油性能良好。

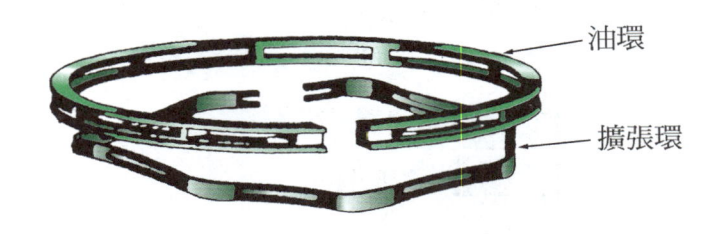

● 圖 2-15　油環與擴張環

三、活塞銷

活塞銷係連接於活塞及連桿小端，以傳遞活塞的推力至連桿，並須隨活塞往復運動，所以活塞銷須具有強度大、耐磨、質輕之特性。

活塞銷的安裝方式，有固定式、半浮式、全浮式等三種，如圖 2-16 所示，柴油引擎一般都採用全浮式較多。

● 圖 2-16　活塞銷之安裝方式

1. 固定式：係將活塞銷固定在活塞上，在連桿小端上有銅套，使連桿小端能在活塞銷上轉動。
2. 半浮式：係將活塞銷固定於連桿小端，在活塞的銷孔處裝有銅套，使活塞銷能在活塞上轉動。

3. 全浮式：其活塞銷既不固定在活塞上，也不固定於連桿上，活塞的銷孔與連桿小端孔內均裝有銅套，且在活塞的銷轂之二端用扣環扣住，以防止活塞銷滑出，活塞銷與連桿均可自由滑動。

隨堂評量

一、是非題

( ) 1. 活塞的熱量主要是由活塞裙部散熱至汽缸體內之冷卻水。
( ) 2. 活塞上之隔熱槽，一般都開在第一活塞環槽的上方。
( ) 3. 裂槽式活塞係在活塞裙部開有膨脹槽，以免活塞因受熱膨脹而卡死。
( ) 4. 活塞頭部與裙部之直徑相等，主要是利用活塞頭產生氣密作用。
( ) 5. 拖鞋式活塞能減輕活塞重量，減少活塞之慣性損失，適用於高負荷低速引擎。
( ) 6. 油環內一般裝有擴張環，以提高油環之彈性。
( ) 7. 連桿小端若能在活塞銷上轉動，則屬於半浮式活塞銷。
( ) 8. 在活塞銷轂之兩端須使用扣環扣住，則屬於全浮式活塞銷。

二、問答題

1. 試比較全筒式活塞、裂槽式活塞、拖鞋式活塞之差異性。
2. 活塞環具有那些功用？
3. 活塞銷之安裝方式有那幾種？

2-1-3　連桿、曲軸與軸承

一、連桿

連桿可分為連桿小端、桿部和連桿大端三部份，連桿小端連接活塞銷，連桿大端連接曲軸，而將活塞之動力傳至曲軸，並將活塞之往復運動，變成曲軸之旋轉運動；所以，必須具有強度大、不易變形、重量輕之特性。為了減輕重量，且使其不易變形，其桿部之斷面均製成"I"字形。

連桿的長度約為活塞行程之1.5～2.3倍，長度愈長，則活塞所受之側壓力愈小，汽缸壁之磨損就減少，但引擎高度增加，增加引擎重量，使引擎轉速降低。長度愈短，雖可降低引擎高度，減輕引擎重量及提高引擎轉速，但卻增加活塞之側推力，使汽缸壁之磨損增加。

　　依連桿大端之形狀可分為中垂式(如圖 2-17 所示)與斜角式(如圖 2-18 所示)。一般都使用中垂式，但為了便於拆裝，少部份則使用斜角式。

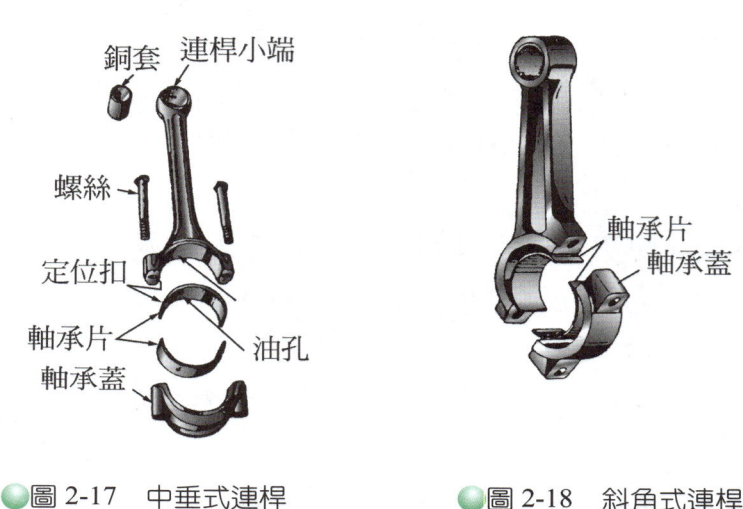

● 圖 2-17　中垂式連桿　　　　● 圖 2-18　斜角式連桿

二、曲軸

　　曲軸主要的功用是將活塞及連桿之往復運動變成旋轉運動，並利用飛輪之慣性，將動力供給活塞做進氣、壓縮、排氣等工作。曲軸係由軸頸、曲柄銷、曲軸臂、曲軸配重等所構成，如圖2-19所示。

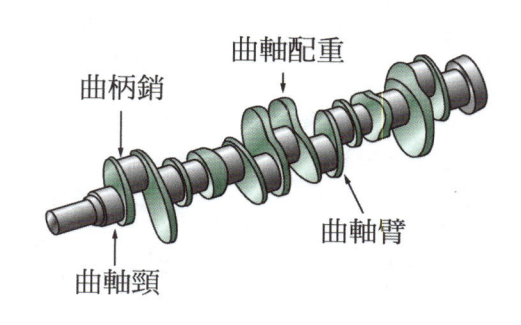

● 圖 2-19　曲軸

由於曲軸需承受極大的衝擊力，且需高速迴轉，一般都使用特殊鋼經鍛造後，再經精密加工而成。為了避免在彎角部份，因應力集中而斷裂，均在彎角部份製成圓弧，如圖 2-20 所示；同時，為了使各相關軸承能得到適當的潤滑，曲軸之各軸頸與曲柄銷之間均鑽有油道。如圖 2-21 所示。

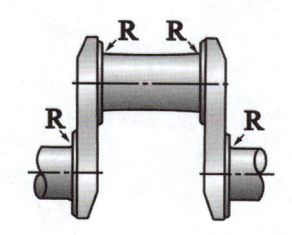

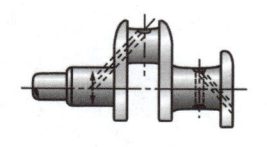

●圖 2-20　曲軸之圓弧加工　　　●圖 2-21　曲軸之油道

　　曲柄銷之排列方式，以能使曲軸達到最佳之平衡為原則，在曲柄銷排列決定後，則該引擎之汽門正時與噴射正時也隨之決定。直列式引擎，其曲柄銷之數目與缸數相同，而 V 型引擎，其曲柄銷數目為缸數之一半。各曲柄銷中心線之相隔角度稱為曲軸配角，現將缸數、曲軸配角與噴射順序之關係，以列表方式說明如下：

缸數	曲軸排列	曲軸配角	點火順序
2	直列式	180°	12
3	直列式	120°	123 或 132
4	直列式	180°	1342 或 1243
5	直列式	72°	12453(VOLVO 850)
6	直列式	120°	左手式 142635 右手式 153624
6	V 型	120°	165432

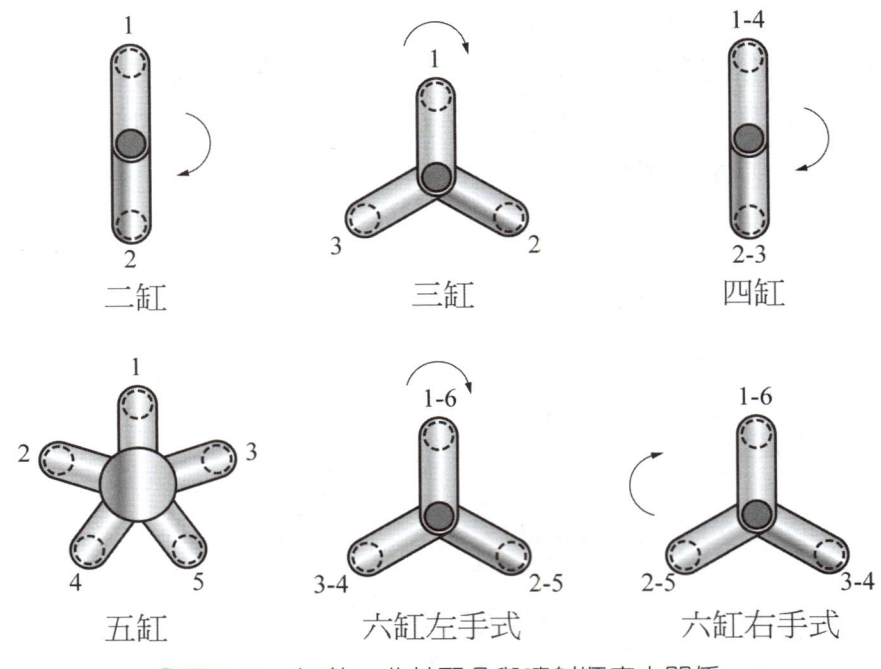

●圖 2-22　缸數、曲軸配角與噴射順序之關係

三、軸承

　　引擎機件所使用的軸承以軸套與平軸承為主，軸套一般使用於連桿小端處或凸輪軸軸承，主要係以青銅為材料。

　　連桿軸承與曲軸軸承底部都使用平軸承，又稱軸承片，如圖 2-23 所示；為了防止軸承片轉動或滑動，常在軸承片之上端製成一凸起之扣唇，使其與軸承座上之凹槽相嵌合。

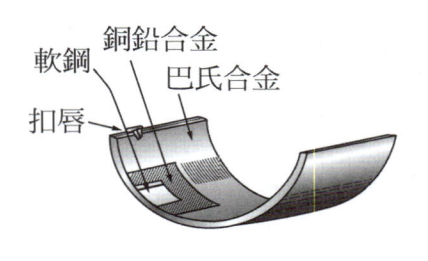

●圖 2-23　精密軸承(軸承片)

軸承必須具有下列之特性：
1. 摩擦係數要低，耐磨性要佳。
2. 導熱性要佳，不使溫度過份升高。
3. 耐疲勞性要佳。
4. 需具有埋沒性，將潤滑油的固體微粒與引擎運轉所生之金屬微粒等埋入軸承合金中，以免刮傷軸面。
5. 需具有適應性，當軸承座變形或軸彎曲時，仍能適合其形狀，以保持適當之油膜，防止磨耗。
6. 需具有耐腐蝕性，以免受潤滑油中之酸性物質侵蝕。

軸承片之材料有巴氏合金、銅鉛合金、鋁錫合金、磷青銅合金四種：

(1) 巴氏合金：以鉛、錫為主要材料，又稱為白合金，其埋沒性、適應性、耐疲勞性、耐腐蝕性佳。
(2) 銅鉛合金：其鉛含量愈多，硬度愈低，適應性愈佳，現代引擎大部份使用三層軸承，其鋼背為軟鋼，中層為銅鉛合金，表層為鉛基巴氏合金。
(3) 錫鋁合金：以鋁為基質，加入20%之錫及少量之鎳、銅而成，具有耐腐蝕性、耐疲勞性、導熱性好之優點，但其埋沒性、適應性較差。
(4) 磷青銅合金：具有耐磨性、耐腐蝕性、耐壓性，一般都使用在連桿小端之銅套。

曲軸軸頸之主軸承，其形狀及材料與連桿大端之軸承相同，但由於曲軸需承受軸向推力，至少需設置一道推力軸承。推力軸承一般都裝在曲軸中央之主軸頸處。其形式有兩種，一為整體性，在主軸承之兩端各設凸緣，又稱凸緣軸承，如圖 2-24 所示，另一為兩片半圓形之推力片，分開夾在主軸承之兩側，推力片上有凸脊或銷使之固定，如圖 2-25 所示，其壓力面上有溝槽，以儲存潤滑油，應向旋轉面。

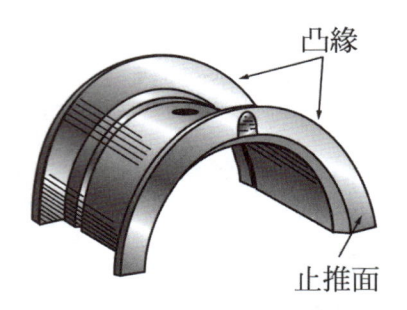

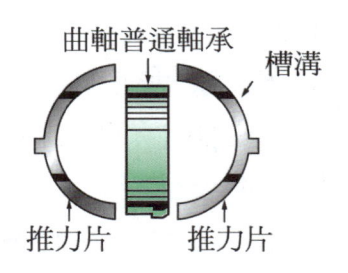

●圖 2-24　凸緣推力軸承　　　　●圖 2-25　推力片式推力軸承

隨堂評量

一、是非題

(　) 1. 短連桿引擎，其活塞之側推力較小，汽缸之磨損也較少。
(　) 2. 斜角式連桿之拆裝較中垂式容易。
(　) 3. 為了避免曲軸在彎角部份因應力集中而斷裂，在彎角部份均製成圓弧形。
(　) 4. 軸承之摩擦係數要高，且須具有埋沒性。
(　) 5. 巴氏合金又稱為白合金，係以鉛鋁為主要材料。
(　) 6. 推力軸承一般都裝在曲軸之主軸頸處。
(　) 7. 推力軸承的壓力面有溝槽，用以儲存機油，應向旋轉面。
(　) 8. 三層軸承之上層為巴氏合金，中層為銅鉛合金。

二、問答題

1. 比較長連桿與短連桿之差異性。
2. 引擎之軸承必須具有那些特性？

2-1-4　飛輪與減震器

一、飛輪

飛輪係裝在曲軸之後端，如圖2-26所示，主要的功用在動力行程時，能吸收並儲存動能，在其他行程時，再將動能輸出，使引擎動力平衡，運轉穩定。缸數少時，飛輪所須儲存的動能較多，其飛輪重量較重；缸數愈多時，因動力重疊較多，飛輪所須儲存的動能較少，其飛輪重量較輕。

飛輪係由鑄鐵經鑄造而成，飛輪之背面經磨光後，作為離合器之一部份，成為離合器之主動件，飛輪之中心安裝一只嚮導軸承，用以支承離合器軸，使離合器軸與飛輪之中心一致。飛輪之外圍裝有鋼製之起動環齒輪，當引擎起動時，使起動馬達之小齒輪與之嚙合，受小齒輪之驅動，使曲軸旋轉。

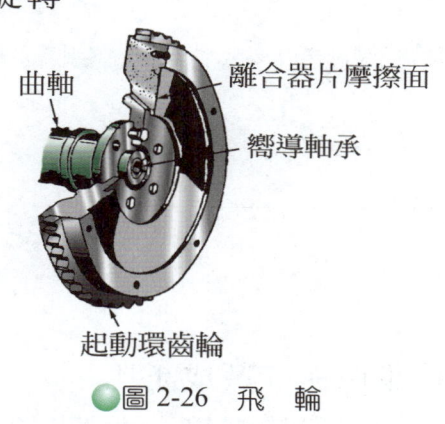

●圖 2-26　飛　輪

二、減震器

引擎在進行進氣、壓縮、動力、排氣之循環時，僅動力行程獲得動力，使曲軸旋轉，其動能須由曲軸後端之飛輪吸收，由於飛輪較重，因慣性的作用，使曲軸產生扭轉震動，且曲軸愈長時，其扭轉震動愈大。因此，須在曲軸前端裝置減震器，以減少曲軸之扭震，否則曲軸將有斷損之危險。

減震器一般都裝在曲軸前端之皮帶盤內，有摩擦片式與橡膠式兩種。如圖 2-27 為摩擦片式減震器，係利用減震飛輪與皮帶盤間之滑動摩擦來吸收震動。如圖 2-28 所示為橡膠式減震器，係利用橡膠之彈性來吸收震動。

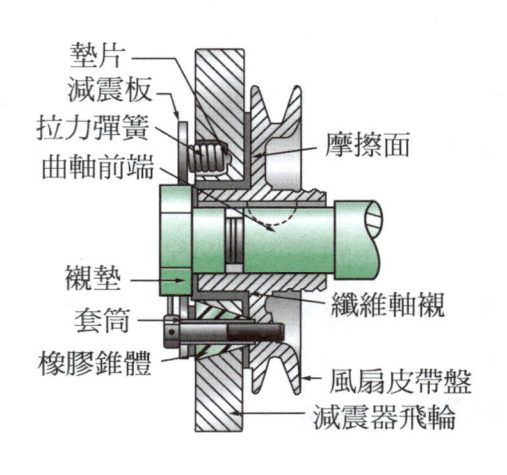

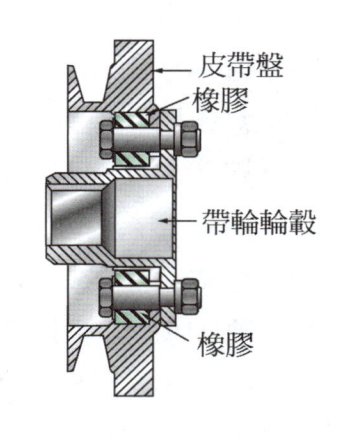

● 圖 2-27　摩擦片式減震器　　　　● 圖 2-28　橡膠式減震器

隨堂評量

一、是非題

(　) 1. 引擎之飛輪重量應與缸數成正比。
(　) 2. 飛輪具有儲存動能與使引擎動力能平衡輸出之功用。
(　) 3. 飛輪係由鑄鐵鑄造而成，為離合器之主動件。
(　) 4. 曲軸愈長時，其扭轉之震動愈大。
(　) 5. 減震器係裝在曲軸之後端，用以吸收曲軸之扭震。

二、問答題

1. 說明飛輪之功用與構造。
2. 說明減震器之功用與種類。

2-1-5 凸輪軸與汽門機構

一、凸輪軸

凸輪軸是由曲軸經齒輪或鏈輪來傳動，而由曲軸來驅動。其主要的功用是使汽門適時地開閉，以發揮引擎之性能，所以四行程引擎，凸輪軸之轉速為曲軸之 1/2。此外，凸輪軸尚可用來驅動機油泵，供油泵等。

凸輪軸有3～4個環形軸承，將其支承於汽缸體，如圖 2-29 所示，另有推力墊圈(推力軸承)，以承受其軸向推力，每支汽門有一凸輪操作之。凸輪必須以很快的速度開啟、關閉汽門，且不能發生噪音，所以，凸輪軸一般都以低碳鋼或中碳鋼鍛製而成，在凸輪及軸頸處，再經表面硬化及精密研磨而成。

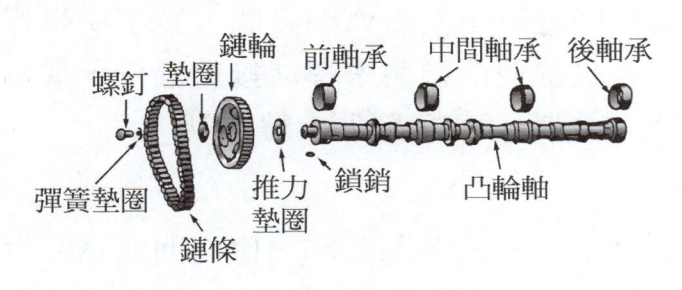

●圖 2-29　凸輪軸

二、汽門機構

汽門機構主要的功用是適時操作進汽門，排汽門的開閉，使進氣充份與排氣乾淨。依汽門之裝置來分，有 T 型(進排汽門裝在汽缸體之兩側)、L 型(進排汽門裝在汽缸體之同側)、F 型(進汽門裝在汽缸蓋上、排汽門裝在汽缸體)、I 型(進排汽門均裝在汽缸蓋上)等四種；目前的柴油引擎大多採用I型引擎。

如圖 2-30 所示為I型引擎之汽門機構，包括舉桿、推桿、搖臂、汽門彈簧、汽門等。

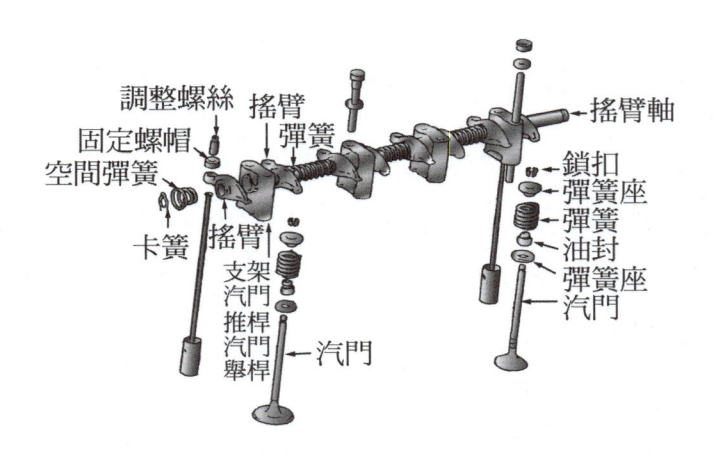

●圖 2-30　Ｉ型汽門機構

（一）舉桿、推桿、搖臂

　　舉桿受凸輪之作用而上下運動，再將此運動傳給推桿，推桿推動搖臂，搖臂再將汽門推下，而將汽門打開，為了使舉桿與凸輪之接觸面能均勻磨損，一般都使凸輪與舉桿之接觸偏位，稱為偏位式舉桿，使舉桿不但能上下運動，也能發生旋轉運動。

（二）汽門彈簧

　　汽門彈簧之功用，在汽門關閉時，使汽門能壓緊汽門座，以確保密合，不發生漏氣現象。引擎運轉時，汽門彈簧之動作極為迅速，且次數很多，所以汽門彈簧需具有耐疲勞性及強韌性。引擎在高速時，因汽門彈簧在快速運動中(引擎高速運轉時)，常會發生諧震現象，而使汽門無法關閉，而影響引擎之性能，所以，一般都將兩只一大一小之彈簧套在一起，使不發生諧震現象。或用一條彈簧製成疏密不等之圈距，密的一端在固定端(汽缸蓋)，疏的一端向活動端(彈簧座)，以消除諧震現象。或使用圈徑不等之彈簧，大圈徑端在汽缸蓋，小圈徑端在彈簧座，以消除諧震現象。

（三）汽門

　　由於汽門是在燃燒室中，需承受極高的溫度(進汽門約 200～550℃，排汽門約 600～850℃)，且需高速關閉，所以，汽門需具有耐衝擊性、耐磨性、耐腐蝕性之特點。為了使進氣充足，進汽門頭直徑均比排汽門大。一般重負荷柴油引擎，其排汽門之溫度較高，為了使排汽門能充份冷卻，均在排汽門桿中注入半滿的鈉，鈉常溫下為固體，受熱後為液體，當汽門上下運動時，鈉能在汽門桿內流動，而將熱量由汽門頭傳至汽門桿，經汽門導管再傳至冷卻系統。

（四）汽門座

汽門座一般都用特種合金鑄造而成，再嵌入汽缸蓋上。如圖 2-31 所示，當汽門座過度磨損時，可取出更換新座。汽門座之角度須配合汽門面之角度，汽門面之角度通常為 45°；為了提高汽門與汽門座之密封性及防止在汽門座間積碳，常使汽門與汽門座有干涉角之配合。將汽門面磨成 45°而汽門座磨成 46°，或將汽門座磨成 45°，而將汽門面磨成 44°，此汽門與汽門座相差之角度即稱為干涉角，一般約 1°。

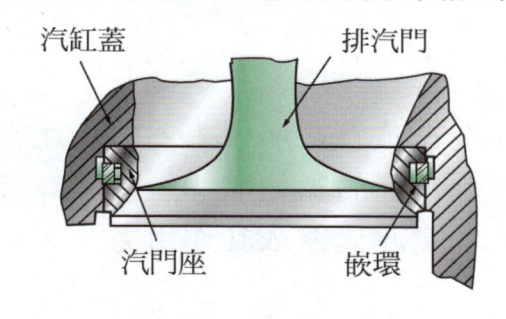

● 圖 2-31　汽門座

隨堂評量

一、是非題

( ) 1. 四行程柴油引擎，其凸輪軸之轉速應為曲軸之 2 倍。
( ) 2. F 型引擎之進汽門係裝於汽缸蓋上，而排汽門則裝於汽缸體。
( ) 3. I 型引擎其進排汽門均裝於汽缸蓋上。
( ) 4. 曲軸裝有推力軸承，而凸輪軸則無。
( ) 5. 偏位式汽門舉桿不但能減少舉桿之磨損，也能減少噪音。
( ) 6. 汽門彈簧大都採用雙彈簧，以增加彈簧彈力。
( ) 7. 汽門彈簧若採用疏密不等之彈簧，疏的一端應向活動端。
( ) 8. 鈉汽門能增加汽門之散熱性，一般使用於重負荷之柴油引擎。

( ) 9. 汽門與汽門座之配合設有干涉角，以提高汽門之散熱性。

( ) 10. 干涉角一般約1度，且汽門座之角度較汽門面大。

二、問答題

1. 說明偏位式汽門舉桿之作用與優點。
2. 何謂干涉角？有何功用？

2-2　其他附屬機件的功用與構造

一、進氣系統

柴油引擎之進氣系統，主要包含空氣濾清器、增壓器，進汽歧管等。

(一)空氣濾清器

空氣濾清器係裝在進汽歧管之前，主要的功用在過濾浮懸於空氣中之灰塵與微粒，使吸入汽缸的為乾淨的空氣，以減少汽缸的磨損，延長引擎的使用壽命。空氣濾清器依其作用方式，可分為濕式與乾式兩種。

1. 濕式空氣濾清器

濕式空氣濾清器有油浴式與濾紙式兩種。

A. 油浴式空氣濾清器：

油浴式空氣濾清器之構造，如圖2-32所示，在外殼底部裝有適當粘度的定量機油，在空氣流經處放置有細鋼絲網濾件；空氣係由蓋與外殼間之空隙進入，會衝擊底部之機油，使機油附著在鋼絲網上，在空氣流經鋼絲網時，灰塵或較重的微粒就會被機油粘住，使吸入汽缸的為乾淨的空氣；在鋼絲網上的機油附著愈多的灰塵或微粒，重量愈重，最後會落在油池內。所以油浴式之空氣濾清器之鋼絲網須定期清潔。油浴式空氣濾清器的進氣阻力較小，一般都使用於大型柴油引擎。

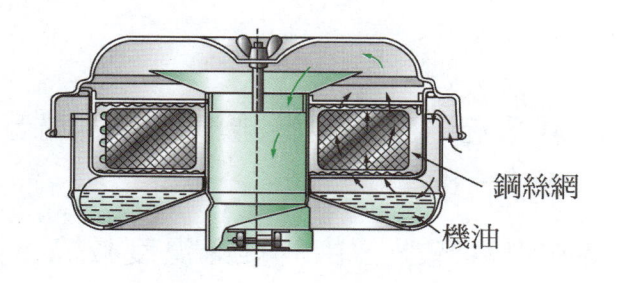

圖 2-32　油浴式空氣濾清器

B.濕濾紙式空氣濾清器：

　　濕濾紙式空氣濾清器係採用濾紙材料，在濾紙上有粘性的油膜，其過濾效果佳，但無法清潔，需定期更換。

2.乾式空氣濾清器

　　乾式空氣濾清器之構造，如圖2-33所示，一般採用濾紙為材料，其濾紙都摺式波浪形，以增加過濾面積；此種濾清器可以用壓縮空氣清潔(應由內往外吹)，但也須定期更換。

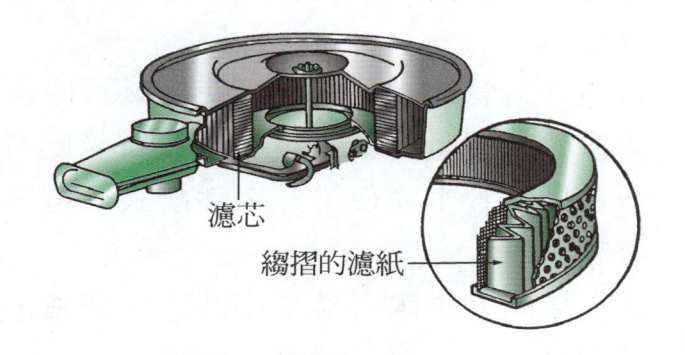

圖 2-33　乾式空氣濾清器

（二）進汽歧管

　　進汽歧管係裝在汽缸蓋上，一般採用鋁合金鑄造而成，其主要的功用是使空氣能均勻地分送至各汽缸；進汽歧管在設計時，應力求能減少進氣阻力，所以其內壁應光滑、彎曲弧度不宜太大，且長度不宜過長。

二、排氣系統

柴油引擎的排氣系統，主要包括排汽歧管與消音器。

(一) 排汽歧管

排汽歧管係裝在汽缸蓋上，由於排氣溫度較高，所以都採用鑄鐵鑄造而成，其主要的功用是將各缸燃燒完的廢氣集中到一個管內排出；排汽歧管在設計時應力求排氣順暢，以減少排氣之反壓，所以彎曲弧度也不宜過大。

(二) 消音器

消音器都裝置於排氣管之後段，使排氣膨脹冷卻後，再排除於大氣中，以減少噪音。

消音器依作用方式來分，有吸收型、阻力型、膨脹型、干擾型等，如圖 2-34 所示。

1. 吸收型：係在干擾箱內放置吸音材料，以吸收音波，減少排氣噪音。
2. 阻力型：係在排氣管的中央隔開，使排氣經由多個小孔進入膨脹室，以降低排氣速度，減少排氣噪音。
3. 膨脹型：係在排氣管中途使排氣突然膨脹後再排出，以減少排氣噪音。
4. 干擾型：係在排氣管中鑽有多個小孔，再利用干擾箱來減少排氣的噪音。

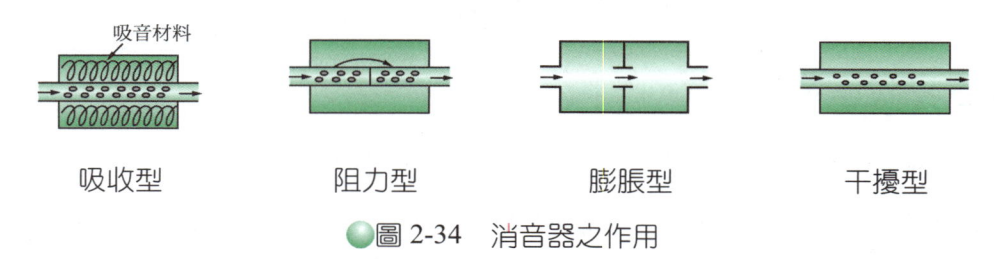

◯圖 2-34 消音器之作用

消音器依構造來分，有同心式、非同心式、橢圓型等，如圖 2-35 所示，大型柴油引擎一般都採用非同心式。

同心式　　　　　　　不同心式　　　　　　　橢圓型

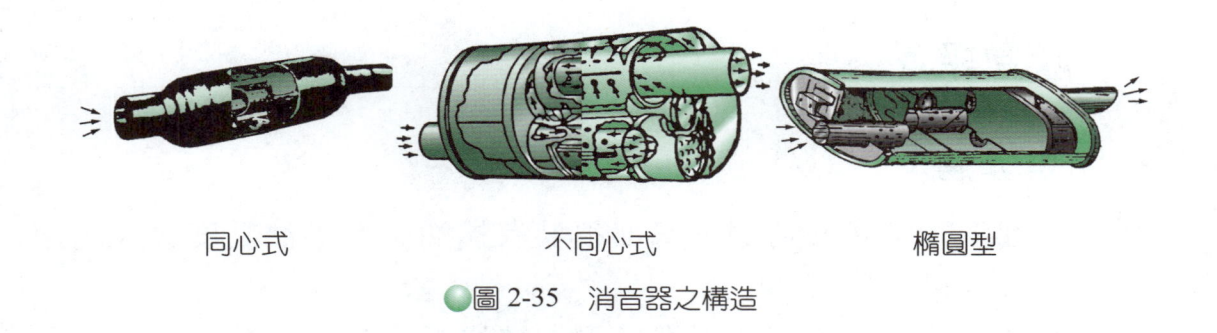

●圖 2-35　消音器之構造

三、減壓裝置

　　柴油引擎之壓縮比較高，起動較為困難，為了使引擎容易起動，常利用機械操作，強制打開汽門，使壓縮壓力消失，以減輕起動馬達之負擔，此種裝置稱為減壓裝置。此裝置也可用於將引擎熄火，或調整引擎時搖轉曲軸之用。

　　減壓裝置之構造如圖 2-36 所示，是利用減壓軸將進汽門或排汽門之搖臂壓下，使汽門打開無法關閉，汽缸內之壓縮壓力即消失，減輕了起動馬達之負擔。減壓桿安置在駕駛室，駕駛者一拉動減壓桿，即能經連接機構來搖控減壓輪軸轉動，將搖臂壓下，使汽門無法關閉，以達到減壓之作用。

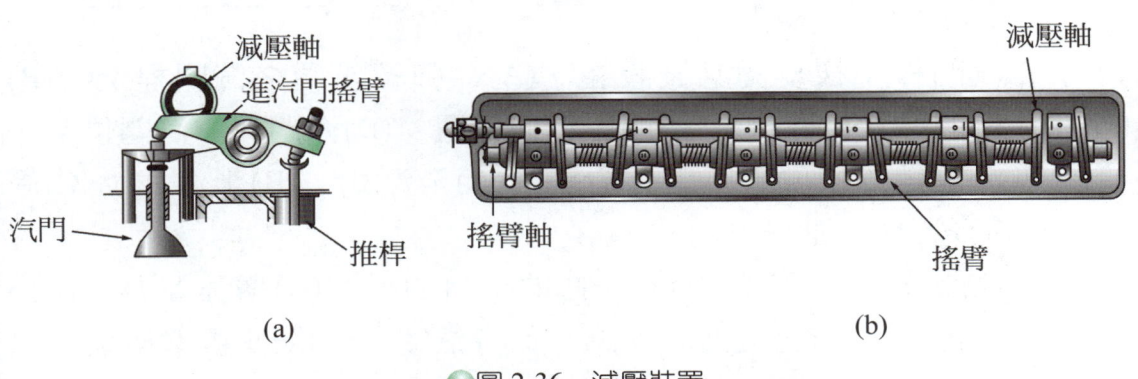

(a)　　　　　　　　　　　　　　(b)

●圖 2-36　減壓裝置

隨堂評量

一、是非題

( ) 1. 油浴式空氣濾清器之底部須裝有機油，其機油黏度愈大，過濾效果愈佳。
( ) 2. 油浴式空氣濾清器之進氣阻力較濾紙式為小。
( ) 3. 油浴式空氣濾清器之濾網須定期更換，一般使用於大型柴油引擎。
( ) 4. 減壓裝置能協助引擎之起動性。
( ) 5. 減壓裝置係使用於壓縮比較高之柴油引擎。

二、問答題

1. 說明空氣濾清器之功用與種類。
2. 消音器依作用方式來分有那幾種？
3. 減壓裝置具有那些功用？

綜合評量

( ) 1. 汽門桿小橡皮圈應裝設在 (A)靠彈簧座端之汽門桿上 (B)汽門導管外面 (C)汽門桿任何位置 (D)汽門桿靠汽門位置。
( ) 2. 活塞銷以扣環卡在銷孔的是 (A)全浮式 (B)半浮式 (C)固定式 (D)連桿浮動式。
( ) 3. 汽門彈簧有用二個套在一起的，目的是 (A)增強彈力，保持氣密 (B)防止低速時回跳，保持氣密 (C)防止彈簧斷裂，以策安全 (D)降低汽門開閉時的噪音。
( ) 4. 下列有關汽門之敘述，何者有誤？ (A)汽門桿內裝鈉可幫助冷卻 (B)汽門打開之時間較關閉之時間為短 (C)進汽門口之直徑通常較排汽門口大 (D)汽門面和汽門座之角度必須完全相同，否則會引起漏氣。

(   ) 5. 濕式缸套較之乾式　(A)易拆裝　(B)易漏水　(C)易漏氣　(D)以上皆是。

(   ) 6. 有關引擎活塞之敘述下列各項何項不正確？　(A)鋁合金活塞質輕膨脹率最小為現代引擎多採用　(B)鑄鐵活塞適用於低速高溫引擎　(C)柴油引擎採用鑄鐵活塞者仍多　(D)汽油引擎已很少採用鑄鐵活塞。

(   ) 7. 壓縮比大之引擎應使用　(A)較厚　(B)較薄　(C)較長　(D)較寬　之汽缸床墊。

(   ) 8. 現代引擎之汽門裝置，多採用　(A)F型　(B)T型　(C)L型　(D)I型。

(   ) 9. 活塞環的油環(oil ring)又稱刮油環，其主要作用是　(A)將汽缸壁上的機油全部刮下　(B)將汽缸壁上未燃燒的油刮下　(C)使汽缸與活塞間保持適當潤滑　(D)防止漏氣。

(   ) 10. 柴油濕式汽缸套上端突出於汽缸體的主要目的是　(A)提高冷卻效果　(B)提高氣封、水封效果　(C)防止汽缸變形　(D)增加燃燒室體積　(E)增加缸套壽命。

(   ) 11. 大部份汽門面與汽門桿切削成　(A)15°　(B)25°　(C)35°　(D)45°。

(   ) 12. 下列何者不是連桿軸承必須具備之特性？　(A)導熱性　(B)膨脹性　(C)耐磨耗性　(D)耐疲勞性。

(   ) 13. 在引擎輸出力量不變的狀況下，欲使引擎轉速高，則活塞與曲軸間之連桿應該設計成　(A)斜角式　(B)偏低式　(C)較長　(D)較短。

(   ) 14. 一般引擎之正推軸承(Thrust Bearing)，有溝槽之面是對著　(A)活動面　(B)固定面　(C)粗糙面　(D)光滑面。

(   ) 15. 直列式四缸引擎的曲軸銷的間隔角度是　(A)1－4與2－3各銷在同一平面，並相隔180度　(B)1-3與2-4各銷在同一平面，並相隔180度　(C)1-2與3-4各銷在同一平面，並相隔180度　(D)1、2、3、4各銷在同一平面，並相隔90度。

(　) 16. 活塞上之膨脹槽應裝在　(A)面向汽缸之動力衝擊面　(B)背向汽缸之動力衝擊面　(C)面向動力衝擊面之左側　(D)面向動力衝擊面之右側。

(　) 17. 柴油引擎水冷式汽缸體之汽缸套多為　(A)濕式　(B)乾式　(C)四行程用濕式，二行程用乾式　(D)二行程用濕式，四行程用乾式。

(　) 18. 汽門彈簧彈力太弱，關閉不緊密而漏氣，以那一轉速範圍對引擎影響最大？　(A)怠速　(B)低速　(C)中速　(D)高速。

(　) 19. 鋁合金活塞的主要缺點是　(A)強度小而膨脹率大　(B)強度大而膨脹率小　(C)質量輕而強度大　(D)質量重而強度大。

(　) 20. 六缸直列式柴油引擎之曲軸的曲柄銷如何組合？　(A)1－2，3－4，5－6　(B)1－3，2－5，4－6　(C)1－6，2－5，3－4　(D)1－4，3－5，2－6　之曲柄銷係同一高度。

3 燃料系統

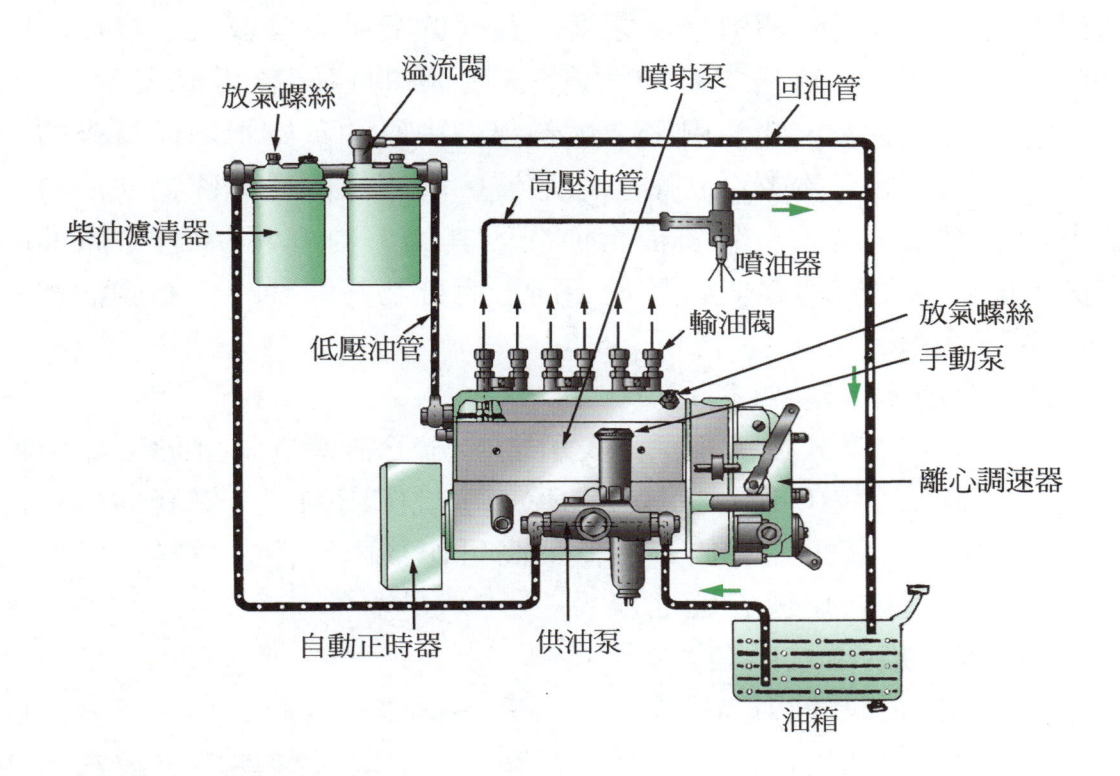

本章學習目標

1. 能瞭解柴油的特性。
2. 能瞭解混合比及空氣過剩率。
3. 能瞭解柴油引擎的燃燒過程及爆震防止方法。
4. 能瞭解柴油引擎之燃燒室的種類及特性。
5. 能瞭解柴油噴射系統之功用及種類。
6. 能瞭解柴油噴射系統之工作原理。
7. 能瞭解調速器與正時器之功用、種類及作用特性。
8. 能瞭解增壓器的功用、種類及作用特性。
9. 能瞭解電腦控制柴油噴射系統之優點與種類。
10. 能瞭解電腦控制柴油噴射系統之工作原理。

3-1 燃料與燃燒

　　狄塞爾引擎所使用的燃料範圍較廣,如重油、頁岩油、植物油,甚至於煤粉,均可做為燃料;但對車用柴油引擎,其燃料的選用則需精細挑選,因車用柴油引擎之速度、負荷的變動範圍較大,且燃料噴射設備較精良,其燃料本身的性質、對引擎的性能影響很大。

　　車用汽油引擎、柴油引擎之燃料都是由原油蒸餾精煉而得來的。原油是產於地下高達數百磅壓力之地層,經開採而得的礦物性油料,是由多種碳氫化合物及雜質混合而成,其比重約 0.78～0.99。原油的成份,就碳氫化合物之組合數量不同,而分為石臘油族、石腦油族與芳香族三種。

1. **石臘油族(鏈烷系烴)**

　　其化學式以 C_nH_{2n+2} 表示之,分子結構為長鏈形,如甲烷(CH_4)、乙烷(C_2H_6)、丙烷(C_3H_8)、丁烷(C_4H_{10})等。石臘油族的比重最小,著火性最佳,熱值最高可作為內燃機之燃料,所以汽油與柴油皆屬於石臘油族。

2. **石腦油族(環烷系烴)**

　　其化學式以 C_nH_{2n} 表示之,分子結構為環形,其性質與烷族相近,如環戊烷(C_5H_{10})等。石腦油族之著火性與熱值較石臘油族差。

3. **芳香族(芳香烴)**

　　其學式之 C_nH_{2n-6} 表示之,其分子結構為環形,如苯(C_6H_6)等。芳香族之著火性不良,熱值又低,僅適合作為一般燃料使用。

　　原油的提煉過程,是將原油加熱,令其蒸發後,再經分餾冷卻塔冷卻,此塔分數個階段,依凝結點(沸點)之差異而分離出汽油、煤油、柴油、燃料油、重油等。在 37～220℃ 分餾出者為汽油;在 180～270℃ 分餾出者為煤油;在 230～310℃ 分餾出者為輕柴油;在 305～405℃ 分餾出者為燃料油在分餾塔底層之重沉積物經最後提煉後,可煉成焦油、柏油與石臘。

3-1-1 柴油的特性與添加劑

一、柴油的特性

車用柴油引擎使用的燃料為柴油,由於車用柴油引擎之轉速、負荷之變動範圍較大,所以柴油必須具良好的著火性,適當的粘度,適當的揮發性,含水份、硫量、灰份要少,具有較高的閃火點,低溫流動性佳之特性,否則將嚴重影響引擎之運轉性能。茲將柴油應具有的特性分述如下:

1. 著火性

所謂著火性是指柴油噴入汽缸時,能夠自行著火之能力。著火性會影響引擎之起動性能與爆震程度;著火性良好的柴油,能縮短著火延遲時期(所謂著火延遲時間是指從柴油被噴入汽缸開始,至柴油自行著火燃燒,此時飛輪所經過之度數),使引擎容易發動,減少狄塞爾爆震。

柴油之著火性是以十六烷號數表示之,其設定的標準是以著火性極好之十六烷($C_{16}H_{34}$)定為十六烷值100,以著火性極差的α~甲基萘($C_{11}H_{10}$)定為十六烷值0,然後以特製之"聯合燃料研究引擎"(Cooperative Fuel Research Engine)做試驗,此引擎簡稱CFR引擎,本身附有爆震指示器。將試驗之柴油做為CFR引擎之燃料,爾後再以十六烷與α-甲基萘之混合燃料試驗,以不同的比率混合,直至其性能與試驗之柴油性能相同時,此時,十六烷所佔之比率即為此柴油之十六烷值。例如,若試驗之柴油之著火性和55%之十六烷 45%之α-甲基萘之混合燃料之著火性相同,則此柴油之十六烷號數為55號。十六烷號數愈高,其著火性愈好。一般車用柴油引擎使用之柴油,其十六烷號數在45~60間。使用高於規定號數之燃料,並不能增加引擎馬力,徒增加燃料費用而已。

2. 黏度

所謂黏度是指液體抵抗流動之性能。黏度之大小通常以賽式黏度計(Saybolt Viscometer)來測定,賽氏黏度計有兩種,一為通用式(Universal Type)用於測試燃料油與輕潤滑油，另一為弗洛式(Furol Type)用於測試較重或較厚之油料。此黏度測試計是將試樣油料 60c.c.，加溫至 100°F(37.8°C)後，讓其經規定之孔徑流出，當其全部流出所需之秒數為其黏度大小。若使用通用式測試，則稱賽式通用秒(Second Saybolt Universal)簡寫為 SSU；若使用弗洛式測試，則稱賽式弗洛秒(Second Saybolt Furol)簡寫為 SSF。1 SSF 約等於 10 SSU。

良好的柴油應具有適當的黏度，柴油之黏度太大，則由噴油嘴噴出之柴油粒子較大，不易霧化，與空氣混合不均勻，無法獲得良好的燃燒性能，所以引擎較易爆震且易排放黑煙，並使輸出馬力降低。柴油之黏度太小，則噴出之柴油粒子較小，貫穿力較差，其空氣利用率差，所以燃燒效率差，致使引擎馬力降低，同時，因黏度太小，使噴射設備潤滑不足，易造成噴射系統機件之磨損。一般車用柴油引擎使用之柴油，其黏度約 40～45 SSU。

3. 揮發性

所謂柴油的揮發性是指柴油揮發成柴油蒸氣之性能。柴油應具有適當的揮發性，若揮發性太高，則黏度相對減小，其貫穿力較差，造成柴油在燃燒室內分佈不均，燃燒不良之現象；若揮發性太低，表示柴油黏度大，較不易霧化，容易造成積碳與冒黑煙之現象。

4. 比重與 API 度

燃料油之比重，一般都以 API 度數表示之；所謂 API 度數是美國石油協會(American Petroleum Institute)用燃油比重計在 15.5°C 直接測量燃油比重的度數。

$$比重(15.5°C) = \frac{141.5}{131.5 + API 度數}$$

比重是指單位體積之燃油在 15.5°C(60°F)時之重量，和同溫度同體積之水的重量比。車用柴油引擎所使用之柴油，其比重在 0.82～0.89 間，或 27～40 API°，由比重可求得 API°。

$$\text{API}° = \frac{141.5}{\text{比重}(15.5°C)} - 131.5$$

API°與比重成反比，比重大的柴油，其含熱量較多，但燃燒時會發生較多的煤煙與氣味；比重小的柴油，其含熱量雖較少，但著火遲延時期較短，引擎運轉較平穩。

5. 閃火點

所謂閃火點是指將柴油加熱，令其蒸發成油氣，讓油氣與油表面之空氣混合，持火焰接近之，直至可發生瞬時閃火之液態柴油的最低溫度。所以又稱引火點。引火點之高低與引擎之運轉性能無關。僅與儲存及運輸上之安全有關，依安全上考慮，柴油之閃火點愈高愈好，其閃火點應在50°C以上。

6. 流動點

所謂流動點是指燃料能流動之最低溫度。即將燃料溫度降低，其黏度增加，繼續將其溫度降低至燃料無法流動為止，此時的溫度稱流動點。柴油之流動點愈低愈好，一般都在-18～1.5°C間。

7. 含硫量

原油中含有硫磺，其煉製過程中很難盡除，硫在汽缸內燃燒後，會變成二氧化硫(SO_2)、三氧化硫(SO_3)等氣體，這些氣體與燃燒後之水蒸氣(H_2O)化合後，會成為亞硫酸(H_2SO_3)、硫酸(H_2SO_4)等酸性物質，此酸性物質會附著在汽門、汽缸壁、活塞環上，腐蝕引擎機件。所以柴油之含硫量愈低愈好。其含硫量以重量百分比表示之，車用柴油之含硫量應在0.5%以下。

8. 殘碳量

若將柴油與空氣隔絕，再予以加熱使柴油蒸發，當柴油全部蒸發完後，尚有殘渣遺存，這些就是殘碳；殘碳量是以重量百分比表示之，柴油之殘碳量愈小愈好；若殘碳量太高，則噴油嘴之油孔容易阻塞，且燃燒時黑煙較多，燃燒室較易積碳。

9. 殘灰量

將柴油加熱蒸發，剩下碳渣後，再將碳渣燒成灰渣，即是殘灰，殘灰量以重量百分比表示之；殘灰量愈小愈好，若殘灰量太高，則易加速噴射系統機件與引擎機件之磨損。

10. 水及沉澱物

柴油常含有水及沉澱物，其以容積百分比表示之，試驗的方法是以50%的柴油與50%之苯混合，再用離心試驗機將水及沉澱物析出，量其容積再與柴油之體積的比值。水及沉澱物之含量愈少愈好，若太多，則水和油會因乳化作用而凝固，將使噴射油路阻塞。且沉澱物之雜質易加速噴射系統機件之磨損。柴油含水及沉澱物之標準，應在1%以下。

11. 腐蝕性

腐蝕性試驗，是試驗柴油對供油系統中銅件之腐蝕情況。而不是其他金屬。試驗的方式是將拋光的薄銅片，浸入100℃的柴油中，經過三小時後取出觀察：NO.0 不變色，NO.1 微變色，NO.2 中度變色，NO.3 深度變色，NO.4 稍有腐蝕。其腐蝕性應以NO.1較為適當。

12. 熱值

燃料的熱值測定是由熱量計測得，燃料的熱值愈大愈省油。柴油熱值的測定是將一定量的柴油，放在熱量計中燃燒，由於柴油是由碳氫化合物組成，當燃燒時產生的熱，會被熱量計中夾層的水吸收，同時，柴油燃燒時會產生多量的水蒸氣(H_2O)，這些水蒸氣含有很多熱量，當水蒸氣被熱量計夾層中的水冷卻凝結成液體，此時，水蒸氣放出的熱量(潛熱)也會被熱量計夾層中的水吸收。再從夾層中之水量與溫度，能計算出夾層中水所增加的熱量，這些熱量就是柴油的熱值，這種熱值稱為高熱值(High Heating Value)簡寫成HHV。柴油在柴油引擎之燃燒室內燃燒，其水蒸氣根本來不及凝結排放熱量，即排出車外，所以，真正用於引擎上的柴油熱值應扣除水蒸氣之潛熱，這樣得到的熱量就稱為低熱值(Low Heating Value)簡寫為LHV。一般液體燃料之高熱值比低熱值大約多出 6%。車用柴油之熱值約 10800 kcal/kg(19000BTU/磅)。

二、柴油的添加劑

為了改善柴油之品質，在柴油提煉過程中或提煉完成後，再加入添加劑。柴油中加入之添加劑有十六烷值促進劑、清潔劑、氧化抑制劑、腐蝕抑制劑等。

1. 十六烷值促進劑

十六烷值促進劑主要的成份是戊烷基硝酸鹽(Amyl Nitrate)或氧化丙酮(Acetone Peroxide)。只要在柴油中加入少量的十六烷值促進劑，即可提高柴油的十六烷號數，縮短著火延遲時期，使引擎容易發動，燃燒過程較為平穩，並能減低狄塞爾爆震，使引擎的運轉情況大為改善。

2. 清潔劑

清潔劑具有分散作用，防止已成為氧化物之物質形成油膠，而阻塞燃料油路。所以，清潔劑能經常保持噴射系統油路之清潔，以延長機件的壽命，使引擎長期維持良好的性能。

3. 氧化抑制劑

若以不同的原油來源提煉柴油混合，或以不同煉油之方法提煉之柴油混合，這種混合的柴油比單獨一種柴油顯得較不穩定，若將這種柴油長期暴露於空氣中，在受到很大的溫度變化時，柴油即會產生溶解性或不溶解性之膠質，此類膠質常會聚集，使噴射系統阻塞或使燃燒室積碳。氧化抑制劑具有防止柴油產生氧化作用，以減少柴油形成膠質之機會，使燃料系統維持暢通。

4. 腐蝕抑制劑

在柴油中常含有微量的硫及水份或釩、鈉之元素，當燃燒後會形成酸性物質腐蝕引擎之機件，在精密加工的燃料噴射設備之零件上，更不允許腐蝕的發生，所以，必須要添加腐蝕抑制劑，以降低腐蝕作用，減少引擎機件噴射設備之保養及修理費用。

隨堂評量

一、是非題

(　) 1. 內燃機使用之燃料，一般以石臘油族為主。
(　) 2. 柴油之著火性會影響引擎柴油引擎之起動性能與爆震程度。
(　) 3. 柴油之十六烷號數愈高，表示其著火性愈好。
(　) 4. 柴油引擎使用十六烷值較高之柴油，不但較不會爆震，且能增加引擎之輸出馬力。
(　) 5. 黏度測試計係將定量油料(60CC)，在定溫度下(60℃)測試。
(　) 6. 使用黏度較大的柴油為燃料，引擎較容易爆震。
(　) 7. 柴油之黏度太小時，其空氣利用率較差，引擎馬力會降低。
(　) 8. 一般車用柴油引擎所使用之柴油，其黏度約 20～30 SSU。
(　) 9. 使用揮發性較低之柴油，引擎較容易積碳，且排放黑煙。
(　) 10. 柴油之 API 度與比重成正比。
(　) 11. 柴油之閃火點與引擎之運轉性能無關，僅與儲存之安全性有關。
(　) 12. 計算引擎之熱效率，一般以柴油之高熱值來計算。
(　) 13. 清潔劑具有分散作用，能抑制柴油在高溫時產生氧化物。
(　) 14. 氧化抑制劑與清潔劑都能保持燃料系統暢通，以減少油路阻塞。

二、問答題

1. 何謂著火性？對引擎性能有何影響？
2. 柴油的添加劑有那些？

3-1-2　空氣與柴油的混合比及空氣過剩率

一、空氣與柴油之混合比

柴油在汽缸內要能完全燃燒，除了要有良好的霧化外，也須有充份的空氣與之混合，而空氣與柴油的重量比，即稱為混合比，又稱空燃比。柴油的分子式一般以 $C_{16}H_{34}$ 表示，所以柴油完全燃燒時之分子式為：

$$C_{16}H_{34} + \frac{49}{2}O_2 \rightarrow 16CO_2 + 17H_2O$$

各元素的分子量：C = 12，H = 1，O = 16

$C_{16}H_{34}$ 之分子量 = 12×16 + 1×34 = 226

$\frac{49}{2}O_2$ 之分子量 = $\frac{49}{2}$(16×2) = 784

所以，柴油完全燃燒時，其與氧氣之重量比為 226：784 = 1：3.47

即1kg的柴油要能完全燃燒，需提供3.47kg的氧氣；在空氣中，氧氣與空氣的重量比為1：4.33；因此，1kg的柴油要能完全燃燒，須提供 3.47×4.33 = 15 kg的空氣。所以空氣與柴油之理論混合比為15：1。但柴油引擎為壓縮點火引擎，柴油係在壓縮上死點前以高壓方式噴入汽缸內，柴油與空氣混合的時間極短，為了使柴油在極短的時間內適當燃燒，須提供更多的空氣；因此，柴油引擎其進氣量大約一定，馬力大小係由燃料之多寡來決定，所以柴油引擎之混合比範圍寬大，約16～200：1。

二、空氣過剩率

在汽缸內燃料實際混合之空氣量與燃料完全燃燒時理論所需之空氣量之比值稱為空氣過剩率。在汽缸內，由於燃料與空氣不可能獲得完全均勻之混合，所以，為了容易燃燒，需供應較多的空氣量。

$$空氣過剩率 = \frac{定量燃料實際混合之空氣量}{定量燃料完全燃燒時理論所需之空氣量}$$

由於柴油引擎之混合比約 16～200：1，理論混合比約 15：1，所以其空氣過剩率約 1.1～14。空氣過剩率以λ(Lamda)值表示，λ<1，表示空氣量供應不足或混合比過濃，燃料不能完全燃燒，會產生多量之一氧化碳和游離碳，排出黑煙(大量游離碳)，並使引擎之馬力降低。車用柴油引擎在全負荷時，其空氣過剩率(λ值)約為1.1～1.4。

隨堂評量

一、是非題

( ) 1. 空氣與柴油之理論混合比約 15：1。
( ) 2. 控制柴油引擎之馬力輸出係以進氣量來決定。
( ) 3. 柴油引擎之混合比較為寬大，約 16～100：1。
( ) 4. 柴油引擎之空氣過剩率約 1.1～14：1。
( ) 5. 車用柴油引擎在全負荷時之空氣過剩率約 1.1～1.4。
( ) 6. 空氣過剩率大於 1 時，引擎較容易排放黑煙。

二、問答題

1. 請列式計算柴油之理論混合比。
2. 何謂空氣過剩率？

3-1-3 正常燃燒與異常燃燒

一、正常燃燒

柴油在壓縮上死點前，由噴油嘴噴入汽缸時並未立即燃燒，因為柴油被噴入汽缸的瞬間，雖是微小的油粒，但仍是液體，無法立即燃燒，這些油粒必須先吸收已被壓縮的空氣熱量(壓縮熱)，使油粒汽化成柴油蒸氣，而後再與空氣混合成混合汽；這些柴油蒸氣需繼續吸收空氣的熱量使其產生氧化作用後，形成火焰再開始燃燒，燃燒後放出大量熱量，加速附近的柴油蒸氣之氧化作用，使火焰迅速傳播，所有的柴油蒸氣燃燒完後即放出大量熱量，將活塞迅速壓下而產生動力行程。

柴油在汽缸內燃燒的變化過程如圖 3-1 所示，要使柴油燃燒，必須要有足夠的氧氣助燃，如果氧氣供應充足，則噴入汽缸內的柴油就能獲得完全燃燒，產生二氧化碳(CO_2)與水蒸氣(H_2O)，假使燃燒中的柴油得不到充分的氧氣，就會造成不完全燃燒，而排出多量的黑煙(游離碳)，並使汽缸內積碳。

由此可知，柴油被噴入汽缸後，其燃燒過程是循序漸進的，我們可依曲軸所轉之角度與汽缸內之壓力變化，如圖3-2所示，來詳細說明柴油引擎的燃燒過程，其燃燒的過程可分為著火遲延時期、火焰傳播時期、直接燃燒時期、後燃時期等四個階段。

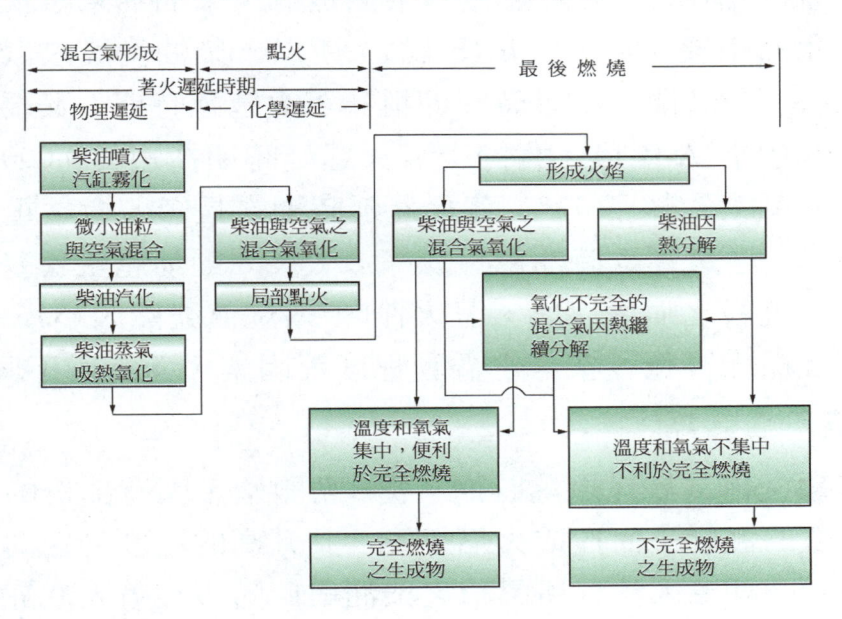

● 圖 3-1 柴油在汽缸內燃燒之變化過程

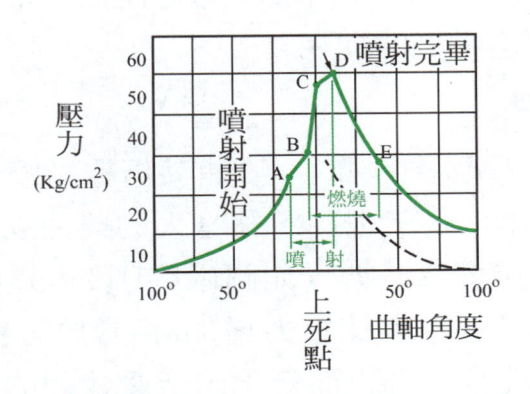

● 圖 3-2 柴油引擎燃燒時汽缸內之壓力變化曲線圖

(一)著火遲延時期

　　當柴油在壓縮上死點前(A 點)，即經由噴油嘴噴入汽缸，此時柴油並沒有立即燃燒，因它仍是液態的柴油粒子，它必須先吸收汽缸內空氣的熱量(壓縮熱)，使其蒸發為柴油蒸氣，柴油蒸氣繼續吸熱，使其發生氧化作用後才形成火焰(B 點)；所以，柴油從噴入汽缸到形成火焰燃燒有一段時間，這段時間即稱為著火遲延時期，又稱準備燃燒時期，如圖中之 A-B 段，實際上著火遲延時期極短約 0.0007～0.0003 秒，此時曲軸大約轉了 12°。著火遲延時期之長短，會嚴重影響柴油引擎之性能。著火遲延時期愈短愈好，太長，則易產生狄塞爾爆震；其長短常因燃料之噴射狀態、著火性(十六烷值號數大小)、汽缸內空氣之溫度及壓力高低、空氣之渦動程度等因素，而有所不同。

(二)火焰傳播時期

　　此時期又稱為放任燃燒時期，從B點開始，因有部份的柴油蒸氣已達到自燃的溫度，而形成火焰燃燒，其升高的溫度迅速向外擴張，使著火遲延時期噴入汽缸所累積之柴油與此階段被噴入汽缸之柴油同時燃燒起來，所以稱為火焰傳播時期，如圖中之B-C段。因有那麼多的柴油一起燃燒，使汽缸中的壓力和溫度急激升高，情似爆發。所謂狄塞爾爆震，就是在這個時期所發生的，所以柴油引擎之爆震係發生在燃燒初期，即火焰傳播時期。

(三)直接燃燒時期

　　在火焰傳播時期過後(C 點)，噴油嘴仍繼續噴油，此時汽缸中還在燃燒，汽缸內的溫度仍然很高，被噴入的柴油立即汽化而形成火焰燃燒，所以稱為直接燃燒時期，如圖中C-D段，這時候活塞已開始下行，雖然繼續燃燒，並沒有使壓力增加(相當於等壓部份)，由於 C-D 段的壓力是隨著噴油量的多少而變化，能受我們的控制，所以直接燃燒時期又稱為控制燃燒時期。

（四）後燃時期

　　噴油嘴在 D 點停止噴射(噴射結束)，此時，在 D 點以前有些較大的油粒因需較長的時間來燃燒，並未燃燒完畢，所以在 D 點以後繼續燃燒，一直到燃燒完畢為止，此時期即稱為後燃時期，在後燃時期活塞已下降了很多，其燃燒所產生的壓力對動力並沒有太大的幫助，反而會使排氣溫度升高，所以，後燃時期愈短愈好。影響後燃時期之最大因素為油粒之大小與空氣渦動的程度(油粒分佈均勻程度)。

二、異常燃燒

　　柴油被噴入汽缸後，一定要經過著火遲延時期，使柴油粒子吸收了足夠的熱量後，才能形成火焰燃燒，再進入火焰傳播時期，著火遲延時期太長，使累積在汽缸內的柴油粒子過多，那在火焰傳播時期，這些柴油粒子同時燃燒，使汽缸中的壓力急劇升高，此異常的壓力對周圍的金屬產生衝擊而發生音波，此音波與壓力波所產生的混合聲響，即變成特別的敲擊聲，此種現象即稱為狄塞爾爆震。

　　一般柴油引擎其汽缸內之最高爆發力不論如何高，只要壓力之上升率能緩慢上升，引擎就不會發生狄塞爾爆震現象。如圖 3-3 所示，為柴油引擎正常燃燒與異常燃燒之壓力比較圖。正常燃燒時，著火遲延時期較短，其上升之壓力較緩和(虛線部份)；異常燃燒時，著火遲延時期較長，其壓力急劇上升(實線部份)。由此可知狄塞爾爆震的發生，不是燃燒壓力過高才發生的。而是壓力上升率太大所引起的。

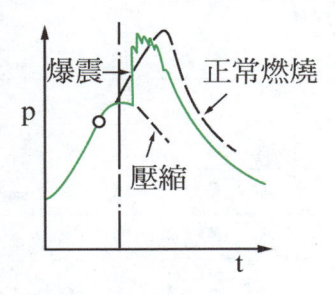

圖 3-3　柴油引擎正常燃燒與異常燃燒之壓力比較圖

三、柴油引擎爆震與汽油引擎爆震之比較

　　柴油引擎之正常燃燒與異常燃燒(爆震)，在本質上並沒有太大的區別，主要的差異在於燃燒時壓力上升之比率，若上升之比率過大，則產生狄塞爾爆震。而汽油引擎之正常燃燒與異常燃燒（爆震）卻是兩種截然不同的現象，如圖 3-4 所示，為汽油引擎爆震之現象，當汽油引擎之壓縮比太高，或進入汽缸的混合汽太熱，則混合汽被壓縮後，溫度上升很高，在火星塞點火後，火焰向前擴展，將前面還未燃燒的汽油粒子繼續壓縮，使溫度再度上升，最後面之汽油粒子在火焰未到達前即自行著火燃燒，如圖 3-4 之(3)所示，這兩股壓力波動相互撞擊，而產生爆震現象。

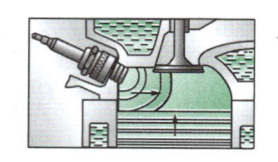

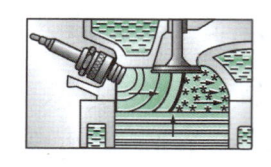

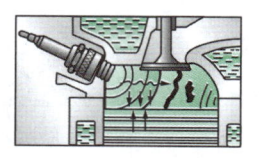

(1)火星塞點火　　　(2)火焰向前傳播　　　(3)末端混合汽自燃而產生爆震

● 圖 3-4　汽油引擎爆震的現象

　　由此可知，汽油引擎之爆震是在燃燒將結束時(燃燒末期)發生，而柴油引擎之爆震，則在燃燒剛開始時(燃燒初期)發生。現今將柴油引擎與汽油引擎產生爆震之原因相互比較：

爆震之原因	柴油引擎	汽油引擎
壓縮壓力(壓縮比)	過　低	過　高
引擎轉速	過　低	過　高
汽缸容積	過　小	過　大
車輛負荷	愈　輕	愈　重
進氣溫度(壓力)	過　低	過　高
燃料燃點	過　高	過　低
燃燒室之溫度	過　低	過　高
燃油之著火點	過　高	過　低
點火或噴射時期	過　早	過　早
燃料著火	過　晚	過　早
爆震時機	燃燒初期	燃燒末期

四、防止狄塞爾爆震之方法

要防止狄塞爾爆震，必須根據兩項原則：(1)縮短著火遲延時期。(2)減少著火遲延時期之噴油量。

要縮短著火遲延時期，必須朝下列方向改進：
1. 使用著火性好之柴油(十六烷值大)。
2. 提高壓縮比，以增加壓縮壓力。
3. 提高柴油引擎之慢車轉速，以提高燃燒室溫度。
4. 提高進氣溫度。
5. 改良噴油嘴，使霧化及貫穿力良好，讓油粒與空氣能均勻混合。
6. 改良燃燒室，使空氣渦動增加，讓柴油與空氣能均勻混合。
7. 使噴射時間正確。

要減少著火遲延時期之噴油量，應朝下列方向改進：
1. 改良噴油嘴成二段噴射，使噴射量先少後多(節流型噴油嘴)。
2. 噴射泵柱塞設計為二段式，使噴射量先少後多。
3. 設計噴射泵之偏心輪成二段式，使噴射量先少後多。
4. 裝置兩只噴射泵，一只噴射量較少在著火遲延時期噴射，一只噴射量較多，在火焰傳播時期與直接燃燒時期噴射。

隨堂評量

一、是非題

( ) 1. 柴油引擎的燃燒分成四個時期。
( ) 2. 著火遲延時期太長時，引擎容易產生爆震現象。
( ) 3. 火焰傳播時期又稱放任燃燒時期，在該時期所噴入之燃料會立即燃燒。
( ) 4. 柴油引擎之爆震係發生在燃燒末期。
( ) 5. 在後燃時期所噴入的燃料愈少愈好。
( ) 6. 直接燃燒時期又稱控制燃燒時期，其燃燒壓力之變化會隨噴油量多少而變化。

(　) 7. 柴油引擎在壓縮壓力愈高時，愈容易產生爆震。
(　) 8. 柴油引擎在低速時比高速時更容易產生爆震。
(　) 9. 柴油引擎之負荷愈大，愈容易產生爆震。
(　) 10. 柴油之著火點愈高，愈容易產生爆震。

二、問答題

1. 柴油引擎在正常燃燒時可分那幾個階段？
2. 試比較柴油引擎與汽油引擎之爆震原因。
3. 防止狄塞爾爆震的方法有那些？

3-1-4　燃燒室

為了提高引擎的燃燒效率，必須使燃料與空氣達到均勻的混合，如此才能得到完全燃燒，發揮出全部的熱能。但柴油引擎在進氣行程時，吸入汽缸內的是純空氣，柴油是在壓縮上死點前才噴入汽缸與空氣混合，此時，柴油與空氣混合的時間極短，大約 0.002～0.007 秒，在這樣短的時間內，要柴油與空氣能達到均勻的混合，實在很困難。因此，為了克服這項困難，柴油工程師們就想到往燃燒室方面設計，使活塞在壓縮行程時，能讓空氣產生強烈的渦動，迅速地與噴入之柴油均勻混合。所以，柴油引擎之燃燒室之設計非常複雜，有多種型式。燃燒室種類：

依燃燒室之個數來分
- 單室式：展開室燃燒室
- 複室式：依副燃燒室來分（主燃燒室與副燃燒室）
  - 預燃室式燃燒室
  - 渦動室式燃燒室
  - 空氣室式燃燒室
  - 能量室式燃燒室

依燃料是否噴入主燃燒室來分，可分為直接噴射與間接噴式：

1. 直接噴射式：包括展開式燃燒室式、空氣室式燃燒室、能量室式燃燒室。
2. 間接噴射式：包括預燃室式燃燒室、渦動室式燃燒室。

一、展開室式燃燒室(Open Combustion Chamber Type)

此種型式是利用活塞與汽缸蓋之空間形成燃燒室，是屬於單室式燃燒室，由於燃料是直接噴入主燃燒室內，所以又稱為直接噴射式燃燒室。如圖 3-5 所示，為三種不同型式的展開室式燃燒室。

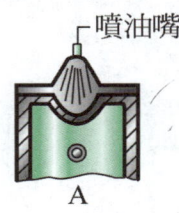

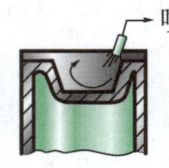

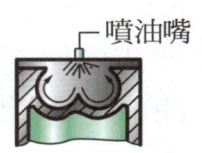

● 圖 3-5　展開室式燃燒式

為了防止噴入的柴油粒子碰到活塞頂或汽缸蓋，而產生不完全燃燒，所以在噴油嘴孔與活塞之間，需具有適當的空氣；因此，在燃燒室的設計上，都將活塞或汽缸蓋製成凹下形狀。為了使噴入汽缸內之柴油與空氣能得到均勻的混合，必須使空氣能產生強烈的渦流。

展開室式燃燒室在使空氣產生渦流的方法有進氣渦流、壓縮渦流與噴射渦流三種。進氣渦流是在進氣行程產生，主要的設計是利用擋片式汽門，當進氣行程時，讓空氣以一定的方式急速流入汽缸，而產生渦動。如圖 3-6 所示。壓縮渦流法是在壓縮行程發生，當壓縮行程活塞移到上死點時，汽缸頂部的空氣，被逼流入凹形的燃燒室內，而產生螺旋形的渦流，此時柴油一噴入汽缸，立即被激流的空氣散佈至各個角落，和空氣產生均勻的混合，以得到完全燃燒，發揮出全部的熱能。噴射渦流係利用高壓噴射將燃料噴入汽缸，而造成空氣之擾動，以促進燃料與空氣之混合。

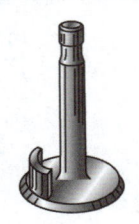

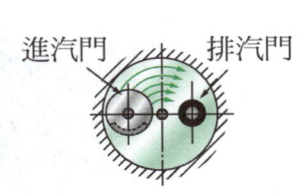

● 圖 3-6　進氣渦流

展開室式燃燒室，其空氣之渦動仍然比其他燃燒室小，所以為了使柴油粒子能迅速與空氣均勻混合，其噴油嘴都採用孔型，使柴油能朝多方向噴射，迅速達到各個層面，其噴射壓力高達 150～300 kg/cm^2。

展開室式燃燒室之優點：
1. 為單室式燃燒室，其熱能損失較小，冷天起動性佳，不須使用預熱塞將空氣加熱，也能順利發動。
2. 因熱能損失少，其熱效率較高，柴油消耗率低，較省油。
3. 燃燒室之構造簡單，汽缸蓋容易加工，熱變形少。

展開室式燃燒室之缺點：
1. 噴油嘴之噴射壓力較高($150 \sim 300 kg/cm^2$)，噴射泵之驅動機件較易磨損。
2. 採用孔型噴油嘴，較容易阻塞，故障率較高。
3. 由於其空氣渦流較弱，混合汽較難均勻混合，故需使用良質的燃料。
4. 噴油時刻與噴油狀態只要有少量的變化，立即會影響引擎之性能。
5. 在高速時之性能較差。

二、預燃室式燃燒室(Pre-combustion Chamber Type)

預燃室式燃燒室之構造如圖 3-7 所示，是在汽缸蓋內另設一個小燃燒室，稱為預燃燒室，而活塞凹下部份為主燃燒室，預燃燒室佔總燃燒室體積之 25～40%。預燃燒室和主燃燒室間，有 3～5 個小孔連通；當活塞在壓縮行程時，主燃燒室和預熱燃燒室均充滿新鮮的壓縮空氣，噴油嘴先將柴油噴入預燃燒室內，一部份的柴油立即燃燒，使預燃燒室之壓力、溫度急劇上升，此壓力立即將高溫氣體與未燃燒的柴油由預燃燒室的小孔，以極高的速度噴入主燃燒室內，造成強烈的燃燒渦流，使柴油與空氣能均勻混合，以獲得完全燃燒。由於能造成強烈渦流，即使品質低劣的燃料也能獲得完全燃燒。

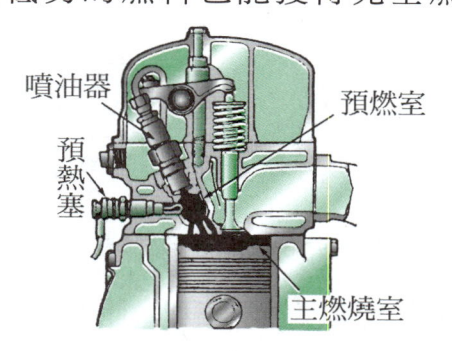

● 圖 3-7　預燃室式燃燒室

預燃燒室式燃燒室，在冷天發動引擎時，被壓入預燃燒室的空氣溫度不夠高，使噴入的柴油不易著火，所以在預燃燒室內需裝置一個預熱塞，將預燃燒室的空氣加熱至相當高的溫度後，再發動引擎，使噴入預熱燃燒室的柴油較易著火。

預燃室式燃燒室之優點：
1. 由於在主燃燒室能造成強烈的燃燒渦流，使燃料與空氣均勻混合，因此，其燃油選擇範圍較廣，即使使用低品質的柴油，也能得到良好的燃燒。
2. 噴油粒子稍大也能與空氣均勻混合，所以噴油嘴壓力較低($80\sim120\text{kg/cm}^2$)，噴射機件較不易磨損。
3. 燃燒情況良好，爆震小，運轉較平穩。
4. 噴油時刻與噴油狀態雖有少量變化，並不影響引擎之性能。
5. 可採用針型噴油嘴，其故障率較低。

預燃室式燃燒室之缺點：
1. 汽缸蓋中要鑲入預燃燒室，構造較複雜，較易產生熱變形。
2. 燃燒室的散熱面積大，熱能損失較多，熱效率較差，較耗油。
3. 低溫起動不易，需使用預熱塞幫助起動。

三、渦動室式燃燒室(Turbulence Chamber Type)

渦動室式之燃燒室之構造如圖3-8所示，是在汽缸蓋上之主燃燒室旁邊，設置一個圓球形的燃燒室，稱為渦動室，此渦動室約佔總燃燒室容積之60～80%，其通到主燃燒室的通道比預燃燒室大。當活塞在壓縮行程時，將空氣壓縮，使空氣經過通道時速度加快，被加速的空氣進入圓球形的渦動室後，立即產生強烈的壓縮渦流；此時，將柴油噴入渦動室內，此強烈的壓縮渦流能使柴油與空氣均勻混合，使大部的柴油能獲得完全燃燒，已燃燒膨脹的氣體，再由渦動室經通道進入主燃燒室繼續燃燒，將活塞壓下。渦動室式之通道面積比預燃室大，其通道熱能損失較小，因此，渦動室式之特性正介於展開室式與預燃燒室式間。因渦動室式燃燒室之表面積較大，冷車起動較困難，也需使用預熱塞。

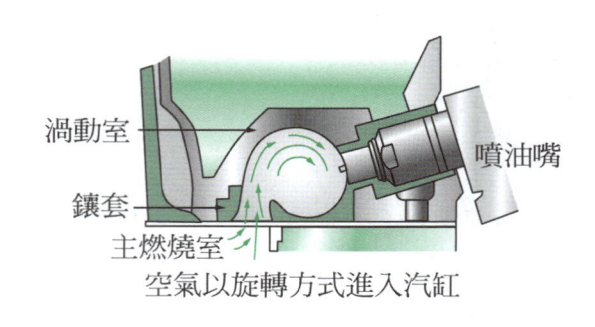

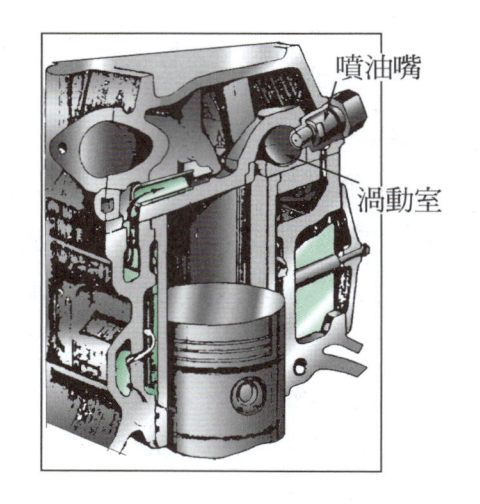

●圖 3-8　渦動室式燃燒室

渦動室式燃燒室之優點：
1. 可使用針型噴油嘴，故障率較低。
2. 引擎轉速範圍廣(1000～5000 rpm)，較適合汽車使用。
3. 噴射壓力較低(80～120kg/cm^2)，噴射機件較不易磨損。
4. 可將渦動室放在側方，有足夠的空間容納較大的汽門，容積效率較高。

渦動室式燃燒室之缺點：
1. 汽缸蓋構造較複雜，容易產生熱變形。
2. 冷車發動引擎，需使用預熱塞幫助起動。
3. 低速時容易引起狄塞爾爆震，所以低速運轉較不平穩。
4. 噴油時刻及噴油狀態，雖有少許變化，也會影響引擎性能。
5. 熱效率比展開室式低，但比預燃室式高。

四、空氣室式燃燒室(Air Cell Chamber Type)

空氣室式燃燒室之構造，如圖 3-9 所示，是在汽缸蓋上主燃燒室旁邊設一個空氣室，其容積約佔總燃燒室容積之 20～70%。而噴油嘴係裝在主燃燒室內。

當活塞在進行壓縮行程時，一部份的空氣會被壓縮到空氣室內，在壓縮上死點前柴油被噴入主燃燒室，因主燃燒室內的空氣較少，所以剛開始燃燒之速度較慢，在活塞開始下行後，主燃燒室之壓力隨之下降，此時，儲存於空氣室內之壓縮空氣立即向外噴出，以補充在主燃燒室中燃燒時所要的氧氣。此種燃燒室之燃燒速度較慢，最高燃燒壓力較低，引擎運轉較安靜，但後燃時期較長，排氣溫度較高，燃料消耗率較大。

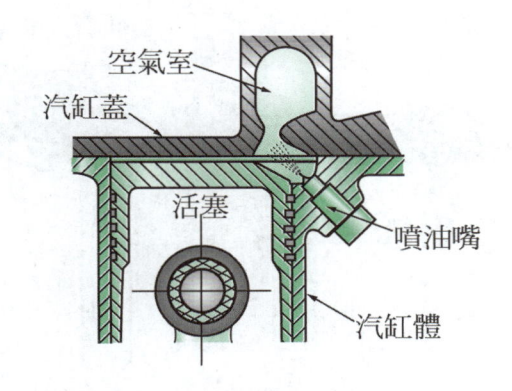

●圖 3-9　空氣室式燃燒室

空氣室式燃燒室之優點：
1. 使用針型噴油嘴，噴油嘴之故障率較低。
2. 噴射壓力較低(約 80～120kg/cm^2)，噴射機件之磨損較少。
3. 燃燒速度較緩慢，引擎之運轉較安靜。
4. 燃料係直接噴入主燃燒室中，也屬於直接噴射式，所以冷車起動性較佳，不須裝置預熱塞也能順利起動。

空氣室式燃燒室之缺點：
1. 汽缸蓋之構造較複雜，容易產生熱變形。
2. 熱效率較低，燃料消耗較大。
3. 燃燒速度較慢，排氣溫度較高。
4. 噴射時期之變化，對引擎之性能影響較大。

五、能量室式燃燒室(Energy Chamber Type)

能量室式燃燒室之構造，如圖 3-10 所示，是在汽缸蓋上主燃燒室之對面裝置一個能量室，其容積約佔總燃燒室容積之 10～20%。其噴油嘴係裝在主燃燒室內，由噴油嘴噴出的霧化柴油會先經過主燃燒室後，再進入能量室內。由於能量室之冷卻性較差，在正常的運轉下，能保持較高的溫度，所以，少部份噴入能量室之柴油會先著火燃燒，其燃燒的高溫度氣體再噴入主燃燒室內，以產生強烈的燃燒渦流，使主燃燒室之柴油與空氣能獲得均勻混合，以利燃燒。其燃燒過程如圖 3-11 所示。

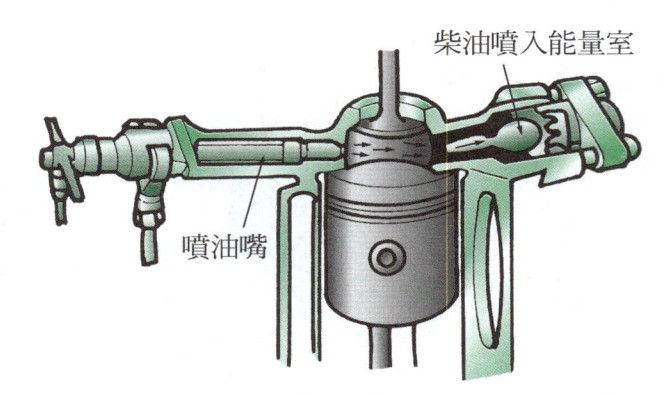

● 圖 3-10　能量室式燃燒室

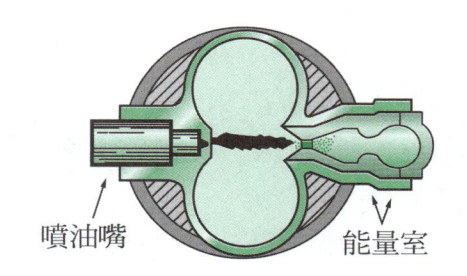

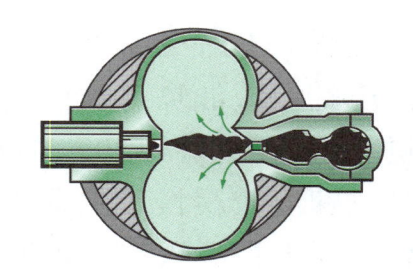

● 圖 3-11　能量室式燃燒室之燃燒過程

能量室式燃燒室之優點：

1. 柴油係直接噴入主燃燒室內，也屬於直接噴射式，所以冷車起動性較佳，不須裝置預熱塞也能順利起動。
2. 使用針型噴油嘴，噴油嘴之故障率較低。
3. 燃燒速度較慢，引擎運轉較安靜。
4. 噴射壓力較低(80～120kg/cm^2)，噴射機件較不易磨損。
5. 主燃燒室之燃燒壓力與溫度較低，汽缸蓋較不易產生熱變形。

能量室式燃燒室之缺點：
1. 汽缸蓋之構造較複雜，加工較困難，成本較高。
2. 熱效率較低，燃料消耗量較大。
3. 燃燒速度較慢，引擎運轉較安靜。

隨堂評量

一、是非題

( ) 1. 展開室式燃燒室屬於單室燃燒室，又稱直接噴射式。
( ) 2. 展開室式燃燒室能產生進氣渦流、壓縮渦流與燃燒渦流，所以較不易爆震。
( ) 3. 展開室式燃燒室之噴油嘴係採用孔型，其噴射壓力約150～300 kg/cm^2。
( ) 4. 展開室式燃燒室之冷車起動性較佳，但較耗油。
( ) 5. 展開室式燃燒室須使用品質較佳之燃料。
( ) 6. 預燃室燒室具有強烈的燃燒渦流，所以可以使用品質低劣的燃料。
( ) 7. 預燃室式燃燒室所使用之噴油嘴的故障率較低。
( ) 8. 預燃室式燃燒室之低溫起動性較差，須使用預熱塞幫助起動。
( ) 9. 預燃室式燃燒室之熱效率較低，但較不易爆震。
( ) 10. 渦動室式燃燒室之容積約佔總燃燒室的60～80%。
( ) 11. 渦動室式燃燒室係使用針型噴油嘴，其噴射壓力約 80～120 kg/cm^2。
( ) 12. 空氣室式燃燒室之噴油嘴係將燃料噴入空氣室內，著火後再進入主燃燒室內。
( ) 13. 空氣室式燃燒室係採用針型噴油嘴，其噴射機件之磨損較少。
( ) 14. 空氣室式燃燒室之燃燒速度較慢，排氣溫度較高。
( ) 15. 能量室式燃燒室之噴油嘴係將燃料直接噴入主燃燒室內。
( ) 16. 能量室式燃燒室之燃燒速度較慢，引擎運轉較安靜。

二、問答題

1. 展開室式燃燒室具有那些優缺點？
2. 預燃室式燃燒室具有那些優缺點？
3. 渦動室式燃燒室具有那些優缺點？
4. 空氣室式燃燒室具有那些優缺點？

3-2 柴油噴射系統概述

一、柴油噴射系統應具備的功能

柴油引擎之燃料係靠壓縮熱著火燃燒而產生動力，為了使燃料能在極短的時間內獲得完全燃燒以發揮引擎的性能，其燃料噴射系統，需能適時適量地將燃料噴入燃燒室，並能適度將燃料霧化，使燃料與空氣均勻混合；否則，柴油引擎將無法發揮其最高性能。由此可知，燃料噴射系統是柴油引擎的心臟。一部高性能的柴油引擎，其燃料噴射系統應具備下列之功能：

1. 能隨引擎之轉速與負荷需要，供給適量之燃料，並均勻分配到各汽缸。
2. 能配合引擎之轉速變化，適時地將燃料噴入汽缸。
3. 噴入汽缸之燃料需能充分霧化，並均勻分佈在燃燒室中。
4. 噴入汽缸的燃料需具有良好的貫穿力，能與空氣均勻混合。
5. 具有適當的燃料噴射率，能控制燃燒及控制燃燒壓力之上升，以減少爆震的發生。
6. 燃料開始噴射與截斷要迅速。

二、柴油噴射系統的分類

柴油引擎所使用之燃料噴射系統，因其基本構造及製造廠家而有多種不同的形式。依其燃料噴入汽缸的方式，可分為空氣噴射式與機械噴射式兩種。

(一)空氣噴射式(Air Injection Type)

空氣噴射又稱有氣噴射，係利用高壓空氣將燃料霧化送入汽缸。早期的柴油引擎均使用空氣噴射，此種噴射系統必須配置壓縮機、空氣冷卻器等設備，且壓縮空氣之壓力需達900psi以上，不但耗損引擎之動力，且價格昂貴，保養不易，因此目前柴油引擎已不再使用空氣噴射。

(二)機械噴射式(Mechanical Injection Type)

機械噴射式又稱為無氣噴射式(Airless Injection)，係利用噴射泵將燃料加壓成高壓，再經噴油嘴之細孔，使燃料形成霧狀噴入汽缸，目前的柴油引擎都採用機械噴射式。

機械噴射式依其構造與作用特性，可分為複式高壓噴射系統、分配式高壓噴射系統、分配式低壓噴射系統、單式高壓噴射系統等。

三、噴射泵的基本工作原理

目前柴油引擎之燃料系統都採用高壓噴射系統，所以須設置噴射泵，將供油泵送來的低壓柴油壓成高壓後，再經噴油嘴將柴油噴入燃燒室中燃燒；其噴射泵必須能依引擎之轉速與負荷變化，調節適當的噴射量。因此，噴射泵之主要功用為壓油與量油。

噴射泵之主要構造為柱塞與鋼筒，如圖3-12所示，鋼筒頂部再接輸油閥、高壓油管、噴油嘴。在鋼筒側方鑽有進出油孔，而柱塞即在鋼筒內作往復運動。柱塞之側面切有控制油量之斜槽，稱為控制槽，並在柱塞之頂部中央鑽有油孔與控制槽相通。當柱塞由下死點移至上死點時，會歷經預行程、有效行程、無效行程等三個階段，其作用原理如下：

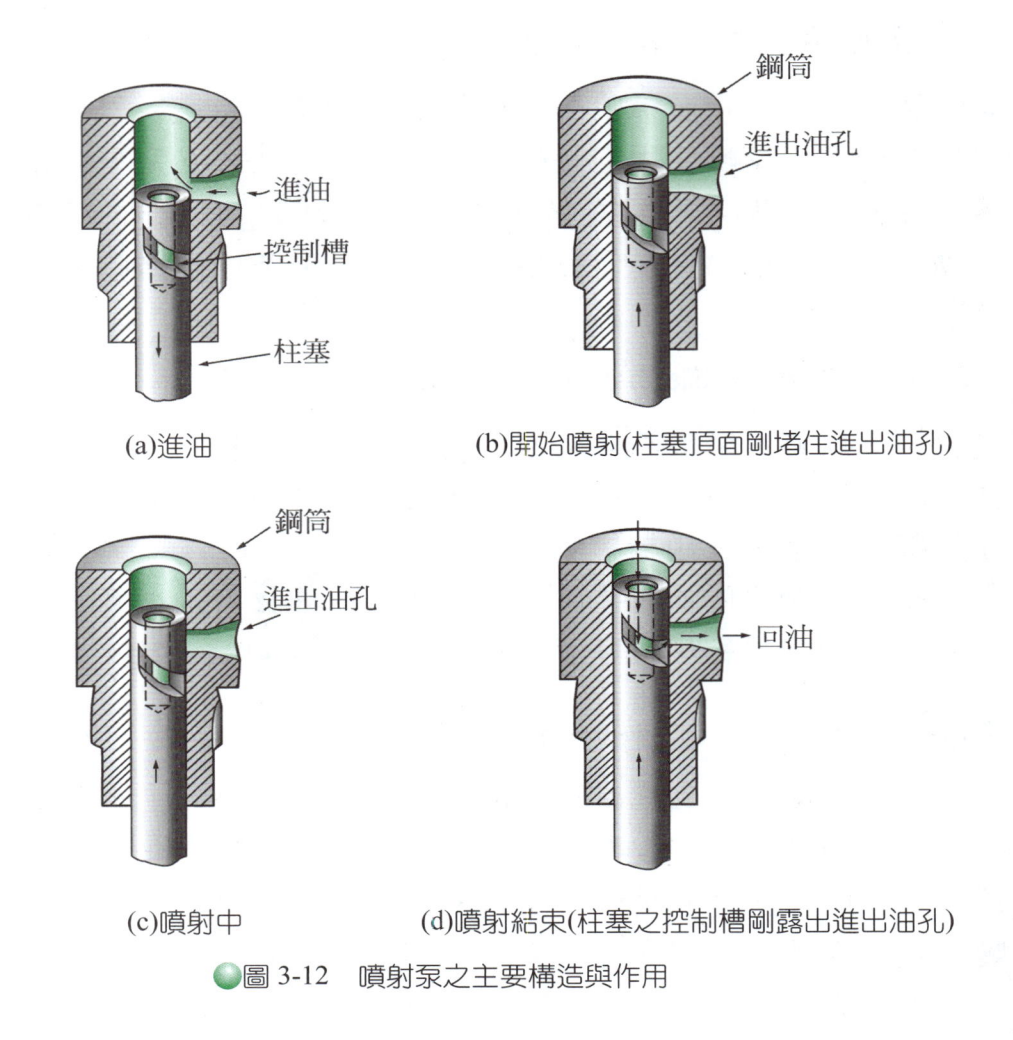

(a)進油　　　　　　　　　　(b)開始噴射(柱塞頂面剛堵住進出油孔)

(c)噴射中　　　　　　　　　(d)噴射結束(柱塞之控制槽剛露出進出油孔)

● 圖 3-12　噴射泵之主要構造與作用

1. 當柱塞下移時，在儲油室的柴油會由進出油孔進入鋼筒內，如圖 3-12 之(a)所示。
2. 當柱塞上移，且柱塞移至其頂部完全堵住鋼筒之進出油孔時，柱塞頂部之柴油即完全被密閉而開始產生壓油，形成的高壓油會經由輸油閥、高壓油管、噴油嘴，並立即將噴油嘴之油針推開而將柴油噴出。所以，在柱塞頂部堵住鋼筒之進出油孔時，稱為開始噴射，如圖 3-12 之(b)所示。柱塞由下死點移至其頂面堵住進出油孔時之距離稱為預行程。
3. 柱塞再繼續上移，當柱塞之控制槽露出鋼筒之進出油孔時，柱塞頂部之高壓油會經由中央油孔、控制槽、進出油孔而流回儲油室；所以，在柱塞之控制槽露出鋼筒之進出油孔時，稱為噴射結束，如圖 3-12 之(d)所示。柱塞從噴射開始(堵住進出油孔時)移至噴射結束(控制槽露出進出油孔時)之距離稱為有效行程。

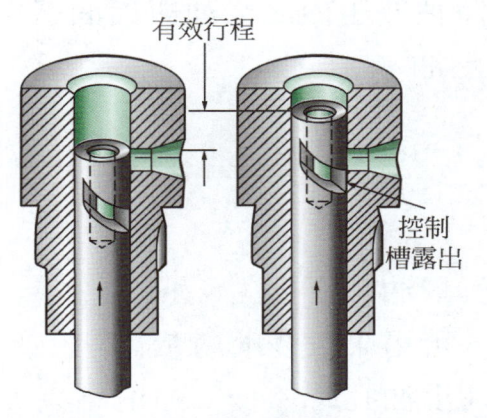

(a)最大噴射量位置(柱塞之有效行程最長)　　(b)最小噴射量位置(柱塞之有效行程最短)

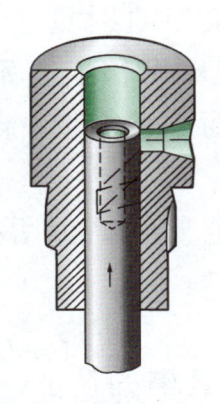

(c)噴射量為零(有效行程為零)

● 圖 3-13　轉動柱塞以改變噴射量

4. 若轉動柱塞，可改變控制槽與進出油孔之位置，即改變噴射量；如圖 3-13 之(a)所示，為最大噴射量位置；如圖 3-13 之(b)所示為最小噴射量位置；如圖 3-13 之(c)所示為完全不噴油位置，即噴射量為零，雖然柱塞頂部堵住進出油孔，控制槽卻已露出進出油孔，所以無柴油送出，引擎立即熄火，其噴射量之計量：

$$噴射量 = \frac{\pi}{4}D^2 \cdot L$$

D：鋼筒之直徑

L：有效行程(開始噴射至噴射結束時柱塞所移動的距離)

5. 當柱塞在噴射結束(控制槽露出進出油孔時)後繼續上移至上死點之距離稱為無效行程，此時柱塞組內之柴油與儲油室相通，柱塞雖繼續上升，但並沒有壓油。

隨堂評量

一、是非題

( ) 1. 噴射泵主要的功用為壓油與量油。
( ) 2. 噴噴泵之柱塞上切有斜槽，可用來改變噴射量。
( ) 3. 當柱塞上升至堵住鋼筒之進出油孔時，稱為噴射結束。
( ) 4. 當柱塞的控制槽與鋼筒之進出油孔相會時，稱為噴射開始。
( ) 5. 若轉動柱塞，則可改變噴射量。
( ) 6. 當柱塞在噴射結束後繼續移至上死點之距離，稱為無效行程。
( ) 7. 當柱塞頂部堵住鋼筒之油孔時，但控制槽正露出回油孔，此時噴射量最大。
( ) 8. 噴射泵從噴射開始至噴射結束所移動的距離稱為有效行程。

二、問答題

1. 說明柴油噴射系統應具備的功能。
2. 說明柱塞之預行程、有效行程、無效行程。

3-3 複式高壓噴射系統的構造與工作原理

複式高壓噴射系統之構件，包括供油泵、低壓油管、柴油濾清器、噴射泵、高壓油管、噴油嘴等，如圖3-14所示。由於其每個汽缸均使用一組噴射泵，各個噴射泵組均裝在鋁製泵殼中，再由高壓油管與噴油嘴連接，所以稱為複式高壓噴射系統。其燃料之輸出過程，可分成低壓與高壓兩部分：

第三章　燃料系統

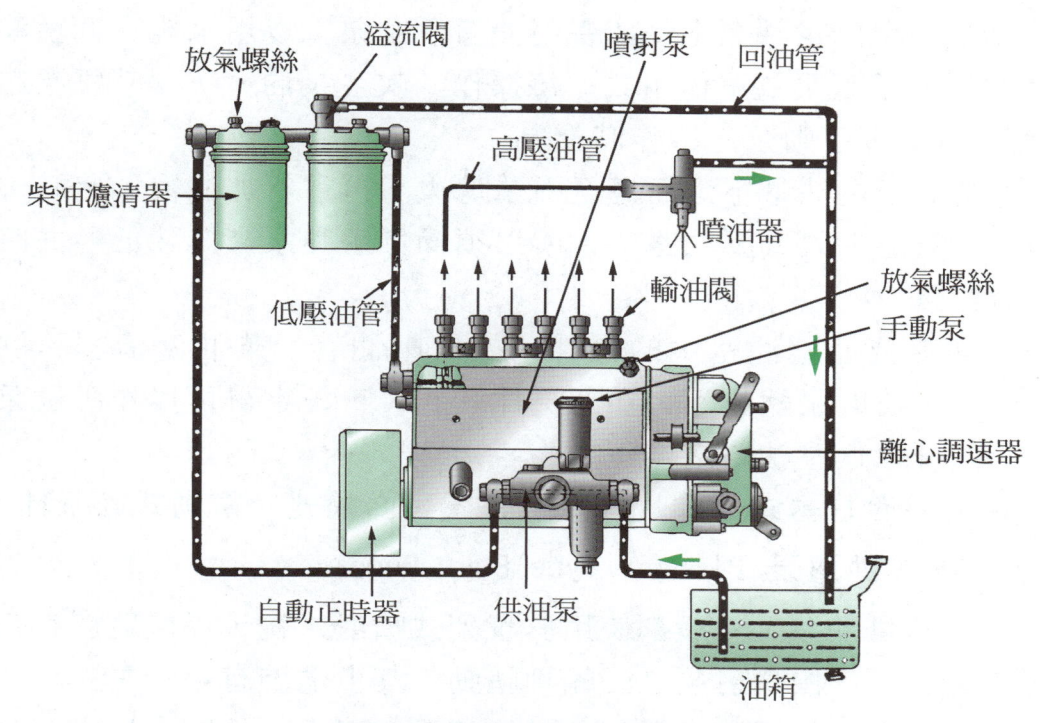

○圖 3-14　複式高壓噴射系統

3-3-1　低壓油路機件的構造與作用原理

複式高壓噴射系統之低壓油路的流程為：

油箱→供油泵→柴油濾清器→噴射泵之儲油室

一、油箱

油箱之構造與汽油引擎之燃料系統所使用的油箱相同，但容量較大，係由兩片鋼板衝壓後，再經焊接而成；油箱內裝置有隔板，以增加油箱的強度，並減少柴油之震盪。在油箱內側之鋼板均鍍鋅，以防止生銹。

二、供油泵

供油泵之主要功用，係負責將油箱中之柴油吸出後，再壓送至濾清器，柴油經濾清器過濾後，再送至噴射泵之儲油室，為了能克服流經濾清器之流動阻力，且維持足夠的供油量供噴射泵使用，其供油壓力約 1.6～2.0 kg/cm^2。

柴油引擎的供油泵上一般都附設有手動泵，以用來排除低壓油路中之空氣。手動泵為單作用式，每操作一次，泵油一次，其每次之泵油量約6 c.c.。手動泵之操作時機為：

1. 當油箱之油量不足而導至引擎熄火，再重新加油後，此時，因空氣已進入低壓油路中，所以須操作手動泵來排除低壓油路之空氣。
2. 當拆裝低壓油路中的機件，如低壓油管、柴油濾清器、供油泵、噴射泵總成等，在各機件裝回後，一定得再操作手動泵，以排除低壓油路之空氣。

供油泵有柱塞式、膜片式、輪葉式、齒輪式、電動式等五種。

(一) 柱塞式供油泵 (Plunger Type Fuel Pump)

柱塞式供油泵，一般都使用於直列式噴射系統，係裝置於直列式噴射泵之正面，由噴射泵之凸輪軸驅動，其上端裝有手動泵。柱塞式供油泵之構造，如圖3-15所示，包括滾輪、挺桿、柱塞、柱塞彈簧、進油門、出油門等，在柱塞彈簧側為吸油室，挺桿側為壓力室。依其作用方式可分為單作用式與雙作用式兩種。

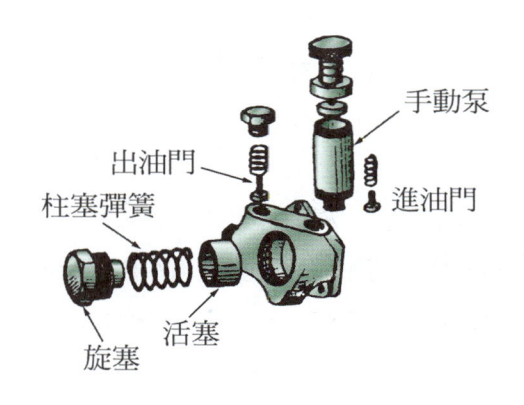

● 圖 3-15　柱塞式供油泵之構造

1. 單作用式供油泵

單作用式供油泵係指其柱塞往復一次，僅吸油送油一次，每次的送油量約6 c.c.。可分別依儲油時期、吸油送油時期、調節時期等來作說明。

(1) 儲油時期：

　　如圖 3-16 之(a)所示，當凸輪軸之凸輪由低往高轉動時，凸輪之高峰部份會經由滾輪、挺桿，而推動柱塞，並將柱塞彈簧壓縮。此時，吸油室之空間變小，會產生壓力，而將進油門關閉，出油門推開；但壓力室之空間卻變大，使由吸油室送出的柴油會經由旁路流至壓力室儲存，所以稱為儲油時期。

(2) 吸油送油時期：

　　如圖 3-16 之(b)所示，當凸輪軸之凸輪由高往低轉動時，柱塞受柱塞彈簧推動(柱塞彈簧伸張)，使吸油室之空間變大，立即產生真空作用；而將進油門吸開，出油門關閉，將柴油吸入吸油室；但壓力室之空間卻變小，而將壓力室之柴油送往噴射泵之儲油室。因同時產生吸油送油之動作，所以稱為吸油送油時期。

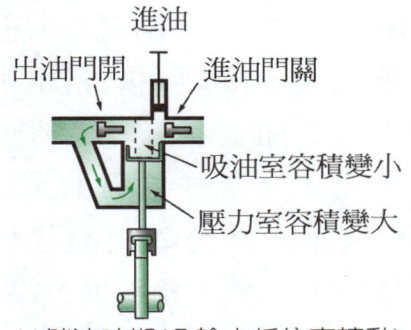

(a) 儲油時期(凸輪由低往高轉動)

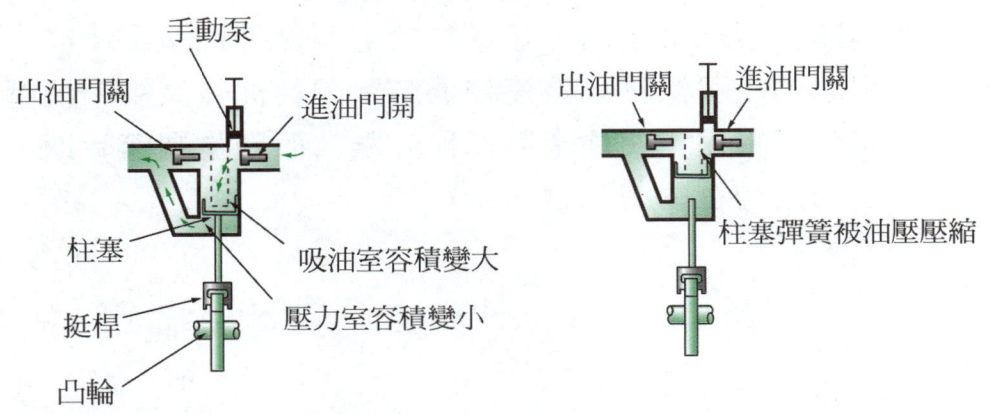

(b) 吸油送油時期(凸輪由高往低轉動)　　(c) 調節時期(柱塞與挺桿分離，凸輪空轉)

圖 3-16　單作用式供油泵之作用

(3) 調節時期：

如圖 3-16 之(c)所示，當引擎之負荷減輕或轉速較低時，因耗油量減少，使柱塞之壓力室油壓升高，而將柱塞彈簧壓縮，此時，進油門與出油門均在關閉狀態；因柱塞受油壓壓住，使挺桿與柱塞分離，柱塞停止往復運動，也停止吸油送油，以免柴油濾清器及低壓油管有破損之危險，所以稱為調節時期，此時，凸輪空轉，並未推動柱塞。在柴油濾清器上若裝有溢油閥，因溢油閥能自動調節供油壓力，其供油泵則無調節時期。

2. 雙作用式供油泵

雙作用式供油泵係指其柱塞往復一次時，可吸油送油二次；其構造與單作用式相似，但使用二個進油門、二個出油門，作用情形如圖 3-17 所示。

(1) 如圖 3-17 之(a)所示，當凸輪由低往高轉動時，柱塞彈簧被壓縮，壓力室容積變大，使 1 號進油門開、2 號進油門關，柴油被吸入壓力室；而吸油室容積變小，使 1 號出油門關、2 號出油門開，柴油被壓出，並送往噴射泵之儲油室。

(2) 如圖 3-17 之(b)所示，當凸輪由高往低轉動時，柱塞彈簧伸張，吸油室容積變大，使 1 號進油門關、2 號進油門開，柴油被吸入吸油室；而壓力室容積變小，使 1 號出油門開、2 號出油門關，柴油被壓出，並送往噴射泵之儲油室。

(3) 若引擎的負荷減輕或轉速較低時，因耗油量減少，油壓會將柱塞彈簧壓縮，使柱塞與挺桿分離，而產生調節時期，此時進出油門均在關閉狀態。

第三章　燃料系統

(a)凸輪由低往高轉動時　　(b)凸輪由高往低轉動時

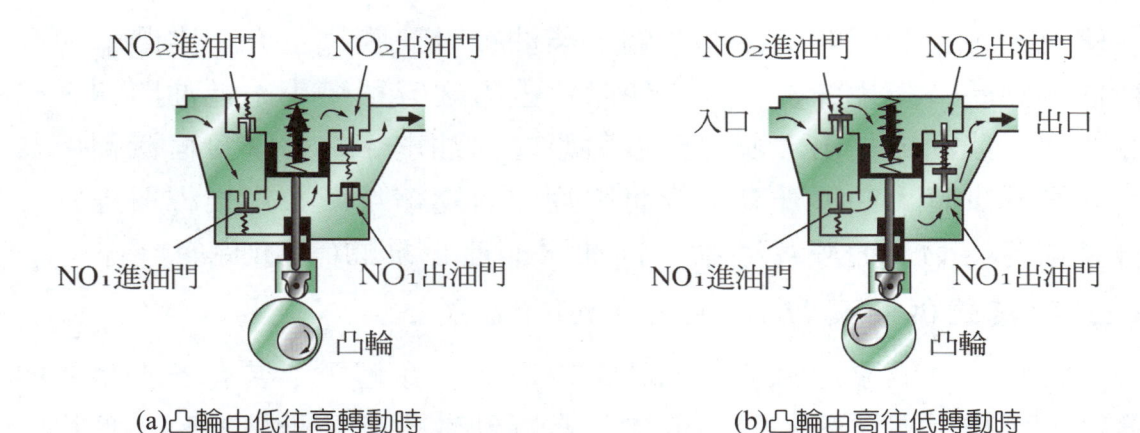

● 圖 3-17　雙作用式供油泵之作用

（二）膜片式供油泵(Diaphragm Type Fuel Pump)

膜片式供油泵之構造如圖 3-18 所示，與汽油引擎使用之機械式汽油泵相似，僅多一支手動拉桿及手動搖臂，作為手動泵用。一般使用於高壓分配式噴射系統之初級供油泵。

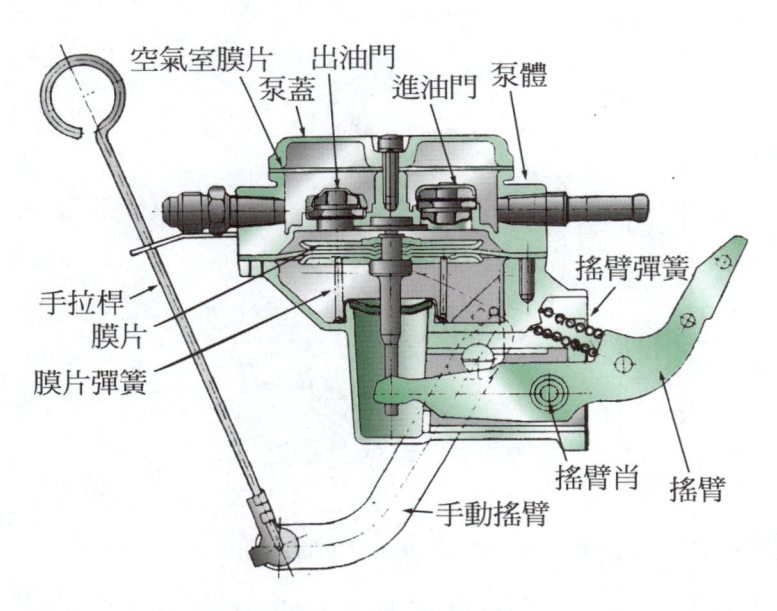

● 圖 3-18　膜片式供油泵之構造

膜片式供油泵係由引擎之凸輪軸所操作，當凸輪由低往高轉動時，會推動搖臂，而將膜片下移，並將膜片彈簧壓縮，使膜片上方之容積變大，進油門開、出油門關，柴油被吸入膜片上方。當凸輪由高往低轉動時，膜片彈簧伸張，使膜片上方之容積變小，進油門關、出油門開，柴油被壓出，並送至噴射泵之儲油室。在引擎負荷減輕，其耗油量減少時，油壓升高，會將膜片彈簧壓縮，使膜片推桿與搖臂分離，搖臂空動，而膜片不動，供油泵即停止泵油(調節時期)。

(三)輪葉式供油泵(Vane Type Fuel Pump)

輪葉式供油泵之構造，如圖3-19所示，在轉子上裝有多支葉片與彈簧，而轉子與泵殼為偏心裝置；當驅動軸帶動轉子轉動時，葉片受彈簧作用會隨時抵緊泵殼內壁，因轉子與泵殼為偏心裝置，所以會產生容積變化，而產生吸油送油之作用。輪葉式供油泵無法產生調節時期，所以在出油端須裝有洩壓閥(又稱調壓閥)，以調節適當的供油壓力，防止供油壓力過高而使低壓油管破損。

輪葉式供油泵之供油量較多，供油壓力也較高，一般使用於高壓分配式噴射系統之次級供油泵，裝於高壓分配式噴射泵內，又稱傳油泵。

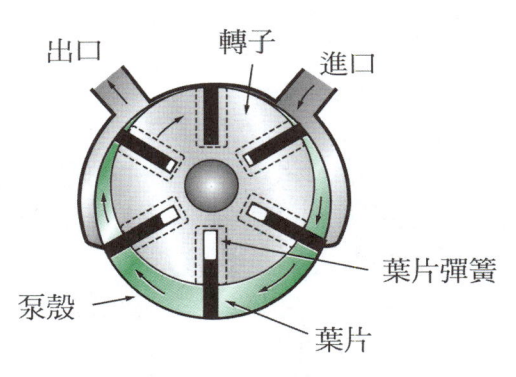

● 圖 3-19 輪葉式供油泵

(四)齒輪式供油泵(Gear Type Fuel Pump)

齒輪式供油泵一般使用於單式高壓噴射系統之供油泵，係由鼓風機軸所操作。依齒輪之接合型式，有外接式與內接式兩種。

外接齒輪式供油泵之構造，如圖3-20之(a)所示，其主、被動齒輪之大小均相同，轉動時，係利用齒谷與泵殼之空間來吸油送油。

內接齒輪式供油泵之構造，如圖 3-20 之(b)所示，內齒輪為主動，外齒輪為被動，兩齒輪係偏心安裝，再利用半月塊隔離；轉動時，係利用齒谷與半月塊之空間來吸油送油。

齒輪式供油泵無法產生調節時期，所以在出油端裝有洩壓閥（又稱溢油閥），以調節適當的供油壓力，防止供油壓力過高而使低壓油管破損。

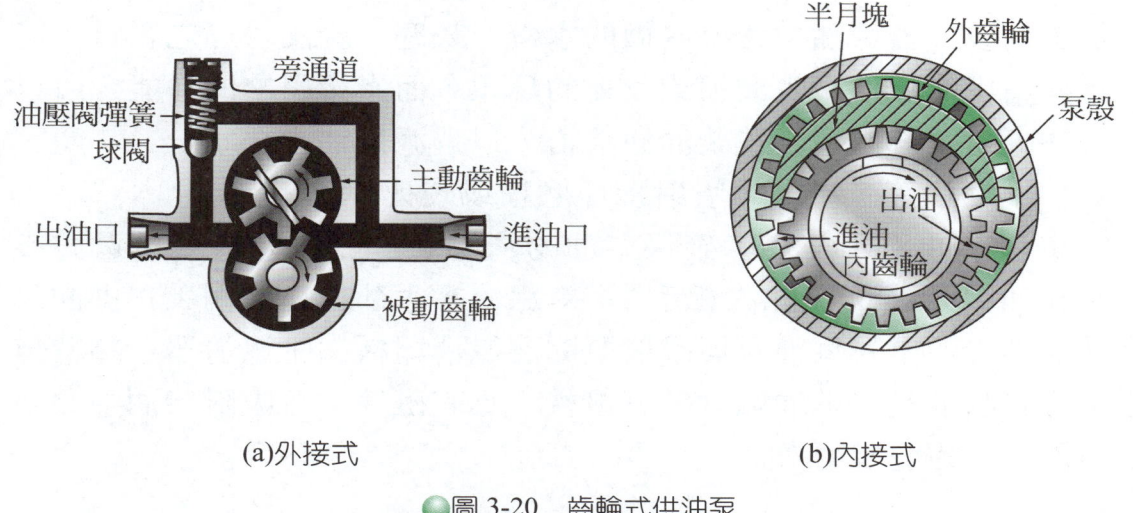

(a)外接式　　　　　　　　　　(b)內接式

圖 3-20　齒輪式供油泵

（五）電動式供油泵

電動式供油泵使用於電腦控制式噴射系統，係利用電動馬達來驅動轉子泵，以產生吸油送油之作用。其構造如圖 3-21 所示，電動馬達係採用永久磁鐵式馬達，其馬達為濕式，供油時，柴油會流經馬達的

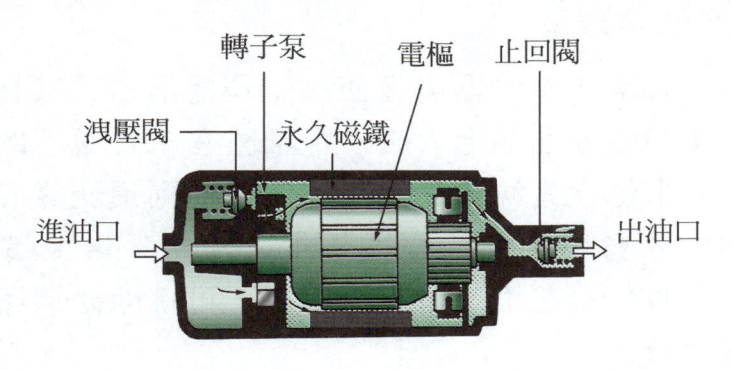

圖 3-21　電動式供油泵

電樞與磁鐵間之間隙及碳刷與整流子間,具有供油穩定、冷卻佳之優點。在出油端設有單向閥與洩壓閥,單向閥可保持殘壓,使引擎容易起動;洩壓閥能調節供油壓力,以防止低壓油管因油壓過高而破損。

三、柴油濾清器

柴油在燃料噴射系統的輸送中,須具有潤滑噴射系統之機件的作用,而燃料噴射系統中之噴射泵、輸油門、噴油嘴等機件,均為超精密加工而成,若柴油中含有些微的水份、灰塵、金屬粉等之雜質,將使這些精密的機件產生磨損或咬死的現象,而影響引擎的性能,所以在燃料噴射系統中須裝置柴油濾清器,以過濾柴油中之水份、灰塵、雜質、金屬粉等,以減少噴射機件磨損或咬死。

車用柴油引擎,為了確保柴油的清潔,一般會經過三道過濾裝置;在油箱與供油泵間之濾清器稱為粗濾,大部份以濾網裝在供油泵之進油端接頭;在供油泵與噴射泵間之濾清器稱為主濾清器,為精濾用;另在噴油嘴之進油端會裝有濾棒,具有磁性,可吸附柴油中的金屬粉屑。其過濾流程如下:

油箱→濾網→供油泵→主濾清器→噴射泵→高壓油管→濾棒→噴油嘴
　　　（粗濾）　　　　（精濾）　　　　　　　　（裝於噴油嘴之進油端）

柴油濾清器(主濾清器)之材料有紙質、紗布、金屬薄板重疊等型式,其過濾效果以紙質最佳,目前都使用紙質式濾清器。依其裝置方式有標準式、串聯式、並聯式等三種。

(一)標準式柴油濾清器

標準式柴油濾清器係僅使用一個濾清器,其構造如圖3-22所示,柴油由進油端進入後,會環繞在紙質濾芯的四周,較重的雜質與水份會先沈澱到底部,而柴油則須經濾芯過濾後,乾淨的柴油才會由中間的空心管上方流出,送至噴射泵之儲油室。有些濾清器在下方設有排洩塞,可排除濾清器底部之沉澱雜質與水份。

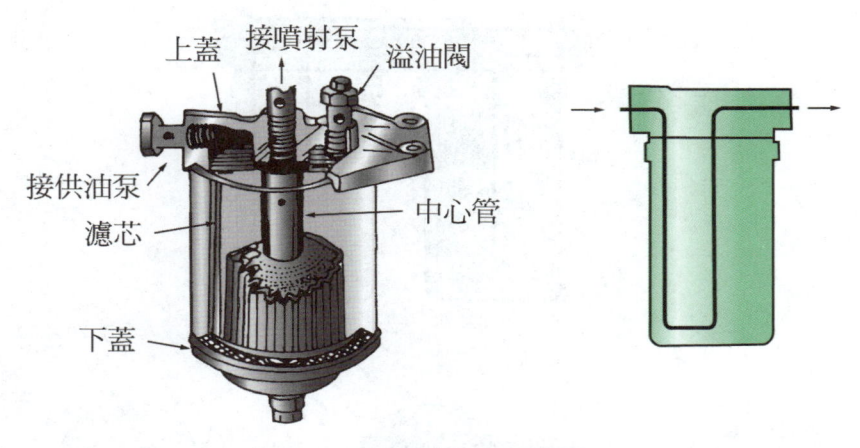

● 圖 3-22　標準式柴油濾清器

有些柴油濾清器會在輸出端設有溢油閥，當供油泵送來的油泵超過 $1.6\ kg/cm^2$ 時，溢油閥會打開，使柴油能流回油箱，以防止油壓過高而導致接頭破損或濾芯破損，並可以排除油路中的空氣及減少供油泵之噪音。

(二) 串聯式柴油濾清器

串聯式柴油濾清器係採用二只濾清器串聯連接，如圖 3-23 所示，第一只濾清器為粗濾，第二只濾清器為精濾，其過濾效果較佳。

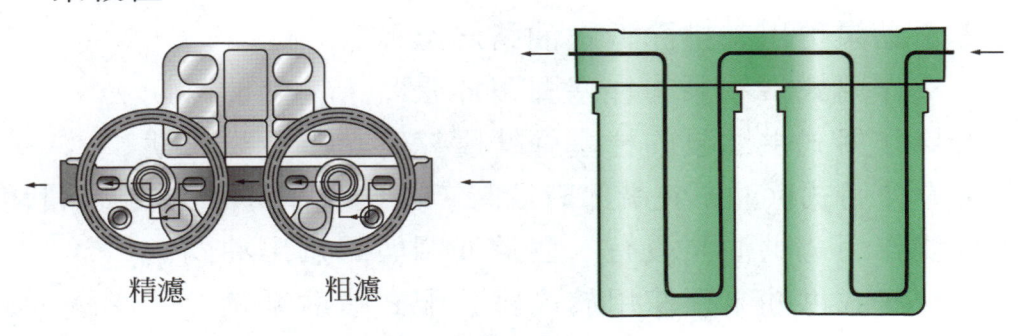

● 圖 3-23　串聯式柴油濾清器

(三) 並聯式柴油濾清器

並聯式柴油濾清器係採用二只濾清器並聯連接，二只濾清器均為精濾，並由一只三路旋塞來控制柴油之過濾路線，如圖 3-24 所示。三路旋塞裝在濾清器之出油端，轉動三路旋塞之位置，可使柴油僅經一只濾清器過濾，或同時經二只濾清器過濾。

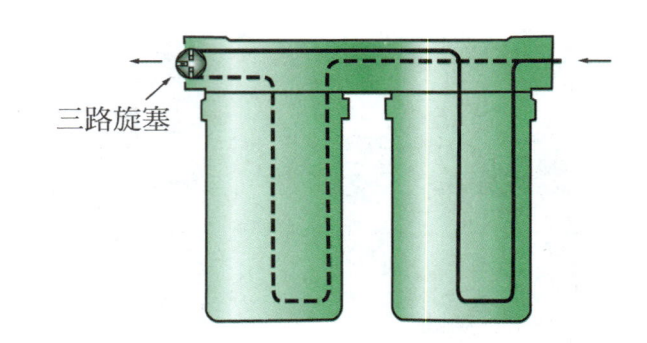

(a)二個一起過濾　　　(b)僅左邊過濾　　　(c)僅右邊過濾

圖 3-24　並聯式柴油濾清器

隨堂評量

一、是非題

(　) 1. 供油泵之供油壓力約 1.6～2.0 kg/cm²。

(　) 2. 手動泵可用來排除低壓油路之空氣。

(　) 3. 單作用式供油泵的柱塞彈簧伸張時，為儲油時期。

(　) 4. 單作用式供油泵的柱塞彈簧壓縮時，為吸油時期。

(　) 5. 單作用式供油泵在調節時期時，其柱塞彈簧係在被壓縮狀態。

(　) 6. 雙作用式供油泵設有二個進油閥與二個出油閥。

(　) 7. 柱塞式供油泵係使用於高壓分配式噴射系統。

(　) 8. 膜片式供油泵係由引擎之凸輪軸所操作。

(　) 9. 輪葉式供油泵係使用於單式高壓噴射系統。

(　) 10. 內接齒輪式供油泵，在兩齒輪間須裝置半月形塊。

(　) 11. 在高壓分配式噴射系統中，其初級供油泵係採用輪葉式供油泵。

(　) 12. 採用並聯式濾清器的燃料系統，二個濾清器中，一個為粗濾，另一個為精濾。

二、問答題

1. 說明手動泵的操作時機。
2. 說明單作用柱塞式供油泵的作用原理。
3. 供油泵之種類有那些？各使用於何種場合？

3-3-2　高壓油路機件的構造與作用原理

複式高壓噴射系統之高壓油路的流程為：

噴射泵→輸油閥→高壓油管→噴油嘴

一、複式高壓噴射泵

　　複式高壓噴射泵，在本體上均裝置有供油泵、手動泵、正時器、調速器、輸油閥等，依其操作不同，有直列式與搖板式兩種，如圖3-25所示為直列式噴射泵，係由凸輪軸操作噴射泵產生壓油作用。直列式噴射泵之種類很多，國內常見的有西德波細(Bosch)、英國C.A.V.西門子(Simens)、日本三菱(Mitsubishi)、美國本的氏(Bendix)等廠出品，其構造與作用均大同小異。如圖3-26所示為搖板式噴射泵，係利用搖板之旋轉來操作噴射泵產生壓油作用，此式使用很少，所以本書僅介紹直列式噴射泵之構造與作用原理。

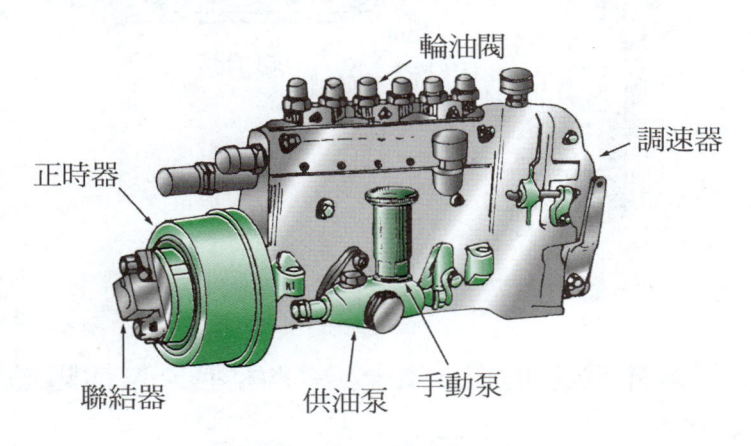

● 圖 3-25　直列式噴射泵

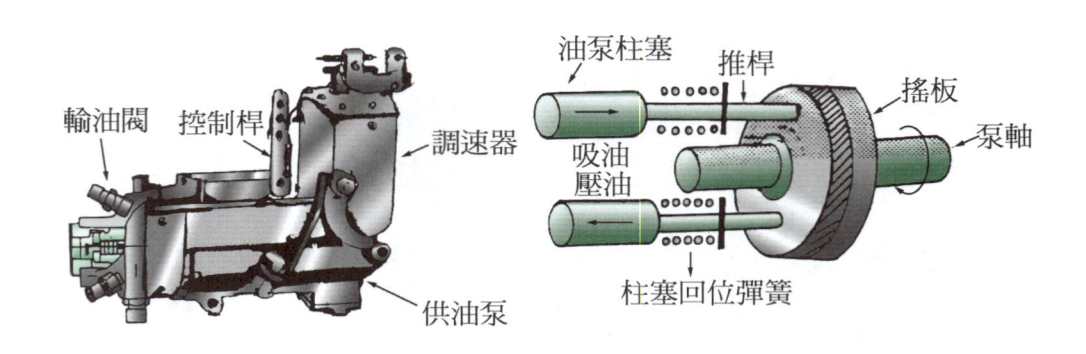

●圖 3-26　搖板式噴射泵

　　直列式噴射泵可分為PE型與PF型兩種，PE型在噴射泵本體內設有一根凸輪軸，而 PF 型則無。一般車用柴油引擎均採用 PE 型噴射泵，其傳動情形如圖 3-27 所示，噴射泵之凸輪軸外端連接聯結器後，再經傳動齒輪、惰輪，曲軸齒輪負責傳動，改變聯結器之相關位置，即能調整噴射正時。四行程引擎，噴射泵凸輪軸之轉速與引擎凸輪軸之轉速是相同的，引擎曲軸每轉兩圈，則噴射泵之凸輪軸轉一圈。

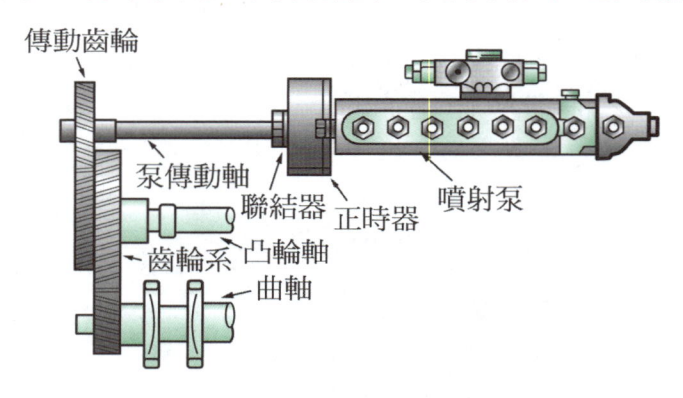

●圖 3-27　PE 型噴射泵之傳動情形

　　直列式噴射泵本體之構造，如圖 3-28 所示，包括驅動機構、壓油機構、量油機構等。

第三章　燃料系統

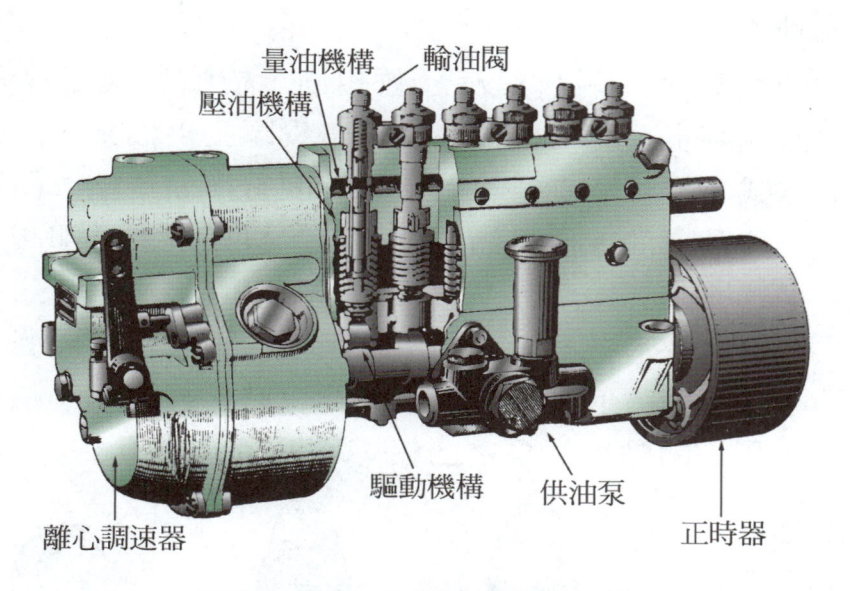

●圖 3-28　直列式噴射泵本體之構造

（一）驅動機構

驅動機構係負責驅動柱塞作往復運動，使柱塞組能產生壓油的作用，主要機件包括凸輪軸、舉桿等，如圖 3-29 所示，驅動機構係使用機油潤滑。

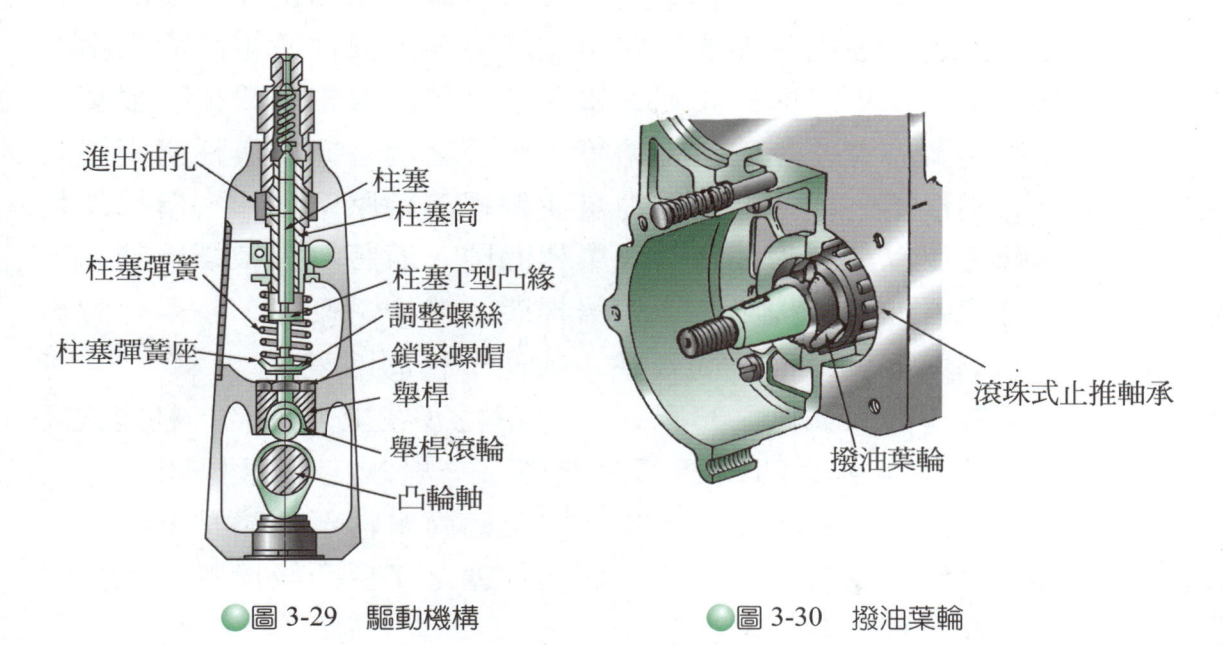

●圖 3-29　驅動機構　　●圖 3-30　撥油葉輪

1. 凸輪軸

　　凸輪軸之凸輪數與汽缸數相同，依噴射次序等角度設計之，凸輪軸上另有一個偏心凸輪負責驅動供油泵，凸輪軸兩端以滾珠式止推軸承支持，軸承外端裝有撥油葉輪，如圖 3-30 所示，可撥動機油，使機油產生循環，以潤滑及冷卻調速器等機件。

　　凸輪之外形很多，如圖 3-31 所示，一般採用圓弧凸輪或切線凸輪，有些噴射泵在柱塞下降行程時，採用偏心輪，使衝擊較為緩和。驅動供油泵之凸輪，均採用偏心輪。

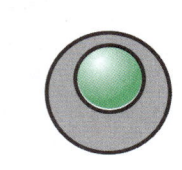

(a)上升為切線凸輪，　(b)圓弧凸輪　(c)切線凸輪　(d)偏心輪
　　下降為偏心輪

● 圖 3-31　凸輪之外形

2. 舉桿

　　舉桿位於油泵柱塞底部，受噴射泵之凸輪操作，將凸輪之旋轉運動，經由舉桿變為往復直線運動，使柱塞組能產生壓油的作用。舉桿之構件如圖 3-32 所示，包括舉桿、滾輪、襯套、插銷、調整螺絲、固定螺帽等。舉桿之調整螺絲與柱塞底端之凸緣相接觸，柱塞彈簧之力量使舉桿滾輪壓緊凸輪。舉桿調整螺絲可用以調整噴油時間與舉桿間隙，若將舉桿環螺絲調高，則可使噴油時間提早，或使舉桿間隙變小；反之，將舉桿螺絲調低，則可使噴油時間較晚，或使舉桿間隙變大。

　　舉桿間隙如圖 3-33 所示，係指柱塞在上死點時，柱塞之 T 型凸緣與控制套凹口頂部之間隙。一般規定之舉桿間隙應在 0.3mm 以上。若間隙太小時，當凸輪尚未轉至最高點，將使柱塞之 T 型凸緣頂撞控制套，而使柱塞之 T 型凸緣撞毀，或因強迫柱塞繼續上升而使凸輪卡住。

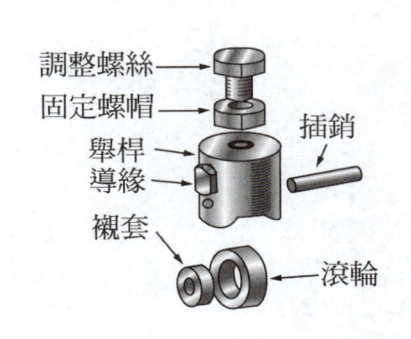

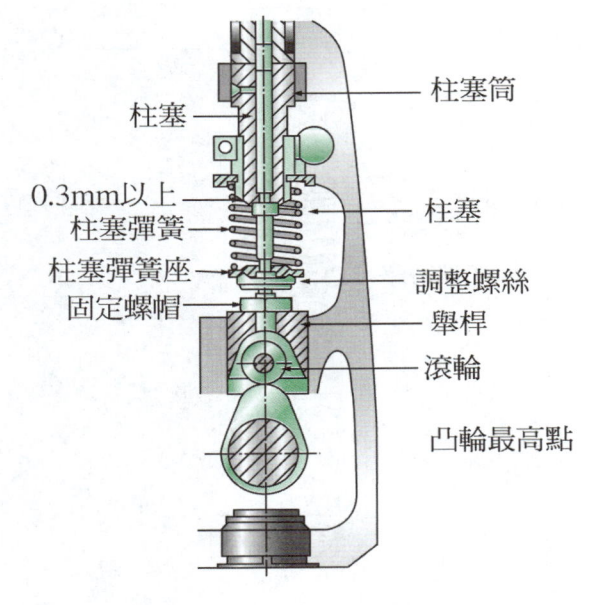

●圖 3-32　舉桿之構件　　　　　　　●圖 3-33　舉桿間隙

(二)壓油機構

　　壓油機構係負責將供油泵送來之低壓油，壓成高壓油，再經輸油閥、高壓油管後，從噴油嘴將柴油噴入汽缸內。壓油機構之構造，如圖 3-34 所示，包括柱塞、柱塞筒及柱塞彈簧等，柱塞筒為一固定件，用螺絲固定在泵殼上，而柱塞係在柱塞筒內作往復運動，柱塞彈簧則使柱塞隨時與舉桿調整螺絲保持接觸，使柱塞能迅速回至下死點，並減少噪音。

　　噴射泵之柱塞與柱塞筒係成對配合，經高度精密加工製成，其間隙很小(約 0.001mm)，可承受極高的壓力而不致大量漏油，故柱塞及柱塞筒絕不能互相對調使用，在磨損後，也不能單獨更換，應成對換新。

　　柱塞之構造，如圖 3-35 所示，柱塞上端為圓柱形，側面挖有一螺旋槽，稱為控制槽，自柱塞頂部中央開有一直孔(有些在側面開直槽)通到控制槽，柱塞下端為一 T 型凸緣，T 型凸緣和控制套之凹口相嵌合，在柱塞底部有一條槽溝，用以潤滑柱塞與柱塞筒。柱塞筒之側面鑽有一個進出油口或在柱塞筒之兩側鑽一個進油孔，一個出油孔。

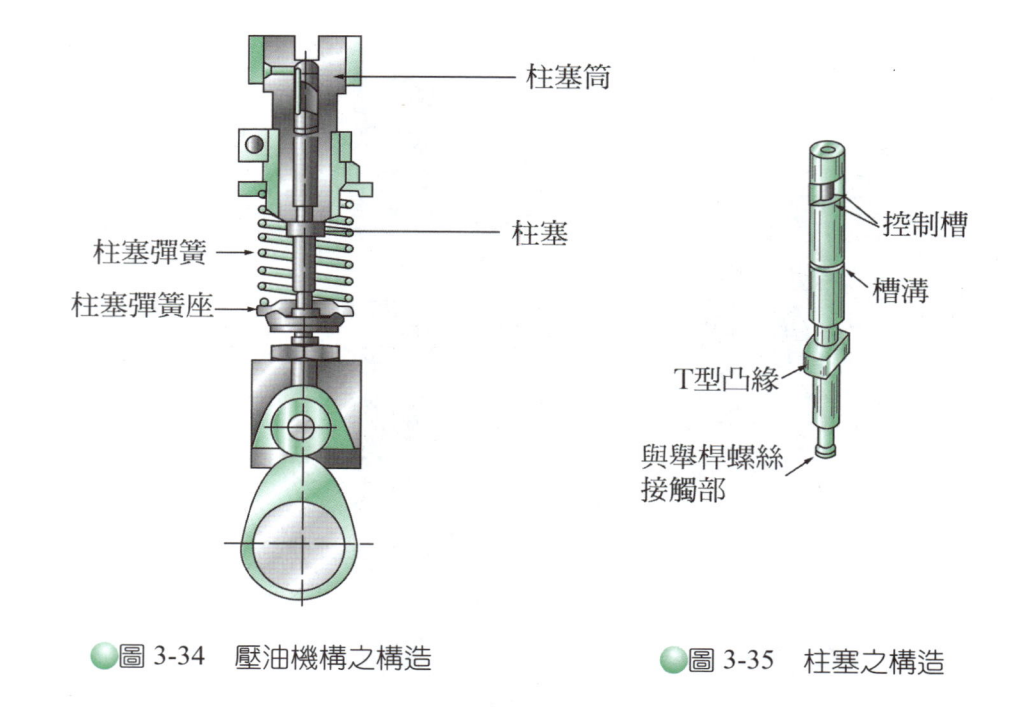

●圖 3-34　壓油機構之構造　　　　　●圖 3-35　柱塞之構造

柱塞的種類可依螺旋形狀、加油方向與廠牌型式來分。

1. 柱塞依螺旋形狀來分，可分為正螺旋、反螺旋、雙螺旋三種。

(1)正螺旋柱塞

　　　　正螺旋柱塞之柱塞頂面是平的，螺旋槽在下方，如圖 3-36 之(a)所示，此式柱塞之噴射開始時間一定，而噴射結束時間會隨噴油量而變化；噴油量增加時，噴射結束時間隨之變晚。

(2)反螺旋柱塞

　　　　反螺旋柱塞之螺旋槽在柱塞頂部，如圖 3-36 之(b)所示，此式柱塞之噴射結束時間一定，而噴射開始時間會隨噴油量而變化；噴油量增加時，噴射開始時間隨之提早。

(3)雙螺旋柱塞

　　　　雙螺旋柱塞之螺旋槽上下均有，如圖 3-36 之(c)所示，此式柱塞之噴射開始及噴射結束時間均會隨噴射量而變化；噴射量增加時，其噴射開始時間隨之提前，且噴射結束時間也隨之變晚。

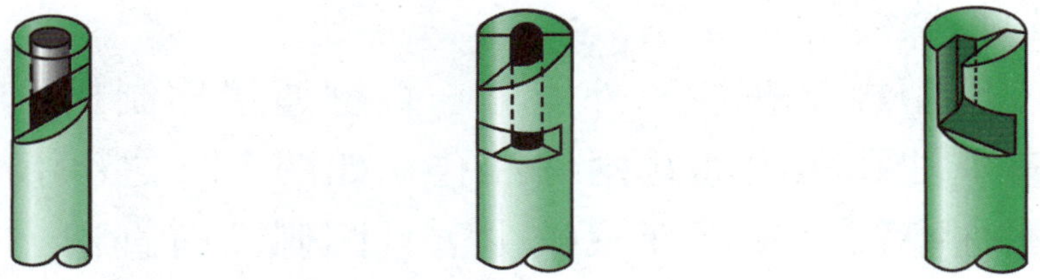

(a)正螺旋柱塞　　　　(b)反螺旋柱塞　　　　(c)雙螺旋柱塞

● 圖 3-36　依螺旋形狀來分之柱塞種類

2. 柱塞依加油方向來分，可分為右旋式柱塞與左旋式柱塞二種。
　(1) 右旋式柱塞

　　　　右旋式柱塞係指將柱塞右旋轉時，能使噴油量增加(有效行程變大)者，如圖 3-37 之(a)所示。若面對噴射泵，如果調速器在噴射泵之右側，則裝用右旋式柱塞。
　(2) 左旋式柱塞

　　　　左旋式柱塞係指將柱塞向左旋轉時，能使噴射量增加(有效行程變大)者，如圖 3-37 之(b)所示；若面對噴射泵，如果調速器在噴射泵之左側，則裝用左旋式柱塞。

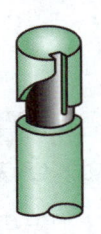

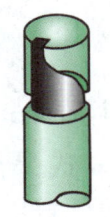

(a)右旋式柱塞　　　　　　　　(b)左旋式柱塞

● 圖 3-37　依加油方向來分之柱塞種類

3. 柱塞依波細廠家來分，可分為 A 型柱塞與 B 型柱塞兩種。
　(1) A 型柱塞

　　　　A 型柱塞在柱塞頂面有一圓孔通至控制槽，而在柱塞筒上僅有一個進出油孔，如圖 3-38 之(a)所示。A 型柱塞與柱塞筒之接觸面積較多，且無側向推力，其柱塞之磨耗較平均，且射不均率之變化較小。

(2) B 型柱塞

B 型柱塞在柱塞外側有一直槽連接控制槽,而在柱塞筒上有進油孔與出油孔兩個油孔。如圖 3-38 之(b)所示,B 型柱塞與柱塞筒之接觸面積較少,且因側面有直槽,其側推力較大,柱塞較易磨損,目前使用較少。

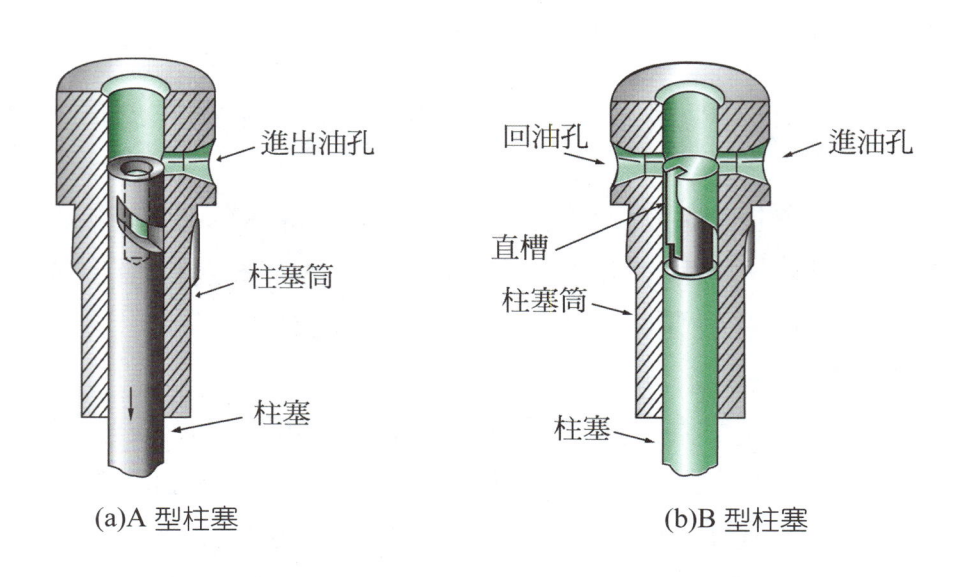

(a)A 型柱塞　　(b)B 型柱塞

● 圖 3-38　依波細廠來分之柱塞種類

※噴射不均率係指多缸引擎的噴射泵,其各缸噴射量之不平均率,一般使用複式高壓噴射系統之噴射泵,因噴射泵內有多組噴射柱塞組,各柱塞組可能因磨損不平均而產生噴射不均問題。高壓分配式因僅有一組噴射柱塞組,則不會有噴射不均率之問題。若噴射泵之噴射不均率超過規定,則引擎之動力較不平衡,怠速較不穩定,輸出馬力會降低,且易排放黑煙,所以,柴油引擎若出現運轉不穩定、馬力降低或排放黑煙的問題,應將噴射泵拆下,送至噴射泵檢修廠,以噴射泵試驗機檢驗,調節各組噴射柱塞組之噴射量,使噴射不均率能合乎規定。

$$噴射不均率 = \frac{平均噴射量 - 最大或最小噴射量}{平均噴射量} \times 100\%$$

（三）量油機構

量油機構之構造，如圖3-39所示，包括齒桿、齒環、控制套筒、限制套等。

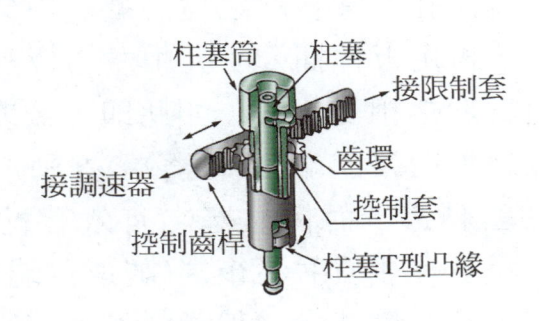

● 圖 3-39　量油機構

1. 齒桿

齒桿為一圓形桿，在圓形桿之側面，有與缸數相同之直齒組與齒環相嚙合，在背面挖有凹槽，利用螺絲保持定位，不但可以限制齒桿之行程，且可以防止齒桿轉動，如圖3-40所示。齒桿之兩端經精密加工而成，使齒桿能在噴射泵本體內滑動而不致鬆動。齒桿之一端鑽有小孔，與調速器連接，另一端裝有限制套，用以限制燃料之最大噴油量(全負荷噴油量)。

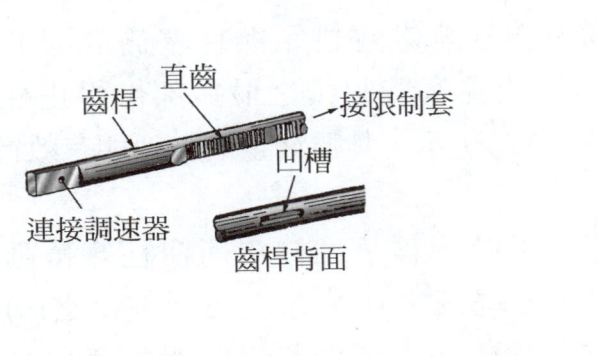

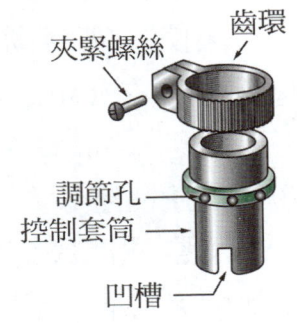

● 圖 3-40　齒桿　　　● 圖 3-41　齒環與控制套筒

2. 齒環與控制套筒

齒環與控制套筒之構造，如圖3-41所示，齒環與齒桿之直齒相嚙合，且用一只夾緊螺絲，將齒環夾緊在控制套筒之上部,控制套筒之下部有一凹槽,與柱塞之T型凸緣相嵌合。當移動齒桿時,能使齒環與控制套筒同時轉動,控制套筒一轉動,立即使柱塞隨之轉動,而改變噴油量。在控制套筒上有一排小孔,稱為調節孔;當各缸之噴油量不均勻時,可以放鬆齒環之夾緊螺絲,再用板桿插入小孔中左右板動控制套筒,以變更控制套筒與齒環之相對位置,如此即可改變噴油量。

若將齒桿往噴射泵前端(正時器端)推動,經由齒環,控制套筒,將使柱塞轉動,而使柱塞之有效行程變大,噴射量增加;反之,若將齒桿往噴射泵後端(調速器端)拉回,則柱塞之有效行程變小,噴射量減少。其噴射量之控制如下所述:

(1) 噴油量為零(不噴油)

欲使引擎熄火,只要將熄火鈕拉出,經遙控連桿,即可拉動齒桿,經齒環、控制套筒,使柱塞之直槽對正柱塞筒之回油孔,如圖 3-42(a)所示,或使柱塞控制槽之最短部份對正柱塞筒之進出油孔,如圖 3-43 之(a)所示。此時,柱塞之柴油無法封閉,柴油無法被壓縮,所以沒有油噴出,其噴油量為零,即有效行程為零。

(2) 最大噴油量

當油門踩到底,齒桿被完全推入時,經由齒環、控制套筒,使柱塞轉動,讓柱塞之直槽距離柱塞筒之回油孔最遠如圖 3-42 之(c)所示,或柱塞控制槽之最長部份對正柱塞筒之進出油孔,如圖 3-43 之(c)所示,其噴油量最大,即有效行程最大。

(3) 中度噴油量

當油門踩到一半時,經量油機構而使柱塞轉動,柱塞控制槽之中段會對正柱塞筒之回油孔,如圖 3-42 之(b)及 3-43 之(b)所示,其有效行程僅最大噴油量之一半,所以其噴油量為最大噴油量之 1/2。

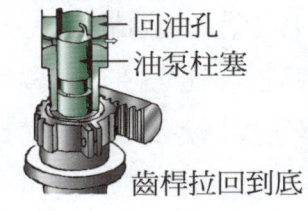

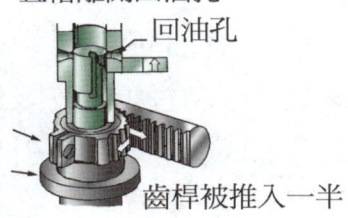

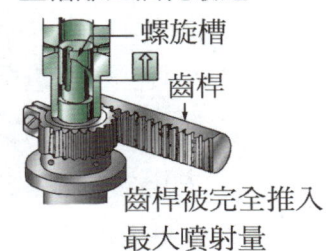

● 圖 3-42　噴油量之控制(B 型柱塞)

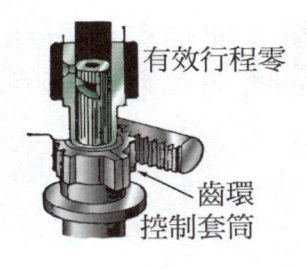

(a)噴射量為零　　(b)中度噴射量　　(c)最大噴射量

● 圖 3-43　噴油量之控制(A 型柱塞)

(a)噴射量為零　　(b)中度噴射量　　(c)最大噴射量

3.齒桿限制套

齒桿限制套係連接於齒桿之一端，用以限制齒桿之最大移動量，以限制全負荷之最大噴射量，防止排放黑煙。

齒桿限制套依構造與作用之不同，可分為固定式，可動式、自動式等三種。

(1)固定式齒桿限制套

固定式齒桿限制套之構造，如圖 3-44 所示，在齒桿末端裝有調節螺絲，用以調節齒桿之最大移動量。在調節螺絲調好後，即用鉛封封住，以防止駕駛者因貪圖開快車而任意調整，增加引擎排放黑煙之機率。

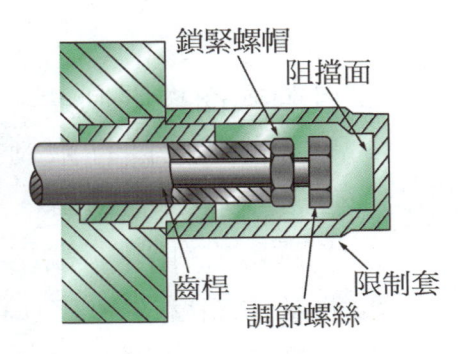

● 圖 3-44　固定式齒桿限制套

(2) 可動式齒桿限制套

在冷天發動引擎時，為了使引擎較容易發動，常需要噴入比正常運轉之最大噴油量還要多的油量。但固定式齒桿限制套，因為齒桿之最大噴油量被限制住，在發動引擎時，無法再提供額外之噴油量，所以其引擎發動較為困難，為了改進此項缺點，現代柴油引擎噴射泵之齒桿限制套均改為可動式。

可動式齒桿限制套之構造，如圖 3-45 所示，其頂端有根搖臂，搖臂與駕駛室之拉鈕相連；平時搖臂成垂直狀，齒桿向右移動時，受制於止動銷，使最大噴油量受到限制，其作用與固定式相同。欲發動引擎時，拉動拉鈕，使搖臂與垂直線 30° 角，將止動銷向右拉動一段距離，使齒桿可向右多移一段行程，供給額外油量，使引擎容易發動。

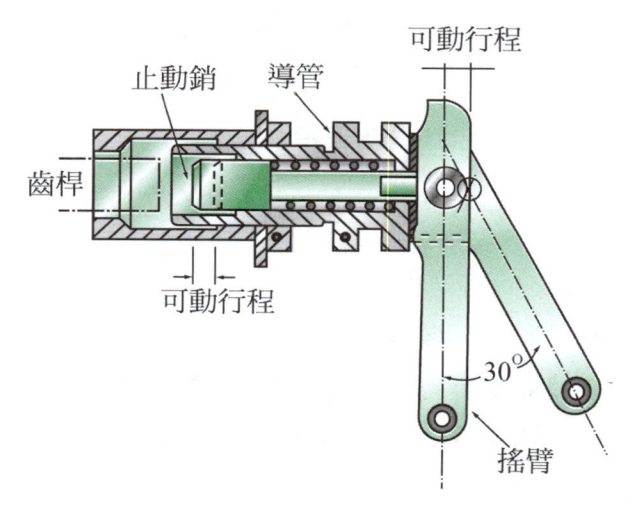

● 圖 3-45　可動式齒桿限制套

(3) 自動式齒桿限制套

自動式齒桿限制套之構造，如圖 3-46 所示，在限制套內有一空心限制螺絲，限制螺絲內設有止擋套，此止擋套平時受彈簧之作用，被推到左方卡簧位置，以限制齒桿之最大移動量，如圖 3-46 之 (a) 所示。在發動引擎，將油門踩到底時，齒桿能克服彈簧之力量，將止擋套向右推動一段距離，以供給額外之油量，使引擎較容易發動，如圖3-46之(b)所示。引擎發動後，調速器將齒桿拉回，即使油門踩到底，最多只能使齒桿移到上簧位置為止。

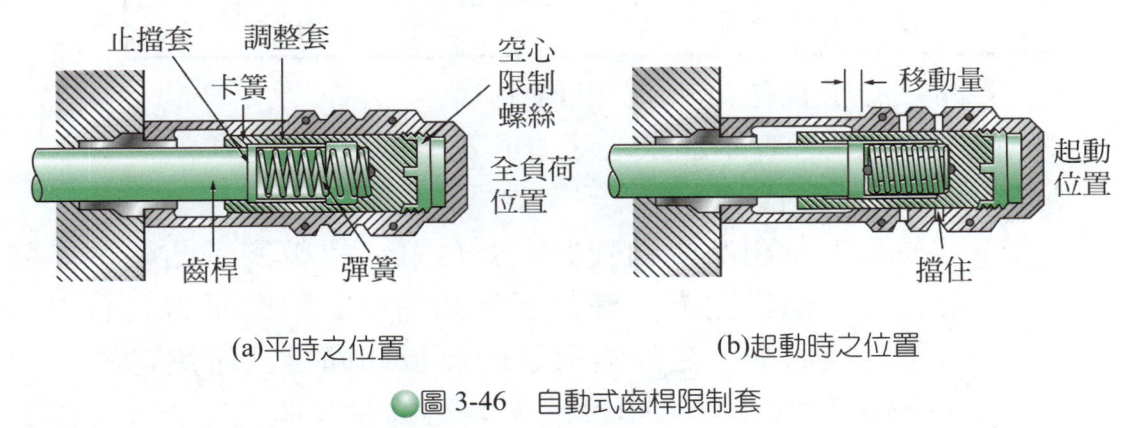

(a)平時之位置　　　　　　　　(b)起動時之位置

◉圖3-46　自動式齒桿限制套

（四）噴射泵編號的含義

在噴射泵製造完成後，因很多機件都裝在鋁合金外殼內，所以都會貼有編號，以供辨識噴射泵的種類與特性；如PES6A70B410RS64、NDPES4A50B420RS256等，現以NDPDS4A50B420RS256來說明。

$$\underline{ND}\ \underline{P}\ \underline{E}\ \underline{S}\ \underline{4}\ \underline{A}\ \underline{50}\ \underline{B}\ \underline{4}\ \underline{2}\ \underline{0}\ \underline{R}\ \underline{S\ 256}$$
　①　②　③　④　⑤　⑥　⑦　⑧　⑨　⑩　⑪　⑫　⑬

①製造國 $\begin{cases} 無字——德國製造。\\ A——美國製造。\\ B——英國製造。\end{cases}$

$\begin{cases} ND——日本電裝株式會社製造。\\ NP——日本柴油機株式會社製造。\end{cases}$

② P——噴射泵(Injection Pump)。

③ E——含有凸輪軸(Enclosed Camshaft)。

④ 無字——無安裝法蘭，聯結器。

　　S——有安裝法蘭，噴射泵殼直接鎖在引擎本體上。

⑤ 汽缸數量。

⑥ 噴射泵型式——以表示噴射泵的大小尺寸，其中以Z型噴射量最大。

型　　式	M	A	B	P	Z
油泵心子行程 mm	7	8	10	10	12
油泵心子直徑 mm　最小	5	5	5	9	10
最大	7	9	10	13	13.5

⑦油泵心子直徑(mm)的10倍。

例：50——表示油泵心子直徑是5mm。

⑧ B——設計代號。

⑨供油泵數量和凸輪軸安裝記號位置，單數表示凸輪軸安裝記號在泵體之左方，雙數表示凸輪軸記號在泵體之右方，而左方或右方，是以噴射泵的原板朝向自己而決定的。

1——沒有供油泵，凸輪軸安裝記號在泵體之左方。

2——沒有供油泵，凸輪軸安裝記號在泵體之右方。

3——裝設一個供油泵，凸輪軸安裝記號在泵體之左方。

4——裝設一個供油泵，凸輪軸安裝記號在泵體之右方。

5——裝設二個供油邦浦，凸輪軸安裝記號在泵體之左方。

6——裝設二個供油泵，凸輪軸安裝記號在泵體之右方。

⑩調速器的種類和安裝位置。

0——沒有調速器。

1——離心調速器裝在泵體之左方。

2——離心調速器裝在泵體之右方。

3——真空調速器裝在泵體之左方。

4——真空調速器裝在泵體之右方。

⑪正時器的安裝位置。

0——沒有正時器。

1——正時器裝在泵體之左方。

2——正時器裝在泵體之右方。

⑫旋轉方向——由傳動端觀看。

R——右轉(順時鐘方向)

L——左轉(反時鐘方向)

⑬設計代號。

二、輸油閥組

輸油閥組係裝於油泵柱塞組之上方，其構造如圖3-47所示，包括輸油門、輸油門彈簧、輸油門座、墊圈等。輸油門之功用包括：
1. 使高壓油管保持殘壓(約 10 kg/cm^2)，讓噴油嘴之噴射開始迅速。
2. 在噴射結束時，能使高壓油管之壓力急速降低，使噴油嘴之噴射截斷迅速，以防止噴油嘴滴油。

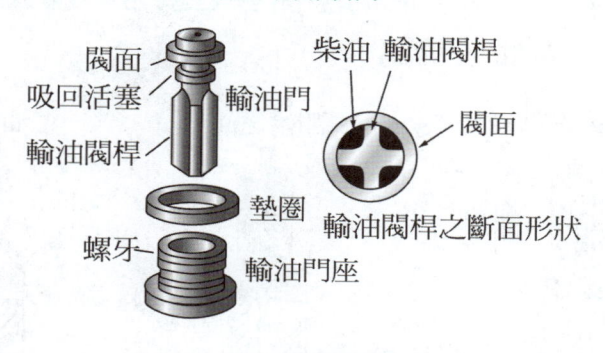

●圖 3-47　輸油閥組之構造

輸油門之構造包括閥面(斜面)，吸回活塞(圓柱體)、閥桿等，輸油門受彈簧力作用，會使輸油門之閥面與輸油門座保持緊密接觸，以防止柴油漏回噴射泵內；若輸油門之閥面與輸油門座密合不良，將使高壓油管之殘壓降低，而影響噴射量(噴射量會減少)與噴射時間(噴射時間會延遲)。吸回活塞為圓柱體，其與輸油門座之間隙很小，約0.001mm。在輸油門桿上有四個直槽，形成輪葉片導桿，桿部滑入輸油門座中。

輸油門座上有螺牙，為分解時取出輸油門座之用；在輸油門座與輸油門套間裝置有墊圈，以防止柴油由輸油門座之外圍洩漏至泵體外。輸油門與輸油門座為高度精密加工之機件，若有損傷或磨損，必須成對更換。

輸油閥組之作用，如圖3-48所示，平時輸油門受輸油門彈簧之力量與高壓油管之油壓力量，使輸油門閥面壓緊於輸油門座上，如圖3-48之(a)所示；當油泵柱塞上升產生之油壓超過 10 kg/cm^2 時，油壓會克服輸油門彈簧彈力，而將輸油門推開，使輸油門閥面離開輸油門座，如圖 3-48 之(b)所示，燃料立即流入高壓油管中，並使噴油嘴開始噴射，將柴油噴入燃燒室，當油泵柱塞上升到其控制槽與柱塞筒之油孔相遇時，柱塞筒內尚未噴出之柴油即流回儲油室，使高壓油管之油壓立刻降低，噴油嘴之彈簧立即將油針壓下，停止噴油。在高壓油管之油壓降低瞬間，輸油門彈簧立即將輸油門壓下，使輸油門滑入輸油門座；當輸油門之吸回活塞滑入輸油門座時，如圖 3-48 之(c)所示，吸回活塞即產生吸回作用，使高壓油管之壓力再降低，以迅速截斷噴油嘴之噴油，防止滴油之現象。

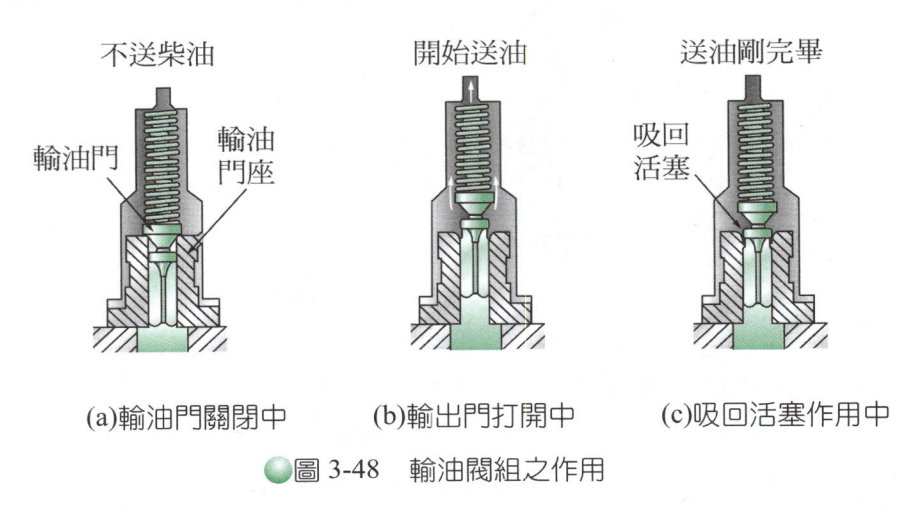

(a)輸油門關閉中　　(b)輸出門打開中　　(c)吸回活塞作用中

◎圖 3-48　輸油閥組之作用

　　若輸油門無吸回活塞之設計，使高壓油管之壓力再降低，則在噴油過程中，因鋼製高壓油管在承受高壓力時，會略微膨脹，等到噴油結束時，其高壓油管會收縮回到原來形狀，讓油管中之柴油受到擠壓而使油壓上升，在超過噴射開始之壓力時，柴油即從噴油嘴漏出，此為噴油嘴滴油(後滴)之現象，此時，因燃料未經霧化而產生不完全燃燒，易使燃燒室積碳，排氣管排出大量黑煙，不但使噴油嘴受害，也減低引擎之馬力。當輸油門降至其輸油門閥面與輸油門座接觸時，如圖 3-48 之(a)所示，輸油門彈簧將輸油門閥面壓緊在輸油門座上，可防止高壓油管中之燃料倒流入噴射泵，使高壓油管中之燃料能保持一定之殘壓。輸油門之吸回活塞在滑入輸油門座時，除了能防止滴油之現象外，也能產生緩衝之作用，以減低輸油門關閉時之衝擊力，可增加輸油門之壽命。

三、高壓油管

　　高壓油管係連接於輸油閥組與噴油嘴間，負責輸送高壓之柴油。高壓油管之構造，如圖 3-49 所示，係由無縫鋼管抽製而成，兩端均製成喇叭口，以防止漏油。高壓鋼管之外徑約 6mm，管壁厚約 1.6mm；須能承受 300kg/cm^2 以上之內壓力；加工時應在常溫下加工，不得加熱作業，以免鋼管之強度降低而破裂，並使管內面產生氧化層，易因氧化層剝落後，混入柴油中而損傷噴油嘴。多缸引擎之高壓油管的長度應等長，以免造成各缸的噴射量不平均(若長度愈長，則噴射量會減少)。其彎曲半徑也不能小於 30mm，以免彎曲度過大而造成鋼管剝裂，而降低其強度。

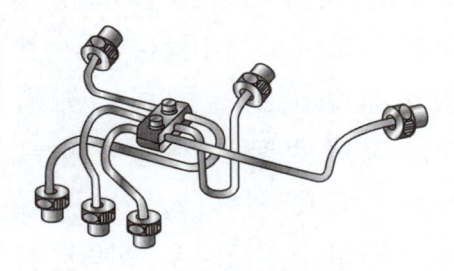

●圖 3-49　高壓油管

隨堂評量

一、是非題

(　) 1. 直列式 PE 型噴射泵在本體內設有一根凸輪軸。
(　) 2. 噴射泵之驅動機構能使柱塞產生壓油的作用。
(　) 3. 將噴射泵之舉桿螺絲調高，可使噴射量增加。
(　) 4. 測量舉桿間隙時，應將柱塞移至最低點。
(　) 5. 柱塞彈簧可使柱塞隨時與舉桿調整螺絲保持接觸。
(　) 6. 柱塞與柱塞筒為成套配合的精密機件，在磨損後不能單獨更換，應成對換新。
(　) 7. 噴射泵之柱塞底部有一條溝槽，稱為控制槽。
(　) 8. 正螺旋柱塞之開始噴射時間是固定的。

(　) 9. 反螺旋柱塞在噴射量增加時，其噴射結束時間隨之變晚。
(　) 10. 雙螺旋柱塞在噴射量增加時，其噴射開始時間會提早。
(　) 11. 在高壓分配式噴射系統中，其初級供油泵係採用輪葉式供油泵。
(　) 12. 若面對噴射泵，如果調速器在噴射泵之右側，其柱塞為左旋式。
(　) 13. A 型柱塞的頂部中央鑽有油孔，在側面也有一條直槽。
(　) 14. B 型柱塞之柱塞筒僅有一個進出油孔。
(　) 15. B 型柱塞與柱塞筒之接觸面積較少，其柱塞較易磨損。
(　) 16. A 型柱塞之噴射不均率較 B 型柱塞為小。
(　) 17. 噴射泵之齒桿一端接調速器，另一端接正時器。
(　) 18. 高壓分配式因僅有一組柱塞組，所以不會有噴射不均率的問題。
(　) 19. 噴射泵之齒環與控制套筒係以直齒相嚙合。
(　) 20. 當移動齒環與控制套筒之相關位置，其可改變有效行程。
(　) 21. 若將齒桿往調速器端拉動，則可增加噴油量。
(　) 22. 噴射泵之舉桿間隙太大時，易產生噪音。
(　) 23. 轉動柱塞時，可改變噴射量。
(　) 24. 柱塞之直槽與進出油孔對正時，其噴射量最大。
(　) 25. 可動式齒桿限制套在冷車起動引擎時，可提供額外的噴油量，以提高冷車起動性。
(　) 26. 直列式噴射泵，柱塞直徑最小的為 M 型。
(　) 27. 直列式噴射泵的編號中，第一個字若為 B，表示為德國製造。
(　) 28. 輸油閥組係裝在油泵柱塞的上方。
(　) 29. 輸油門的吸回活塞可以防止噴油嘴後滴。
(　) 30. 高壓油管之殘壓太低時，會影響噴射量與噴射時間。
(　) 31. 當油泵柱塞產生的油壓超過 $20\,kg/cm^2$ 時，才會回推開輸油門。
(　) 32. 多缸柴油引擎，其高壓油管一定要等長。
(　) 33. 高壓油管之彎曲半徑應在 3cm 以內。
(　) 34. 高壓油管係由無縫鋼管製成，其外徑約 6mm。

二、問答題

1. 調整噴射泵之舉桿螺絲有何作用？

2. 試將油泵柱塞作適當分類，並說明其特性。
3. 試比較 A 型柱塞與 B 型柱塞之差異性。
4. 量油機構包括那些？如何改變油泵柱塞之噴射量？
5. 輸油閥具有那些功用？

3-4 高壓分配式噴射系統的構造與工作原理

　　柴油引擎有很多都採用複式高壓噴射泵，但此種噴射泵每一汽缸即必須有一套極精密的噴射泵，其價格昂貴，體積較大，且各缸之噴油量較易發生不均勻的現象，噴油間隔也常發生改變而需要加以調整，為了改良此種缺點，並配合小型高速柴油引擎之發展，使噴射泵具有體積小、重量輕、高性能、易檢修之特性，而發展出高壓分油式噴射泵。

　　高壓分配式噴射泵僅使用一套極精密的泵組，來擔任量油、壓油與分油的工作，調速器與正時器等機件均裝在同一泵殼內，由柴油負責潤滑及冷卻，所以具有下列之優點：

1. 體積小、重量輕，成本較低。
2. 因僅使用一組噴射柱塞組，不會有噴射不均率的問題。
3. 因各缸之噴射間隔不會改變，所以調整、維修費用較低。
4. 構造簡單、維修較方便。
5. 噴射泵所有機件均由柴油潤滑及冷卻，所以潤滑及冷卻性能較佳。
6. 柱塞不但要作往復運動(壓油)，且須作旋轉運動(配油)，所以磨耗較均勻，使用壽命較長。
7. 適用高轉速引擎，所以適用於車用引擎。
8. 不會使引擎發生逆轉現象。

　　高壓分配式噴射泵的種類很多，有西德波細(Bosch)之VM.VE型，日本柴油機株式社會之VM型(與西德Bosch之VM型相似)，英國CAV之DPA型，美國波細阿瑪公司(American Bosch Arma Co)之PSB、PST型等，今僅介紹西德Bosch之VM型、VE型二種。

一、波細VM型之高壓分配式噴射系統

ＶＭ型之高壓分配式噴射系統，如圖3-50所示。在油箱中之柴油經引擎凸輪軸所驅動之膜片式供油泵壓送至柴油濾清器，柴油經過濾清潔後，即送入泵殼內。經泵殼內之供油泵與調壓閥之作用，再將柴油送入液壓頭。柴油因柱塞之作用變成高壓後，按噴射順序經各汽缸之高壓油管再送入噴油嘴，而將柴油噴入汽缸內。經濾清及與噴油嘴之剩餘柴油，即經回油管流回油箱。其作用流程如下：

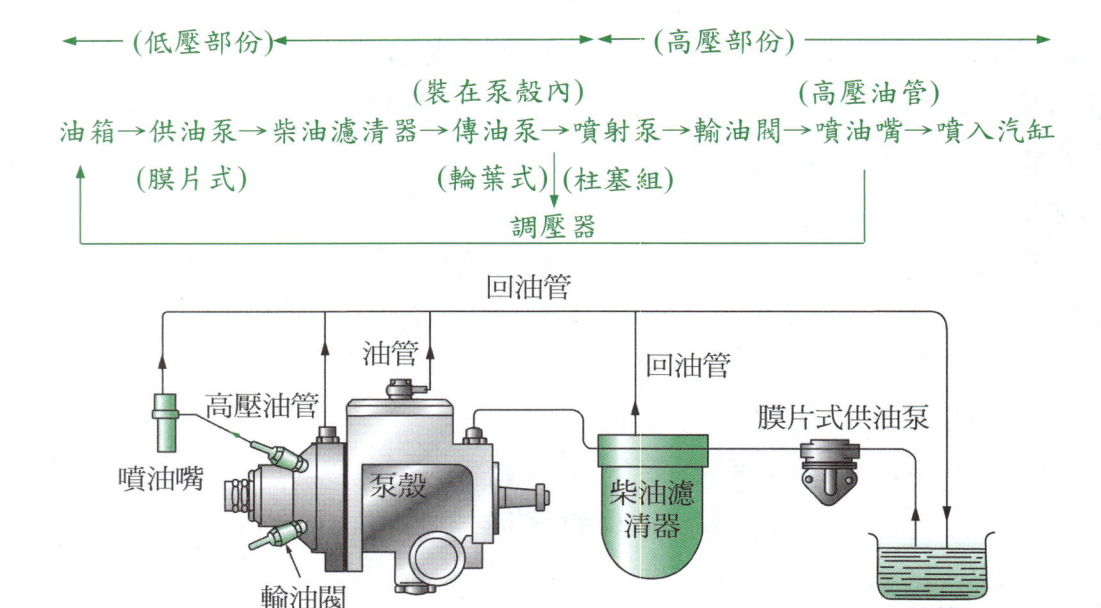

```
     ◄── (低壓部份) ──────►   ◄──── (高壓部份) ────►
                  (裝在泵殼內)         (高壓油管)
油箱→供油泵→柴油濾清器→傳油泵→噴射泵→輸油閥→噴油嘴→噴入汽缸
     (膜片式)              (輪葉式) (柱塞組)
                         調壓器
```

●圖3-50　VM型高壓分油式噴射系統

(一)VM型高壓分配式噴射泵之構造

VM型高壓分配式噴射泵之構造，如圖3-51所示，可分為泵殼與液壓頭兩大部份。

1. 泵殼(Pump Housing)

泵殼係由鋁合金鑄造而成，內裝有驅動軸、傳油泵、調壓器，滾輪架、凸輪盤，自動正時器，調速器等。

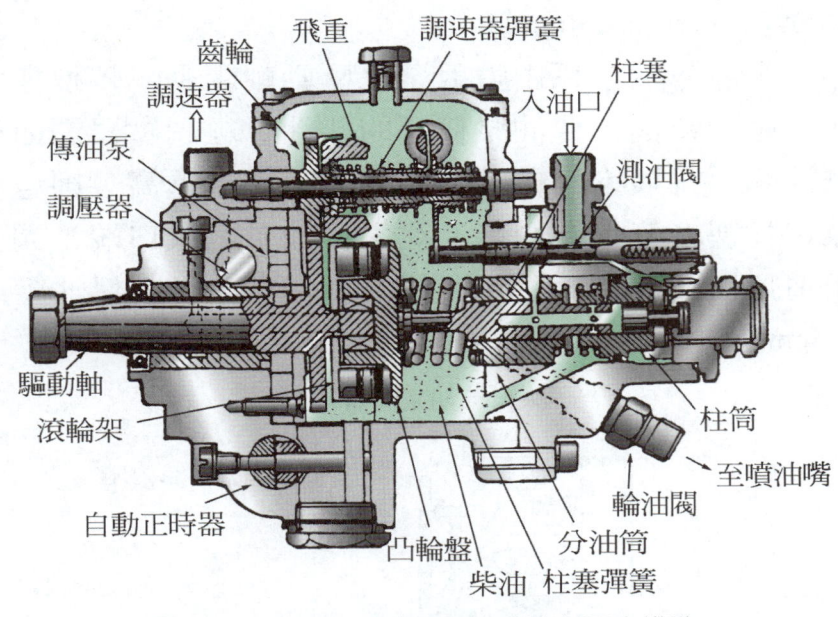

●圖 3-51　VM 型高壓分配式噴射泵之構造

(1) 傳油泵(Feed Pump)

　　傳油泵為輪葉式供油泵，其構造如圖 3-52 所示，傳油泵之內轉子係以鍵與噴射泵之驅動軸嵌合，由驅動軸負責驅動。其主要的功用係負責將膜片式供油泵送來的柴油傳送加壓後，再送入測油閥及泵殼內，並經泵蓋流回油箱，以潤滑及冷卻泵殼內之各機件。

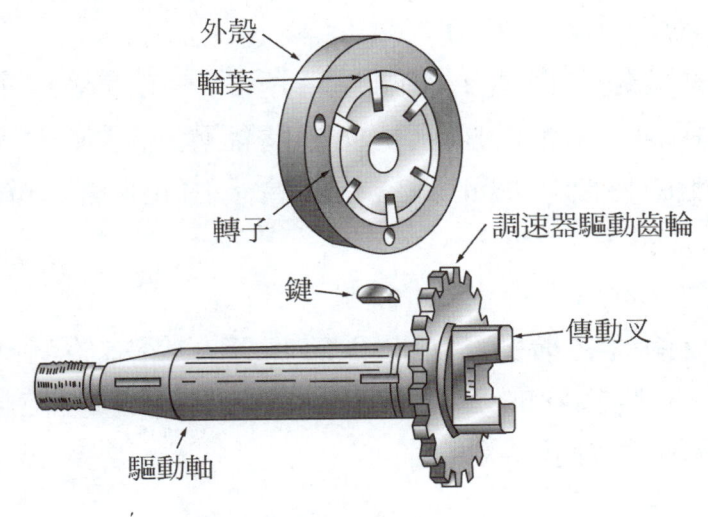

●圖 3-52　傳油泵

(2) 調壓器(Pressure Regulator)

　　由於傳油泵係由噴射泵之驅動軸驅動，轉速愈高時，其傳油壓力愈高，傳油泵傳送的柴油會經調壓器調節後再送入測油閥、泵殼室、自動正時器。若油壓過高，則會推動調壓器之柱塞，使過多的柴油流入傳油泵之入口端，調壓器之作用情形，如圖 3-53 所示。經調壓器調整後之傳油壓力約 2～8 kg/cm²。

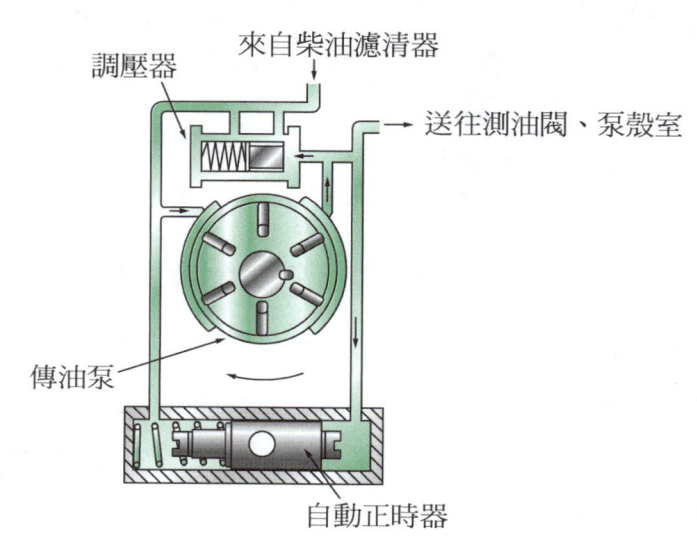

● 圖 3-53　調壓器之作用

(3) 滾輪架(Roller Holder)

　　滾輪架之構造，如圖 3-54 所示，在滾輪架上有與缸數相同的滾輪，配合凸輪盤，使柱塞能產往復運動，滾輪架之外殼係經由傳動銷與正時器相結合，由正時器負責操作，以調整噴射時間。

(4) 凸輪盤(Cam Disk)

　　凸輪盤之構造，如圖 3-54 所示，係屬於面凸輪，在其周圍有與缸數相同的凸輪峰數，在轉動時，會與滾輪架相配合，使柱塞產生往復運動。

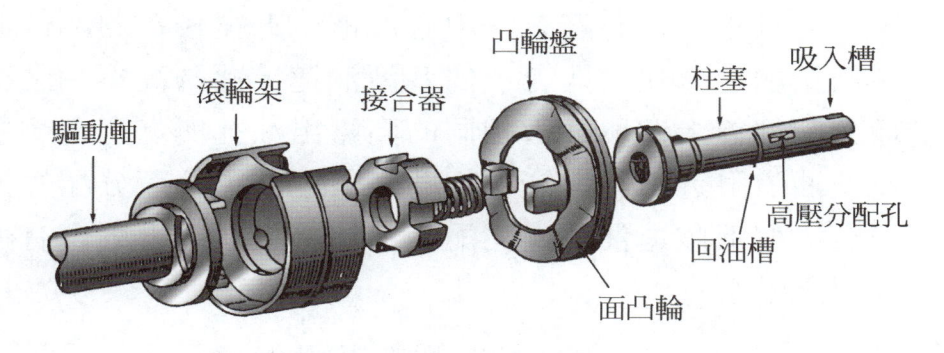

● 圖 3-54　凸輪盤之構造

(5) 油泵柱塞之傳動機構

　　油泵柱塞之傳動機構，如圖 3-55 所示，包括驅動軸、滾輪架、傳動塊、凸輪盤、油泵柱塞、柱塞彈簧等。其中滾輪架為固定件，由自動正時器操作，以調整噴射時間。傳動塊、凸輪盤為旋轉件，受驅動軸驅動；當凸輪盤旋轉時，因與滾輪架的作用，使油泵柱塞不但作旋轉運動，也作往復運動。

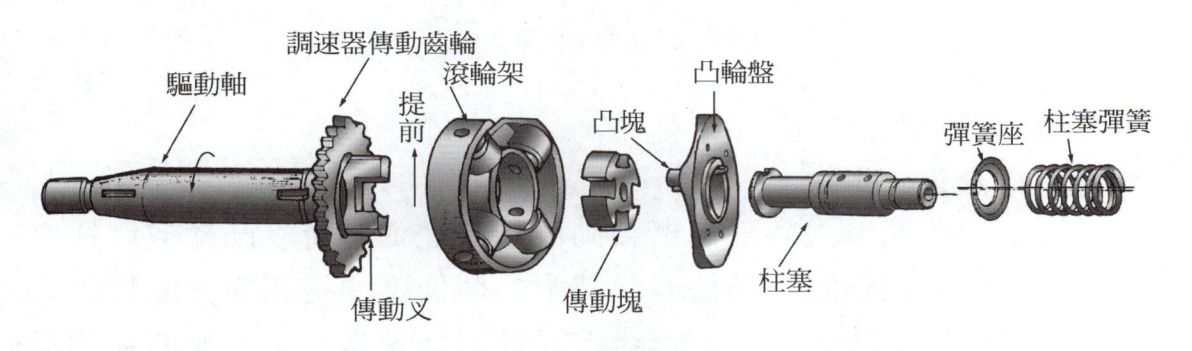

● 圖 3-55　油泵柱塞之傳動機構(VM 型)

2. 液壓頭(Hydraulic Head)

　　液壓頭之外殼係由鑄鐵鑄造而成，內部機件包括測油閥、油泵柱塞組自動起動裝置、全負荷限制器、輸油閥等。

(1) 油泵柱塞組

　　油泵柱塞組之構造，如圖 3-56 所示，包括油泵柱塞、分配柱筒、斷閉柱筒等。柱塞外端有一缺口與凸輪盤之凸銷相嵌合，隨凸輪盤旋轉，且作往復運動，柱塞在柱筒內有兩段不同的直徑。中心鑽有一中心油道；直徑較粗的部份與分配柱筒相配合，在內端有一個 L 型油道，此為高壓油之出口，而分配柱筒上有與缸數相同的高壓出油孔與之配合。柱塞在 L 型油道附近鑽有與缸數相同之低壓油道，而分配柱筒上則鑽有一個低壓進油孔與之配合。柱塞直徑筒上則鑽有斷閉油孔與之配合。

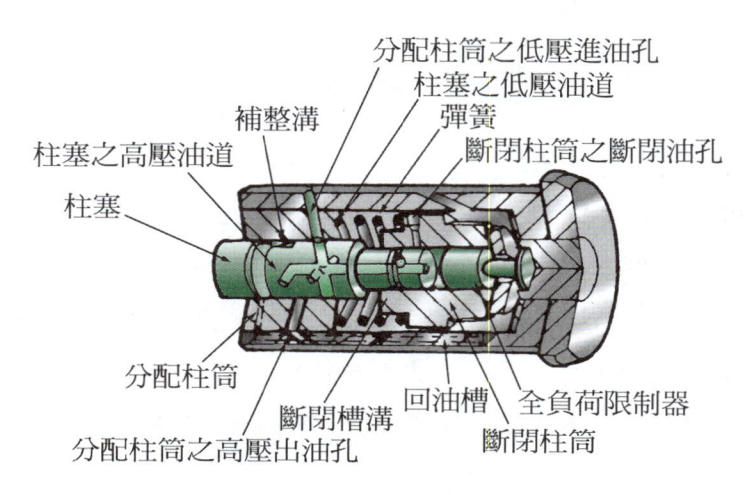

● 圖 3-56　油泵柱塞之構造

(2) 油泵柱塞之作用

① 進油情形

　　凸輪盤之谷部漸漸轉向滾輪架之低點時，凸輪盤與柱塞會向左移動，當柱塞的其中一個低壓油道正與分配柱筒之低壓進油孔對正，如圖 3-57 所示，使傳油泵送來的柴油能經測油閥，由分配柱筒之低壓油孔進入柱塞之中心油道及柱塞頂端之儲油室。同時柴油也可以由分配柱筒右方之油道進入液壓頭內部，以潤滑及冷卻液壓頭內之機件。

由測油閥來之柴油
低壓油

●圖 3-57　進油情形(柱塞之低壓油道與分配柱筒之低壓油孔對正)

②壓油情形

　　當凸輪盤之凸峰漸漸轉向滾輪架之滾輪高點時，凸輪盤與油泵柱塞會一起向右移動，此時柱塞上之低壓油道已離開分配柱筒之低壓油孔，而產生壓油之作用，此時，柱塞油道內及儲油室之柴油立即產生高壓。

③噴射情形

　　當柱塞繼續轉動且向右移動，直至柱塞之高壓油道與分配柱筒之高油道對正時，高壓柴油立即經輸油閥、高壓油管，再送至噴射器將柴油噴入燃燒室，如圖 3-58 所示。

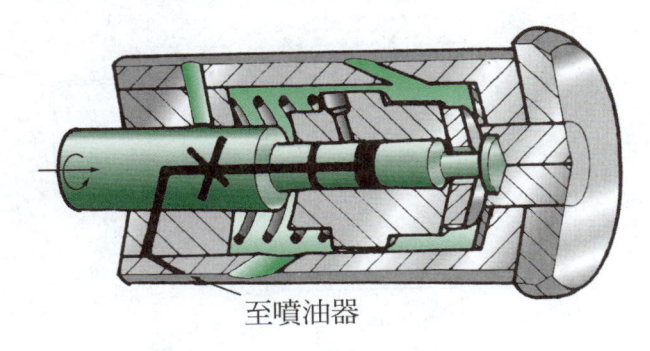

至噴油器

●圖 3-58　噴射情形(柱塞之高壓油道與分配柱筒之高壓油孔對正)

④回油情形

　　油泵柱塞再繼續被向右推動，當柱塞細段之斷閉槽溝與斷閉柱筒之斷閉孔對正時，為噴射結束，油泵柱塞會壓送儲油室內殘餘的柴油經斷閉油溝、斷閉孔進入泵殼室內，以潤滑及冷卻泵殼室內之機件，如圖 3-59 所示。

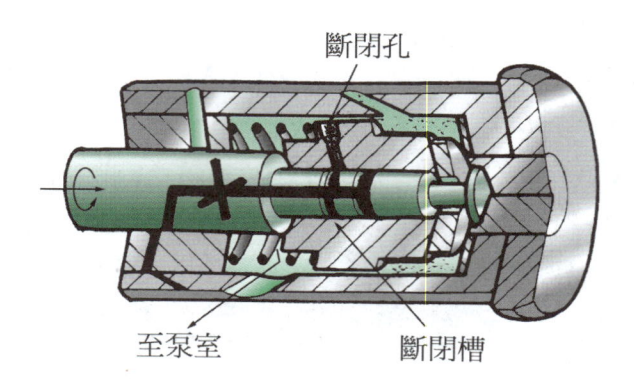

●圖 3-59　回油情形(柱塞之斷閉槽溝與斷閉柱筒之斷閉孔對正)

⑤補油情形

　　在油泵柱塞之左側，靠近 L 型高壓油道附近，有一個半月形的溝槽，稱為補整溝。此溝會經常與泵殼內之補償油道相通，使傳油泵之送油壓力經常作用著。當燃料噴射終了時，此溝槽正好與分配柱筒之高壓油孔會合，如圖 3-60 所示，傳油泵送來之柴油，可經補償油道、補整溝，充滿整個高壓油路，使輸油閥之油道保持均勻之油壓，以防止各缸噴射不平均之現象。

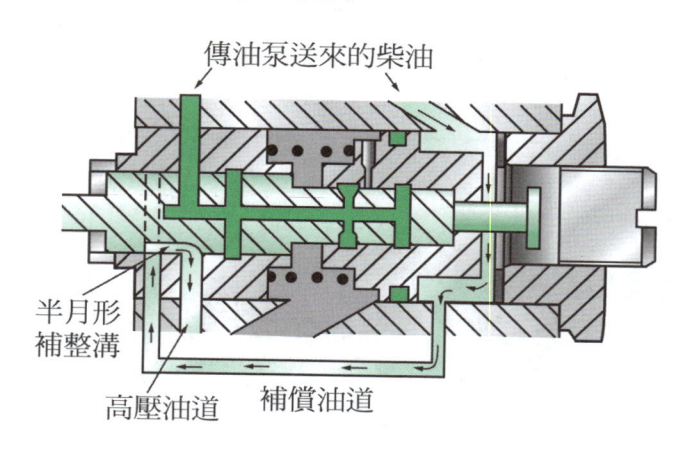

●圖 3-60　補油情形(柱塞補整溝與分配柱筒之高壓油道會合)

(3) 輸油閥

　　高壓分配式噴射系統的輸油閥與複式高壓噴射系統之輸油閥相同，可保持高壓油管之殘壓，使噴射迅速，並可防止噴油嘴後滴。

(4) 自動起動裝置

在引擎靜止時，傳油泵不作用，液壓頭內僅有殘壓，此時，起動彈簧會將斷閉柱筒推向右側一些距離，如圖 3-61 所示，使柱塞之斷閉槽溝與斷閉柱筒之斷閉孔會合時間延長，而增加噴油量(比全負荷之噴油量為多)，此稱為起動增量。當引擎發動後，傳油泵產生的油壓，會作用在斷閉柱筒之右方，而將斷閉柱筒推至正常位置，就不再額外供油。

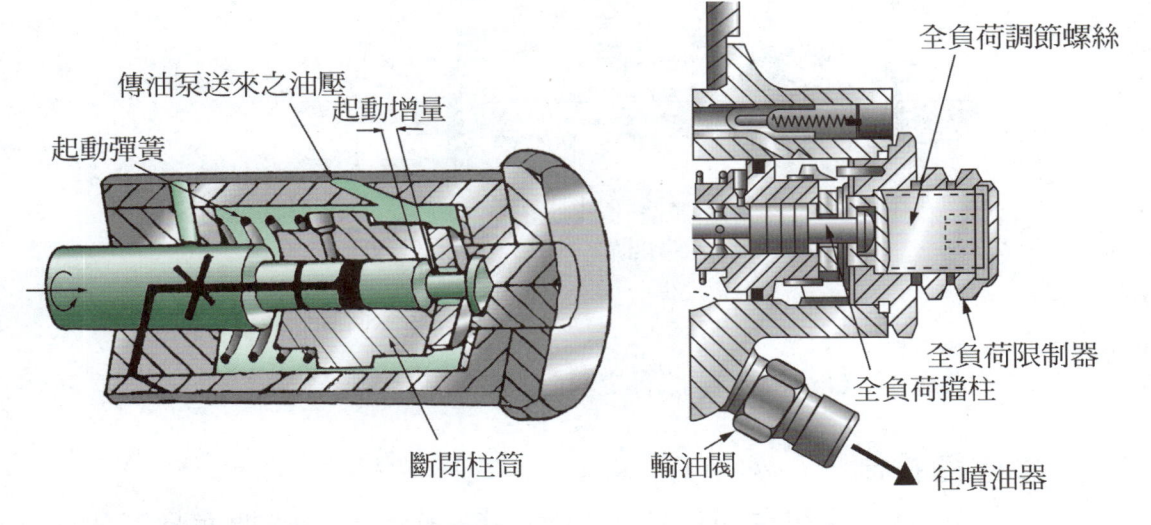

●圖 3-61 起動增量　　●圖 3-62 全負荷限制器

(5) 全負荷限制器

在液壓頭右端有一個全負荷限制器，裝有全負荷調節螺絲，如圖 3-62 所示，只要調整該螺絲，即可改變全負荷擋柱之位置，使儲油室之體積改變，而改變了最大噴油量。

3. 調速器的構造與作用

高壓分配式噴射泵除了負責升壓、分配的工作外，還需負責量油，其量油的工作係由測油閥與斷閉柱筒來負責。在全負荷或起動時，其最大噴射量由斷閉柱筒的位置來決定，只要改變全負荷調整螺絲，就可以改變斷閉柱筒之移動位置，而改變其最大噴射量。但在引擎部份負荷時，則經由調速器操縱測油閥之開口位置，改變進入油泵柱塞之進油量，以控制噴射量。

(1) 調速器之構造

調速器之構造，如圖 3-63 所示，包括加速桿、撥桿、調速彈簧、調速套管、調速臂、飛重、熄火彈簧、怠速止動螺絲、最高轉速止動螺絲等，其調速臂與測油閥相連接，使測油閥能受調速器操作而控制進入油泵柱塞之進油量。

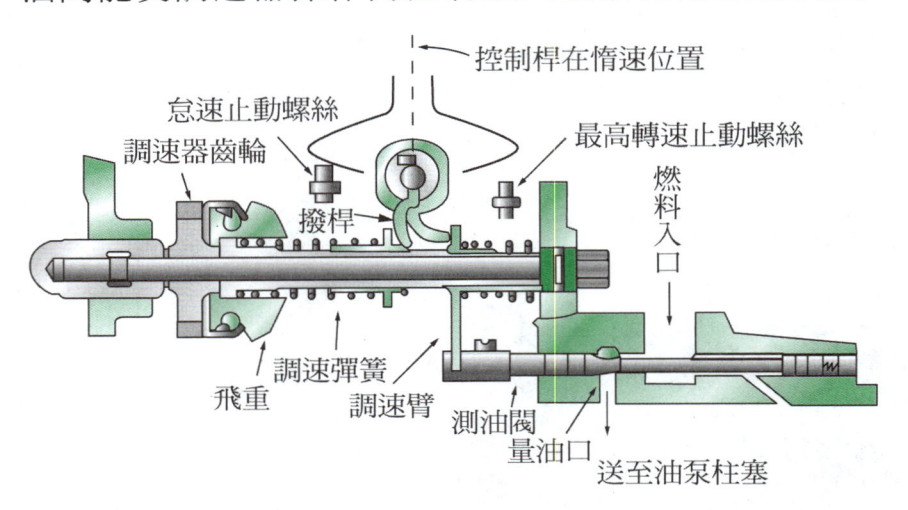

● 圖 3-63　調速器之構造(測油閥在低速位置)

(2) 怠速控制

加速桿在怠速位置，如圖 3-63 所示，此時調速彈簧放鬆，會推動撥桿，經調速臂而推動測油閥向右移動，使量油孔僅打開一點點，僅允許少量的柴油流入柱塞內；因其噴油量少，引擎維持在怠速運轉。若引擎怠速升高，飛重會向外張開，即能將調速套管推向右方，經調速臂，再使測油閥向右移，使量油孔變得更小，噴油量減少，讓引擎轉速降低；若引擎怠速較低時，飛重會向內收縮，調速套管會受調速彈簧推動而向左移，經調速臂，使測油閥也左移，其量油孔會變大，噴油量增加，讓引擎轉速升高，以維持穩定的怠速運轉。

(3) 高速控制

　　將加速桿扳在高速位置，如圖3-64所示，調速彈簧被壓縮，其彈力增強，同時，熄火彈簧放鬆，經調速臂將測油閥左移，使量油孔在最大位置，送入柱塞內的油量最多。此時引擎若超過最高速度限制範圍，調速器內飛重向外張開，將使調速套管右移，經撥桿、調速臂操作測油閥右移，減少供油量，以避免引擎發生超速運轉。

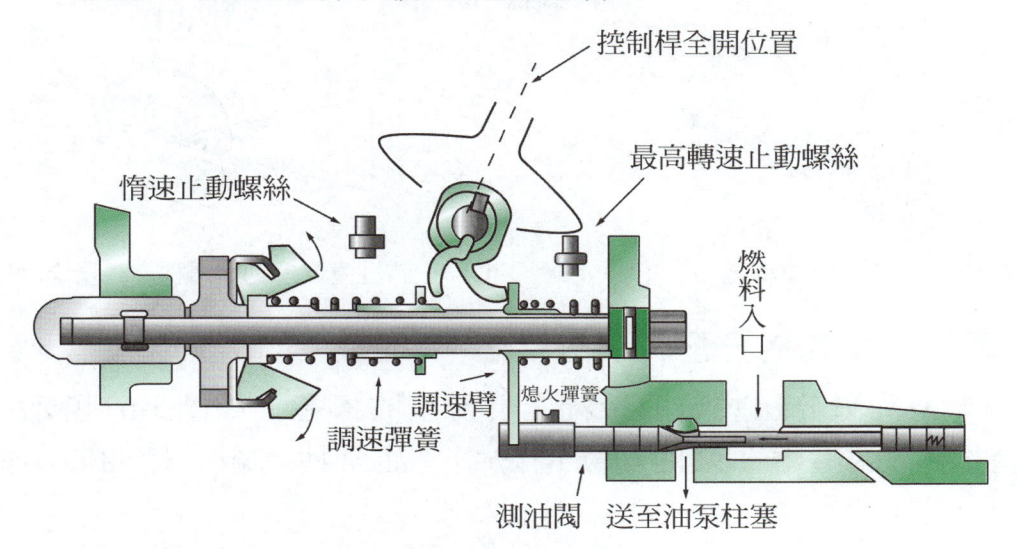

● 圖3-64　測油閥在高速位置

4.正時器的構造與作用

　　正時器的功能是在引擎轉速加快時，能自動提早噴油，使引擎獲得最適當之爆發壓力。其構造如圖3-65所示，包括正時柱塞、正時彈簧、滑柱，滑柱再經連動銷與滾輪架相連接。正時柱塞左方受到正時彈簧與膜片式供油泵之油壓作用，而右方受到傳油泵之油壓作用；當引擎高轉速運轉時，傳油泵之油壓升高，其壓力會克服膜片式供油泵之油壓及正時彈簧彈力，而將正時柱塞向左移，正時柱塞移動時，能使滑柱旋轉，再經由連動銷，使滾輪架朝凸輪盤運轉的相反方向移進一些角度，讓凸輪盤上之凸輪提早與滾輪接觸，使噴油開始時間提早。正時柱塞之滑動與滑柱之旋轉量之關係如圖3-66所示。

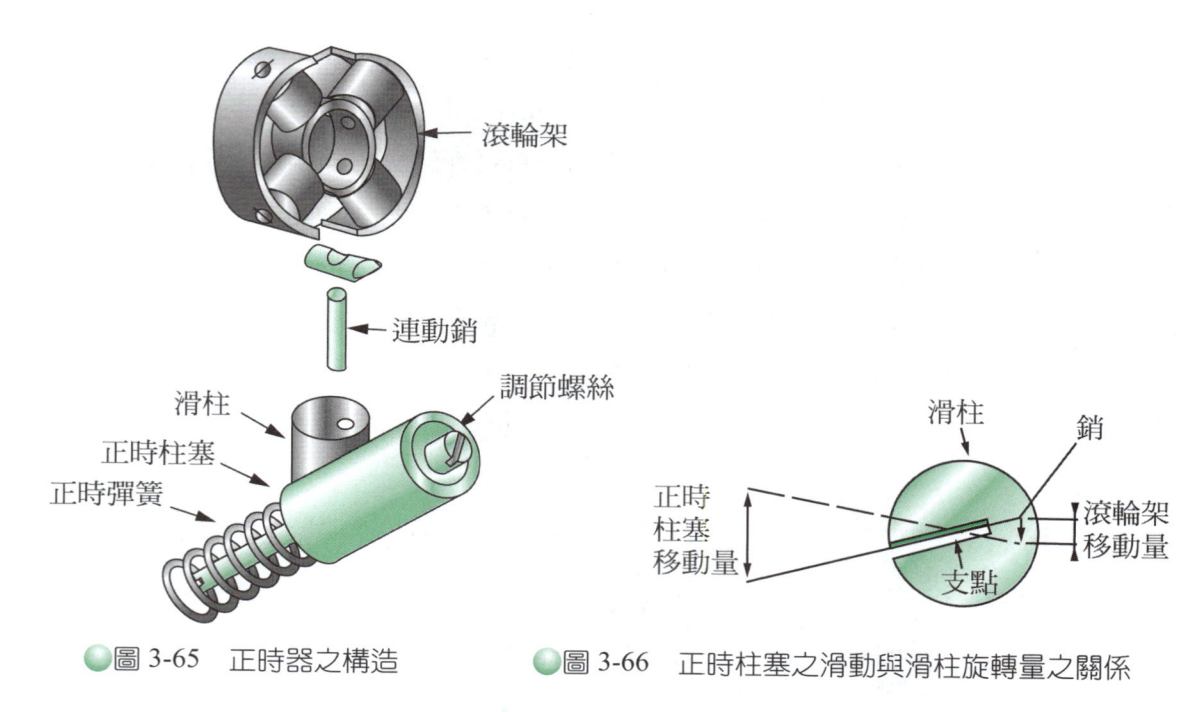

● 圖 3-65　正時器之構造　　　　● 圖 3-66　正時柱塞之滑動與滑柱旋轉量之關係

二、波細 VE 型高壓分配式噴射系統

　　VE 型高壓分配式噴射系統之噴射泵的構造，如圖 3-67 所示，包括傳油泵、調壓器、燃油切斷電磁閥、油泵柱塞組、輸油閥、調速器、正時器等。

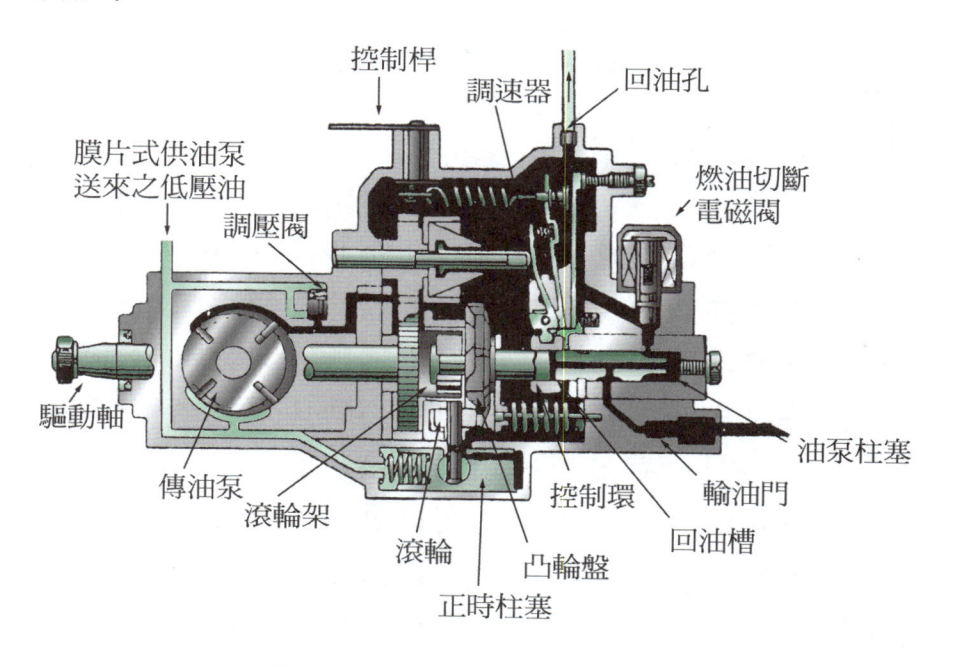

● 圖 3-67　VE 型噴射泵之構造

1. 傳油泵

傳油泵為輪葉式供油泵，裝在噴射泵內，由驅動軸負責驅動，轉速愈快時，供應油量愈多，油壓愈高，其構造與作用均與VM型相同。

2. 調壓器

調壓器係負責調節由傳油泵供級之油壓，以免油壓過高，調節之油壓約 2～8 kg/cm²，其構造與作用情形也與VM型相同。

3. 燃料切斷電磁閥(Fuel Cut Solenoid)

燃料切斷電磁閥之構造與作用，如圖3-68所示，其構造包括電磁線圈、彈簧、閥門等。其電磁線圈係由引擎開關控制，欲發動引擎時，將引擎開關打開，電瓶的電流會入電磁線圈而產生吸力，將閥門打開，使燃料流入油泵柱塞組，此時只要起動引擎，油泵柱塞即會產生壓油與配油之作用，而將燃料噴入汽缸，使引擎發動。欲將引擎熄火時，只要將引擎開關關掉，電磁線圈斷路，彈簧會推動將進油孔關閉，使燃料無法流入油泵柱塞組，噴油嘴即不噴油，引擎立即熄火。

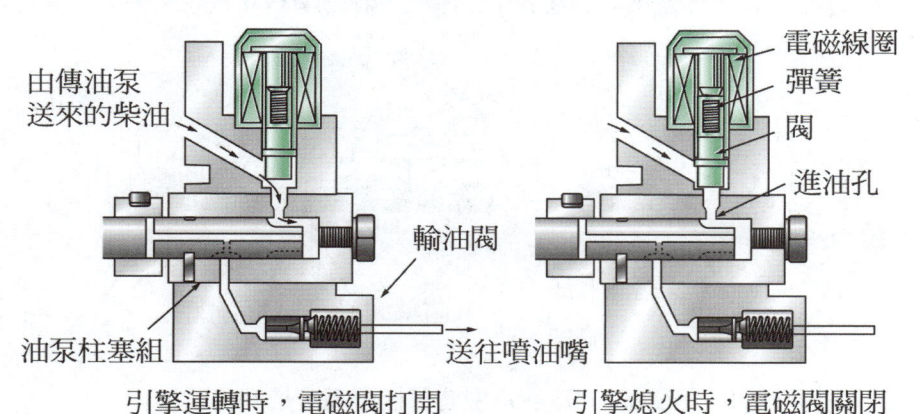

○圖3-68　燃料切斷電磁閥之構造與作用

4. 油泵柱塞之傳動機構

油泵柱塞之傳動機構仍與VM型相同，包括驅動軸、滾輪架、接合器、凸輪盤等，如圖3-69所示。當驅動軸旋轉時，由於滾輪架與凸輪盤之作用，會使油泵柱塞產生旋轉與往復運動，以進行壓油與配油之工作。

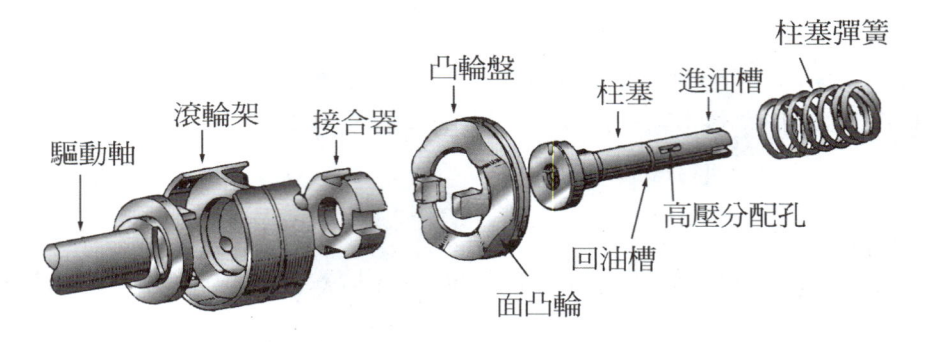

● 圖 3-69　油泵柱塞之傳動機構(VE 型)

5. 油泵柱塞組

　　VE型之油泵柱塞組與VM型不同，在柱塞座有一缺口與凸輪盤之凸銷相嵌合，使柱塞能隨凸輪盤作旋轉與往復運動。在柱塞中心鑽有油道，且在柱塞末端切有與缸數相同之低壓進油槽，而在柱塞中段有一個L型高壓油道，在高壓油道附近有一道回油槽。在柱塞筒之末段則僅有一個進油孔與柱塞之進油槽相配合，而在柱塞筒之中段則有與缸數相同之高壓分配孔，可與柱塞之L型高壓油道相配合，如圖3-70所示。

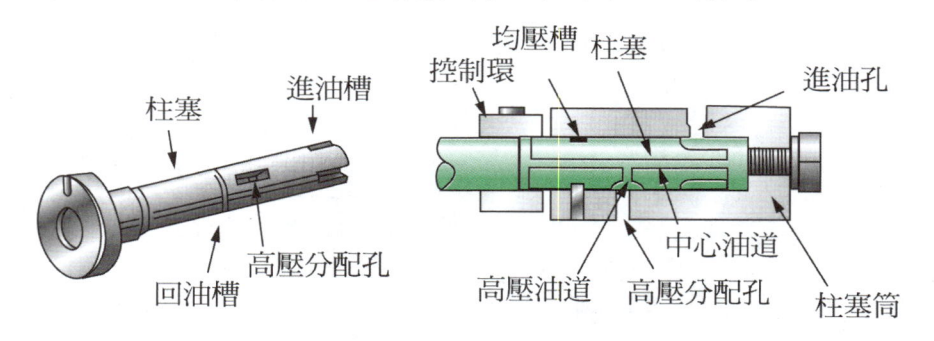

● 圖 3-70　VE 型油泵柱塞組之構造

6. 油泵柱塞組之作用

(1) 吸油情形

　　當柱塞向左移(退回)，且柱塞轉至其末端其中一個低壓進油槽與柱塞筒上之進油孔相會合時，由傳油泵送來的柴油即經進油口流入柱塞內之油道與儲油室，如圖3-71所示。

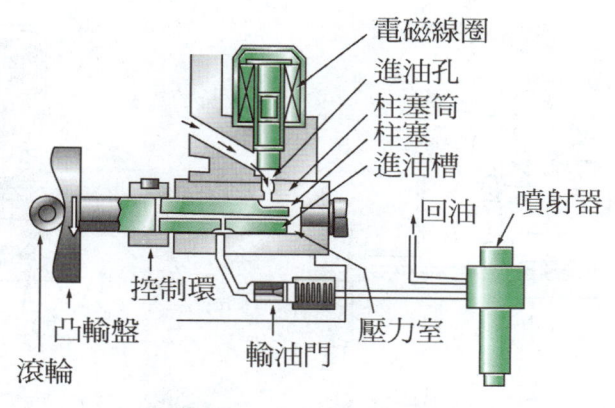

● 圖 3-71　進油情形

(2)噴射情形

　　柱塞繼續旋轉，在柱塞之低壓進油孔與柱塞筒之進油孔錯開，且柱塞開始往右移動，即產生壓油的作用，當柱塞轉至其 L 型高壓油道與柱塞筒之高壓分配孔會合時，高壓油立即經由輸油閥、高壓油管，送至噴射器噴射，如圖 3-72 所示。

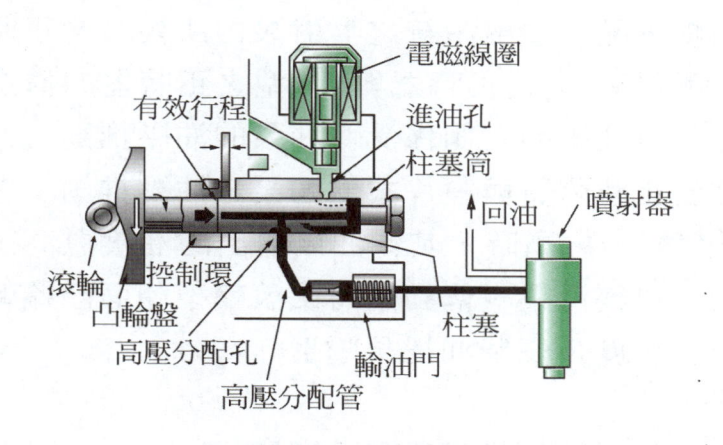

● 圖 3-72　噴射情形

(3)噴射結束情形

　　柱塞繼續向右移動且旋轉，當柱塞移動至回油槽露出控制環時，柱塞內的高壓油立即經回油槽流入泵殼室內，此時噴射立即結束，如圖 3-73 所示。流入泵殼室之柴油，可以潤滑及冷卻泵殼室內之機件。

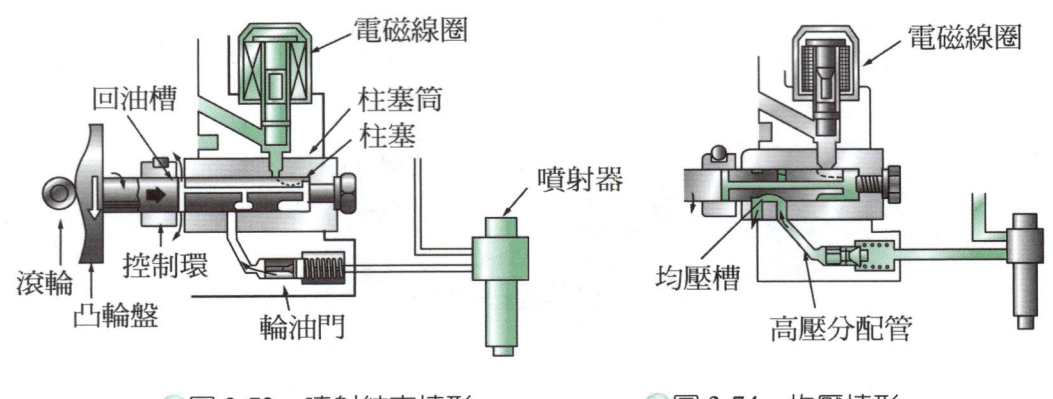

● 圖 3-73　噴射結束情形　　　　● 圖 3-74　均壓情形

(4)均壓情形

　　在柱塞向右推到底時，柱塞上之均壓槽會與柱塞筒之高壓分配孔相會合，可保持輸油閥之油壓，以防止噴射不平均之現象，如圖 3-74 所示。

7. 正時器

　　高壓分配式噴射系統之噴射泵內所裝設的正時器為液壓控制式，所以VE型之正時器與VM型之正時器的構造與作用均相同，在正時柱塞的右側係受傳油泵的油壓推動，而正時柱塞之左側係受正時彈簧與膜片式供油泵之油壓推動，在噴射泵轉速(或引擎轉速)愈高時，其傳油泵輸出的油壓愈高，而將正時柱塞推動，再經滑柱、傳動銷而使滾輪架朝面凸輪轉動之反方向轉動一些角度，使柴油提早噴射。

8. 調速器

　　VE 型之調速器與 VM 型近似，仍為機械式調速器，但 VE 型之調速器在隨引擎之轉速與負荷變化時，會經由控制臂來控制裝在油泵柱塞上之控制環，以改變噴射量(改變柱塞之有效行程)。

　　VE 型調速器之構造，如圖 3-75 所示，包括調速器軸、飛重、調速彈簧、控制滑套、控制臂、控制環等。當扳動加速桿欲使噴油量增加時，加速桿將推動控制臂使控制環向右移，而使柱塞之回油槽露出行程加長，所以噴油量增加。當引擎轉速過高時，調速器上之飛重，因離心力作用而將控制套向右移，經槓桿作用將控制環左移，使柱塞之回油槽較快露出，而減少噴油量，使引擎轉速降低；當引擎轉速過低時，調速器上之飛重內縮，調速彈簧會拉動控制臂，使控制環向右移，讓柱塞之回油槽較晚露出，而增加噴加噴油量，以維持引擎穩定的轉速。

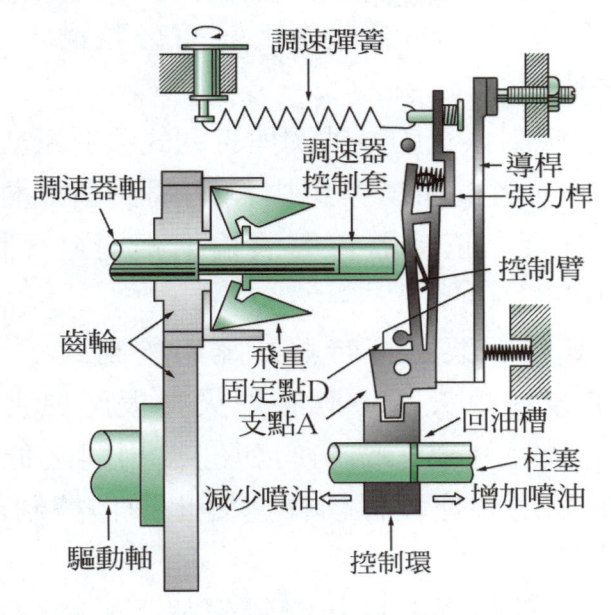

● 圖 3-75　VE 型調速器之構造

隨堂評量

一、是非題

(　) 1. 高壓分配式噴射泵具有體積小、重量輕之優點。
(　) 2. 高壓分配式之噴射泵須作壓油、配油、量油及噴射之工作。
(　) 3. 高壓分配式噴射泵之所有機件都利用有柴油潤滑及冷卻。
(　) 4. 高壓分配式噴射泵內之傳油泵為齒輪式。
(　) 5. 使用高壓分配式噴射系統之柴油引擎不會發生逆轉的問題。
(　) 6. 高壓分配式噴射泵內裝有調壓器，經調整後之傳油壓力約 2～8 kg/cm^2。

(　　) 7. VM 型噴射泵內裝有凸輪盤與滾輪架，其凸輪盤之周圍有與缸數相同之面凸輪，但滾輪架上僅設一個滾輪。

(　　) 8. VM型噴射泵內之油泵柱塞內端有一個L型油道，稱為高壓油道。

(　　) 9. VM型噴射泵內之分配柱筒上鑽有與缸數相同之低壓進油孔。

(　　) 10. VM 型噴射泵內之油泵柱塞上設有補整溝，可使各輸油閥保持均勻之油壓。

(　　) 11. 高壓分配式噴射系統的輸油閥與直列式噴射系統的輸油閥不同。

(　　) 12. VM 型噴射泵之量油工作係由測油閥與斷閉柱筒負責。

(　　) 13. VM 型噴射泵之正時器會與滾輪架相連接，依引擎轉速變化調整噴射時間。

(　　) 14. 高壓分配式噴射泵之正時器為離心控制式。

(　　) 15. VE 型噴射泵在熄火時，應將熄火桿扳至熄火位置。

(　　) 16. VE 型噴射泵在柱塞末端切有與缸數相同之低壓進油槽。

(　　) 17. VE型噴射泵之調速器係依轉速變化操作控制環，以改變柱塞之有效行程。

(　　) 18. VE噴射泵之正時器在操作滾輪架朝凸輪轉盤動方向推動時，其噴射時間會提早。

二、問答題

1. 高壓分配式噴射泵具有那些優點？
2. 寫出高壓噴射系統之燃料作用流程。
3. 說明 VM 型噴射泵之油泵柱塞組之構造與特性。
4. 說明高壓噴射系統之正時器的構造與作用情形。

3-5 低壓分配式噴射系統

低壓分配式噴射系統，是美國固敏氏(Cummins)公司生產的柴油引擎所使用的燃料噴油系統。其噴射泵僅提供不定量的低壓柴油給噴油器，而噴油器本身卻必須擔任量油，升壓、噴射三項工作。由於其噴射泵並不能產生高壓油，所以固敏氏公司將它稱為燃油泵(Fuel Pump)。

早期的固敏氏燃油泵分為單盤式(Single Disc)、雙盤式(Double Disc)兩種。自1954年推出PT型燃油泵(Pressure Time Fuel Pump)後，由於其體積、重量、零件數目比前兩者少很多，且性能也比前兩者為佳，所以單盤式與雙盤式目前已被淘汰。其之所以稱為PT型燃油泵，是因為此燃料系統噴入引擎汽缸之油量，是由噴油器受到的油壓和燃油流入的時間兩因素所決定的。所以此燃料系統需具備下列之功能：

(1)燃料泵需能配合引擎動力的需要，提供適當的油壓給噴油器。

(2)油道和油管大小，要合乎規定，使各汽缸之噴油器能獲得均勻的燃料供應。

(3)噴油器要能在適當的時刻，將需要的油量加壓，以良好的噴霧形狀噴入汽缸。

固敏氏PT型燃料噴射系統，如圖3-76所示，其構造包括濾清器、燃料泵、進油歧管、噴油器、回油歧管等。PT型燃料泵有PTR、PTG兩種型式。PTR型簡稱R型，其燃料泵之油壓是由油壓調節器(Pressure Regulator)所控制的，在燃料泵內裝有油壓調節器與調速器。PTG型簡稱G型，其燃料泵的油壓是由調速器(Governor)所控制的，在燃料泵內僅裝有調速器而沒有油壓調節器。這兩種型式外型極為相似，但PTR頂部有回油管，而PTG則無。

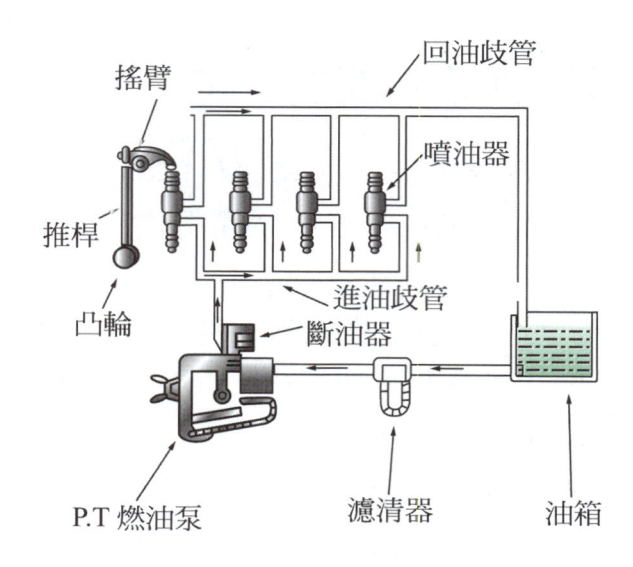

● 圖 3-76　PT 型燃料噴射系統

(一)PTR 型燃料泵

　　PTR型燃料泵之外形，如圖 3-77 所示，內部構造如圖 3-78 所示，主要的機件包括：齒輪式供油泵、油壓調節器、油門軸(Throttle Shaft)、調速器等。其燃料系統之流程如下：

油箱→濾清器→齒輪式供油泵→濾網(精濾)→油壓調節器
→油門軸→調速器→電磁閥→噴射器

PTR 型燃油泵

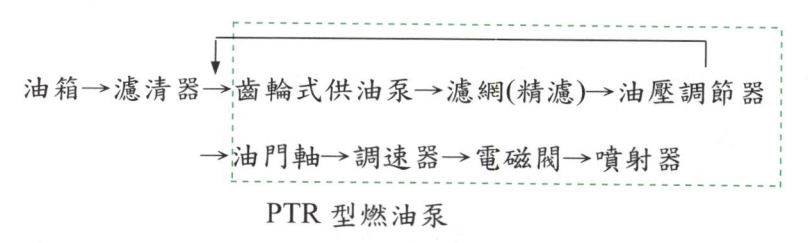

● 圖 3-77　PTR 燃料泵之外形

第三章　燃料系統

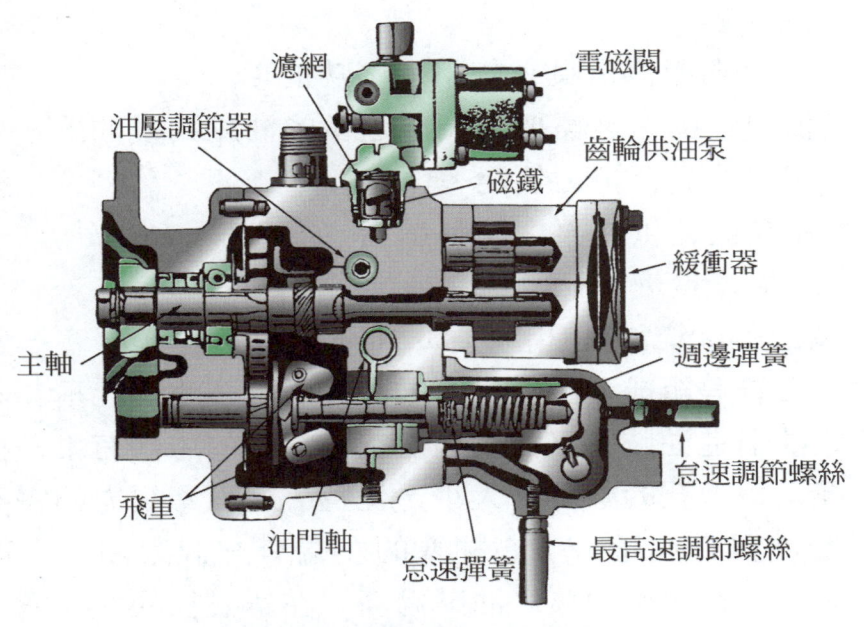

●圖 3-78　PTR 型燃料泵之構造

1. 齒輪式供油泵

　　齒輪式供油泵裝在PTR燃料泵之後端，由燃料泵之主軸所驅動，為外接齒輪式，負責將柴油自油箱吸入燃油泵，其轉速愈快，送出的油壓愈高。在出口處有鋼膜片式緩衝器，以緩和油壓的波動。

2. 濾清器

　　由齒輪式供油泵送來的柴油，由濾網總成的底部流入濾網，經過磁鐵和濾網後，鐵屑和雜物殘留在濾網總成內，最後再將清潔的柴油送入油壓調節器，如圖3-79所示。

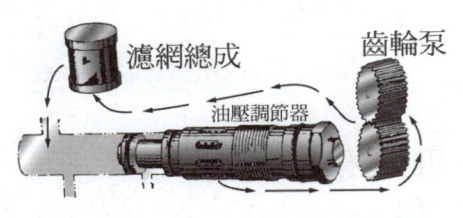

●圖 3-79　濾網與油壓調節器

3.油壓調節器

油壓調節器需具有如下列之功能：

(1)能依引擎動力之需要，調整適當的油壓到噴油器。

(2)能使引擎發揮扭力性能。

(3)能避免齒輪供油泵之油壓過高。

(4)能補償溫度變化。

油壓調節器之構造，如圖 3-80 所示，包括空心柱塞，尼龍調節柱、彈簧、套管等組成。空心柱塞的右端有許多小孔，稱為調節孔，用來調節噴油器進油歧管之油壓。在空心柱塞的中部有第一扭力孔和第二扭力孔，扭力孔的數量、大小、位置，隨引擎扭力的需要而適當調節送至噴油器之油壓。空心柱塞的左端有一個大油孔，稱為回油孔，它能防止齒輪式供油泵之油壓過高。在空心柱的右端塞入一個尼龍的調節柱，調節柱配有調整墊片，用來調節調節孔之有效面積，以調節送往噴油器之油壓大小。若墊片減少，則調節柱插入較深，調節孔被擋住較多，其有效面積較少，回油量隨之減少，送入噴油器的油壓就升高；反之，送入噴油器的油壓就降低。

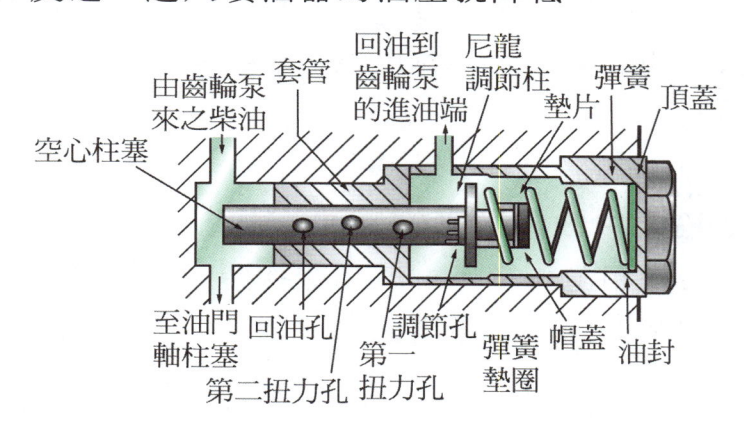

● 圖 3-80　油壓調節器之構造

油壓調節器之作用分述如下：

A.調節孔之作用

引擎靜止或發動時，齒輪式供油泵送來的油壓低，空心柱塞完全被彈簧推入套筒內，油孔被封在套管中，如圖3-81

所示，由齒輪式供油泵送來的油壓全部流到油門軸。引擎在正常運轉時，齒輪式供油泵送來的油壓升高，若克服彈簧彈力，即將空心柱塞向右推，使調節孔部份露到套管外，如圖 3-82 所示，部份柴油從調節孔流出，再流回供油泵之進口端。

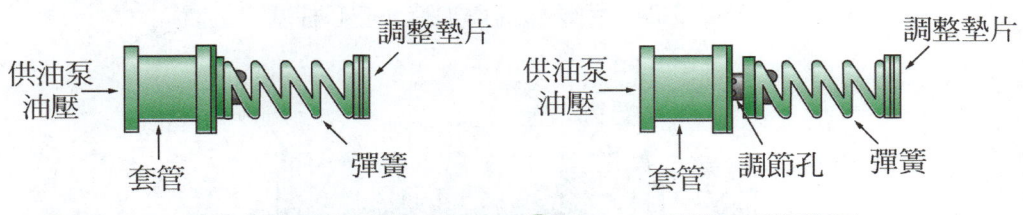

● 圖 3-81　引擎靜止或發動時，空心柱塞之位置

● 圖 3-82　引擎正常運轉時，空心柱塞之位置

B. 扭力孔之作用

若引擎在輕負荷、轉速高的狀況下，供油泵送來的油壓很高，而將空心柱塞向右推，使第一、第二之扭力孔全部露出套管，如圖 3-83 所示，多量的柴油由扭力孔、調節孔流回供油泵進口端。若油門軸位置不變，但將引擎的負荷增加，引擎的轉速必定降低，油壓也隨之減少，彈簧力量再將空心柱塞向左移，使第二扭力孔滑入套管內，如圖 3-84 所示，這時回油量少，送入噴油器的油壓增加，使引擎能獲得較多的油量，以產生較大的扭力。若繼續增加引擎的負荷，引擎之轉速將繼續降低，使供油泵送來之油壓減少，彈簧再將空心柱塞左推，使第一扭力孔也滑入套筒內，如圖 3-85 所示，其回油量再減少，送入噴油器的油壓又升高，使引擎獲得更大的扭力。

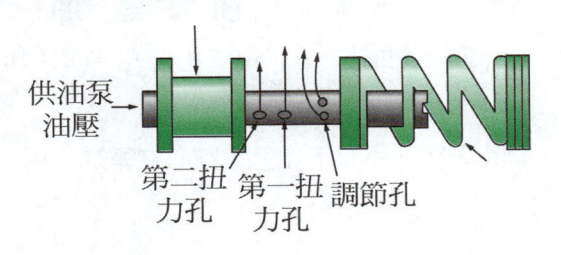

● 圖 3-83　引擎輕負荷時，空心柱塞之位置

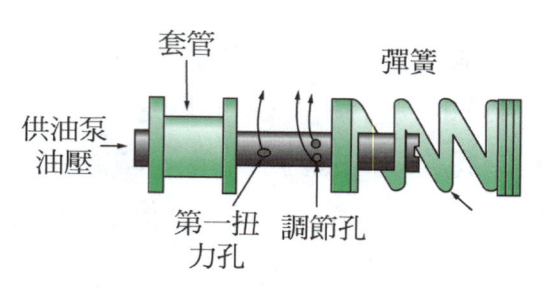

● 圖 3-84　引擎負荷增加時，空心柱塞之位置

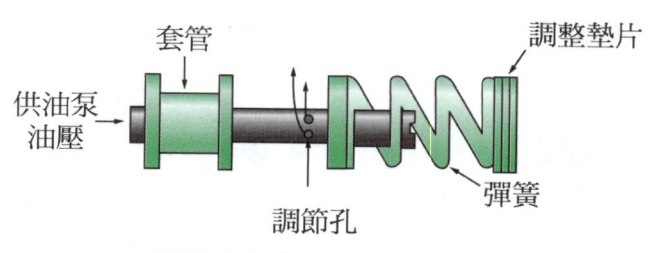

引擎重負荷時空心柱塞之位置

● 圖 3-85　引擎重負荷時，空心柱塞之位置(第一及第二扭力孔被蓋住)

C.回油孔之作用

　　引擎在額定轉速以內時，空心柱塞之回油孔一直被封在套管內，不會發生任何作用。當汽車下坡時，油門軸在關閉位置，停止供油到噴油器，此時引擎被汽車驅動，齒輪式供油泵繼續送油，使油壓升得極高，此油壓將柱塞推至最右方，使回油孔露出套管，如圖 3-86 所示，此時大量的柴油由回油孔流回供油泵之進油端，以防止油壓過高。

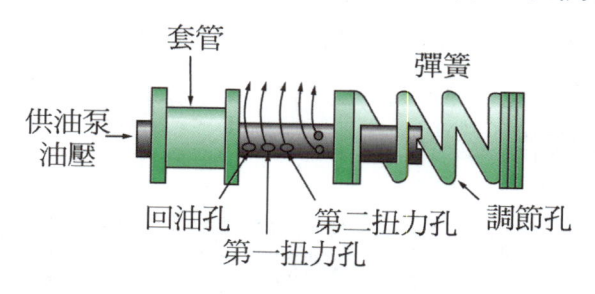

● 圖 3-86　引擎下坡時，空心柱塞之位置

4. 油門軸

　　油門軸連接於加速桿，駕駛者負責控制加速桿使油門軸轉動，以控制流到噴油器的流量。油門軸上有慢車油道和主油道，兩條油道成〝冂〞形，如圖 3-87 所示，在引擎慢車時，油門軸將主油道關閉，柴油僅能由慢車油道流到調速器；當引擎超過規定之慢車轉速後，柴油就由主油道流入調速器。從調速器出來的柴油，再經打開之電磁閥，流入進油歧管，再由進油歧管分流至各缸之噴油器，由噴油器將低壓的柴油加壓成高壓柴油，再噴入汽缸中，多餘的柴油經回油歧管流回油箱。當加速桿被推到全負荷位置時，兩條油道之交接處與燃料泵本體之油孔正好對正，全量的柴油可經油門軸送入調速器。

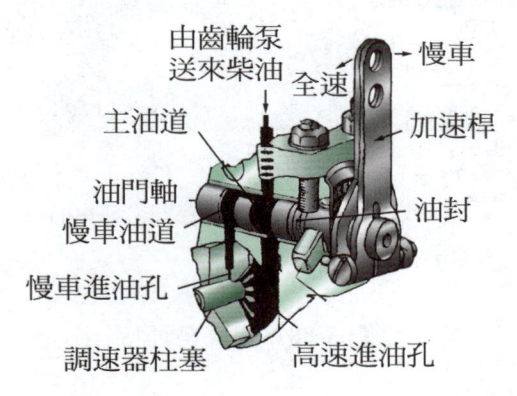

圖 3-87　油門軸

5. 調速器

　　PTR 型燃料泵所使用之調速器有高低速調速器、全速調速器、扭力調速器三種。

⑴高低速調速器

　　此式調速器只控制引擎怠速及最高轉速，在怠速與最高轉速間，則由加速踏板直接控制。在發動引擎時，其轉速很慢，飛重靠攏，彈簧即將調速柱塞推向左方，調速柱塞上的細桿部份，對正慢車油道和主油道，如圖 3-88 所示，此時，由油門軸送來的僅有慢車油道之柴油，並將這些柴油全部送往噴油器，使引擎容易發動。引擎慢速運轉時，若轉速稍高則飛重微張，把調速柱塞推向右方，使慢車油道被蓋住一部份，如圖 3-89 所示，流入噴油器的油量就減少，以維持穩定的慢車轉速。當引擎轉速超過最高速限時，飛重向外張開，將調速柱塞向右推，而將主油道入口全部擋住，此時，由油門軸主油道送來的柴油，因受到阻擋而無法送入調速器，同時調速器內之超速回油道被打開，使遺留的柴油流回供油泵進口端，如圖 3-90 所示，流入噴油器的油壓因而降低，而減少噴入汽缸內之柴油量，以防止引擎超速。

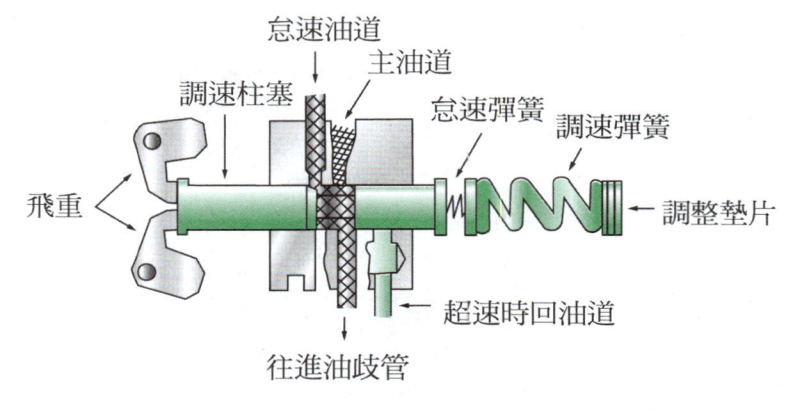

● 圖 3-88　引擎發動時

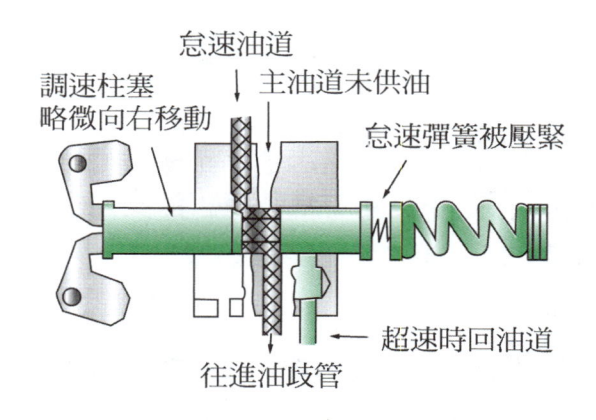

● 圖 3-89　引擎維持慢車時(怠速油道被遮住一部份)

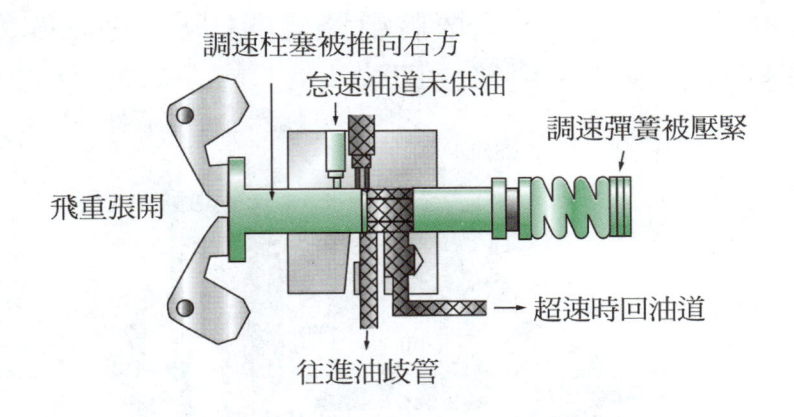

●圖 3-90　超過最高速限時(2)全速調速器

(2)全速調速器

全速調速器能在慢速及最高限速間調速，當引擎負荷改變時，能自動調整供油量，使引擎維持一定之轉速，其作用情形與高低速調速器作用情形近似。

(3)扭力調速器

扭力調速器使用於重型建設機械上，用來操縱極大的負荷。扭力調速器由兩個全速調速器串聯使用，第一個調速器稱為輔助調速器，由扭力變換器傳動。第二個調速器稱為引擎調速器，由引擎傳動。

(二)PTG型燃料泵

PTG型燃料泵內沒有油壓調節器，其送往噴油器的油壓係由調速器來控制。PTG型燃料泵之外形與PTR型極為相似，構造也較簡單，所以現代固敏氏柴油引擎大部份採用PTG型燃料泵。PTG型燃料泵的油壓系統，如圖3-91所示，其柴油的流動流程如下：

油箱→濾清器→齒輪式供油泵→濾網→調速器→油門軸→電磁閥→進油歧管→噴油器。

PTG型燃料泵所裝的調速器與PTR型相同，也有高低速調速器、全速調速器、扭力調速器三種。作用情形與PTR型相似，所以不再描述。其油壓之控制由調速器負責，調速器能依引擎的轉速、負荷及油門軸之位置，適度地控制送往噴油器的油壓，使引擎獲得適當的噴油量。電磁閥供引擎熄火用，只要將引擎開關OFF，電磁閥即將油道關閉，噴油器則沒有噴油，引擎立即熄火。

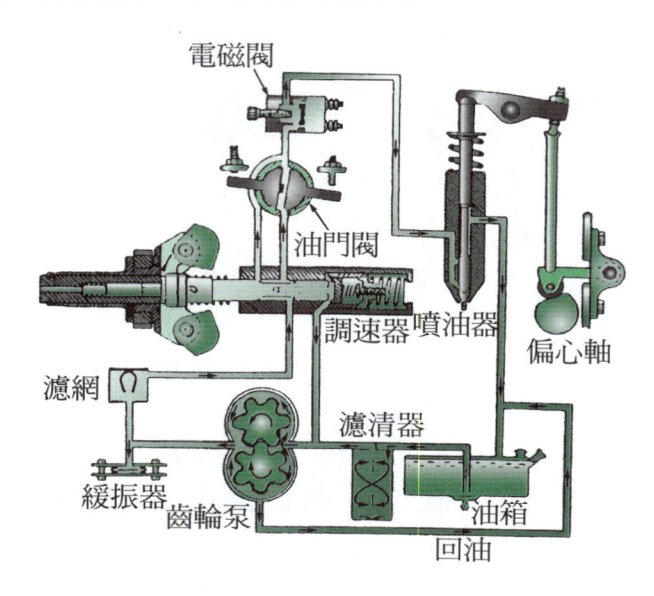

● 圖 3-91　PTG 型燃料泵的油壓系統

（三）噴油器

　　固敏式燃料噴射系統之噴油器，需負責量油、壓油、噴射三項功能。其噴油器可分為凸緣式(Flange Type)與圓柱式(Cylindrical Type)兩種，係採用開式噴油嘴。

　　凸緣式噴射器之構造，如圖 3-92 所示，係由外殼、油針、彈簧、噴油嘴等組成，噴射器的安裝，是利用上面的凸緣，用螺絲將其固定在汽缸蓋上。此式噴油器在油針的下部有一段直徑較細，可使柴油流入噴油器底部；在噴油嘴附近有一量油孔與回油孔，可分別用來控制噴油量與回油量。平時供應的柴油比需要的為多，多餘的柴油可經由油孔流回油箱，不但可以冷卻噴油器，也可以排除油路中之空氣。

　　圓柱式噴油器係使用於在汽缸蓋上已鑽有油道的柴油引擎，其構造如圖 3-93 所示；在噴油器之進油道中裝有鋼珠單向閥，以防止汽缸內之壓縮空氣及高壓柴油倒流入油道內。現以圓柱噴射器來說明其作用情形。

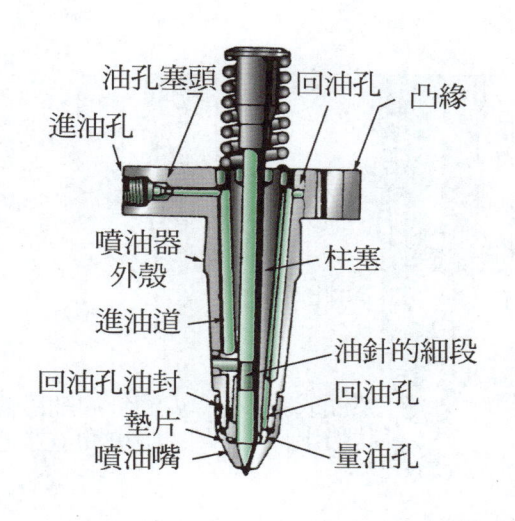

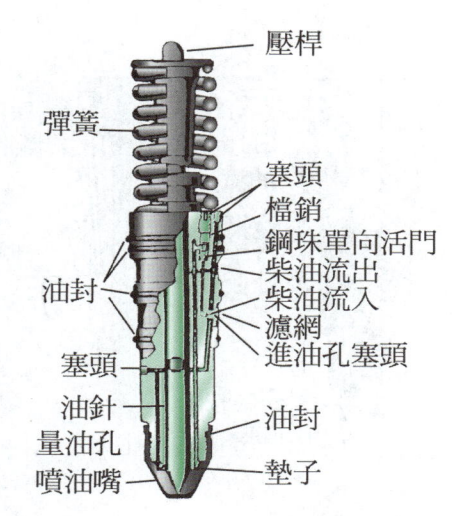

●圖 3-92　凸緣式噴射器　　●圖 3-93　圓柱式噴射器

(1) 量油開始

當引擎在進氣行程和壓縮行程前半段，噴油器彈簧將油針向上推動，使量油孔打開，稱為量油開始，如圖 3-94 之(a)所示，此時，柴油經由鋼珠單向閥、進油道至噴油器底部之噴油嘴內。

(2) 量油結束

當引擎壓縮行程將結束時，引擎凸輪將噴油器油針壓下，在油針蓋住量油孔時，稱為量油結束，如圖 3-94(b)所示，此時，柴油即不再流入噴油嘴。同時，汽缸內之壓縮空氣也會流入噴油嘴之儲油室與柴油混合。

(3) 噴油開始

當油針繼續下行，並將噴油嘴內之柴油加壓，使鋼珠單向閥關閉時，稱為噴射開始，如圖 3-94 之(c)所示，以防止高壓柴油及汽缸內之壓縮空氣倒流入油道內，此時，被升壓的柴油即經噴油嘴的小孔噴入汽缸內。

(4) 噴油結束

當油針下行至油針之細段與回油孔連通時，稱為噴射結束，如圖 3-94(d)所示，柴油又推開鋼珠單向閥，流入進油道，也經由油針細段、回油孔，流回油箱，並達到冷卻噴油器之

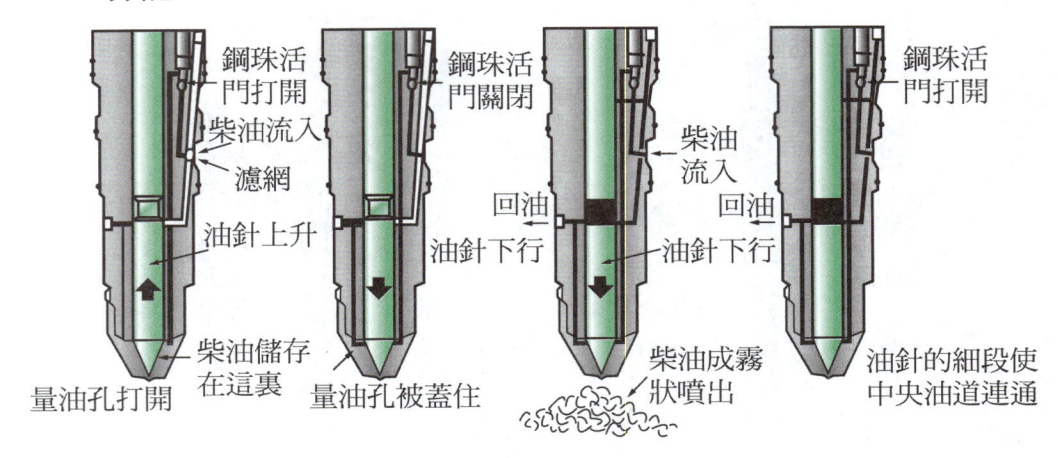

功能。

(a)量油開始　(b)量油結束　(c)噴油開始　(d)噴油結束

● 圖 3-94　圓柱式噴油器之噴油過程

隨堂評量

一、是非題

(　) 1. 低壓分配式噴射系統係由美國固敏式公司所開發。
(　) 2. 低壓分配式之噴射泵又稱為PT泵。
(　) 3. 高壓分配式噴射泵內之所有機件都用柴油潤滑及冷卻。
(　) 4. 低壓分配式噴射泵系統之量油係依噴射器之噴射壓力高低與燃料流動時間來決定。
(　) 5. PTR噴射泵不設調速器，其油壓係由壓力調節器負責調節。
(　) 6. 低壓分配式噴射系統係採用齒輪式供油泵。
(　) 7. PTR噴射泵之油壓調節器的調節孔未露出時，供油泵送來之油量會全部流入油門軸。
(　) 8. PTG噴射泵之油壓係由調速器負責調節。
(　) 9. 低壓分配式噴射系統之噴射器係由噴射泵之凸輪軸產生壓油之作用。
(　) 10. 低壓分配式噴射器係採用閉式噴油嘴。
(　) 11. 低壓分配式噴射系統的噴油器須負責量油、壓油、噴射之作用。

(　) 12. 引擎在進行壓縮時，少量壓縮空氣會進入噴油器之儲油室內與柴油混合。

二、問答題

1. 低壓分配式之燃料系統具有那些功能？
2. PTR 噴射泵之油壓調節器須具有那些功能。
3. 說明固敏式噴射器之作用情形。

3-6　單式高壓噴射系統

單式高壓噴射系統為美國通用汽車公司(General Motor Company簡稱 GMC)所生產，使用於展開室式燃燒室之二行程柴油引擎，此系統之噴油器必須負責量油、壓油、噴射之工作，所以也稱為全能噴油器，但其構造又與低壓分配式(固敏式)所使用之噴油器完全不同。

單式高壓噴射系統之優點是不必使用複雜的噴射泵，系統中所有的量油、壓油、噴射都集中在一個噴油器內完成；如果噴油器發生故障，可以迅速換裝一個新的噴油器，使引擎的維護檢修較為簡化，因此廣受軍用車輛使用。

單式高壓噴射系統，如圖 3-95 所示，其燃料流程如下：

油箱→第一濾清器(粗濾)→供油泵→第二濾清器→(精濾)→汽缸蓋中進油歧管→進油管→噴油器→噴入汽缸。
　　　　　　　　↳回油管→汽缸蓋中之回油歧管→油箱

單式高壓噴射系統之供油泵係採用齒輪式，由機械式增壓器之驅動軸驅動；供油泵之送油量遠超過噴油器之需要量，多餘之柴油可經噴油器後流回油箱。這些多餘的柴油不但具有冷卻噴油器之功能，並可將混在油路中之空氣送回油箱，以免影響噴油量。為了維持油道中之壓力，在汽缸蓋的回油道中，裝置了一個 0.08 吋的限制孔。有些柴油引擎，在第一濾清器和油箱間，裝設一個單向活門，以防止引擎熄火後，油路中之柴油倒流回油箱。

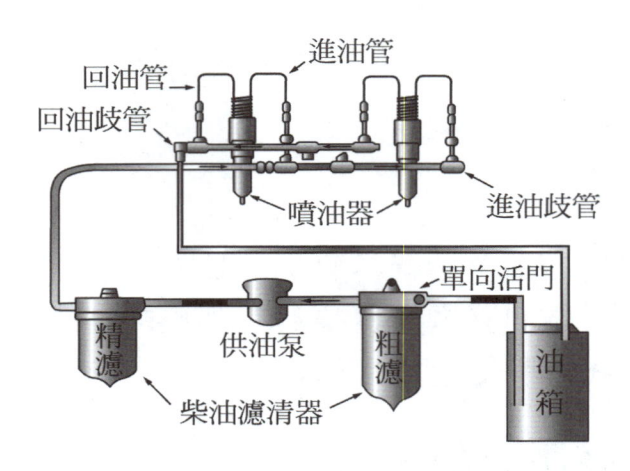

○圖 3-95　單式高壓噴射系統

一、噴油器的構造

　　單式高壓噴射系統之噴油器的構造，如圖 3-96 所示，係由油泵柱塞、柱塞筒（齒桿、噴油嘴等組成；柱塞與柱塞筒之作用與複式高壓噴射系統相似，不但可用於壓油，也可用於量油，以控制引擎之轉速。依噴油嘴之構造不同來分，有閥式噴油器與針式噴油器兩種；如圖 3-96 之(a)所示為閥式噴油器，其噴油嘴係採用單向閥控制；如圖 3-96 之(b)所示為針式噴油器，其噴油嘴係採用油針控制，兩者之噴油嘴皆為閉式。

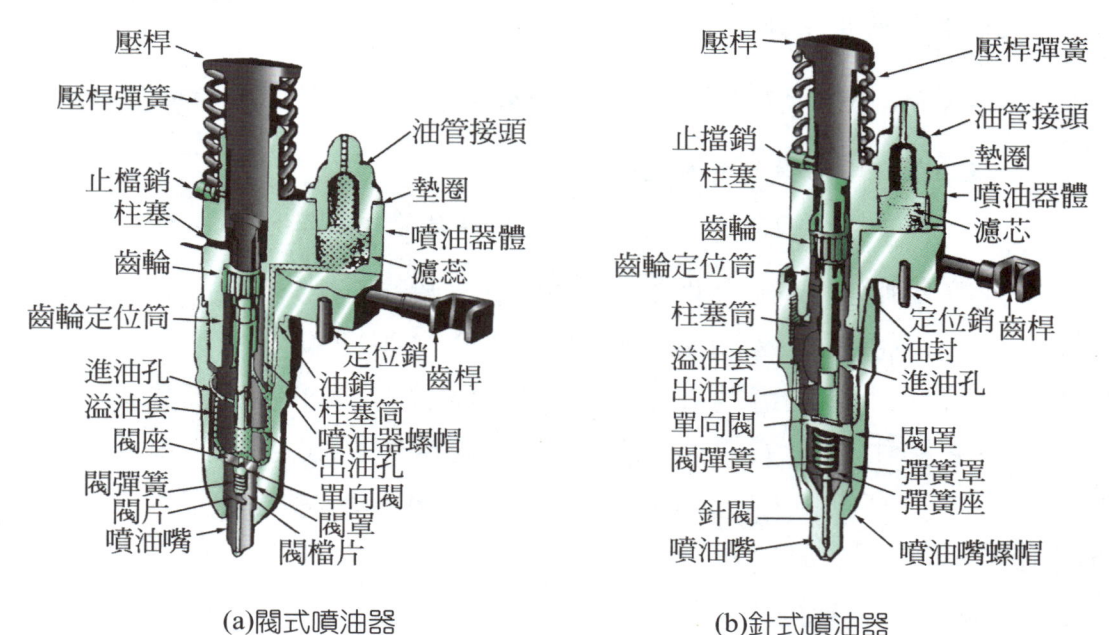

(a)閥式噴油器　　　　　　　(b)針式噴油器

○圖 3-96　單式高壓噴射系統之噴油器的構造

在噴油器之油泵柱塞上方，其側面有一部份的圓弧被磨平，正好套入控制齒輪內，如圖 3-97 所示，每當控制齒輪轉動時，就能帶動柱塞轉動，以改變噴油量，而控制齒輪又與齒桿相嚙合，所以當左右拉動齒桿時，就可以改變噴油量。

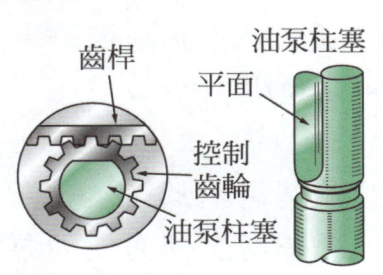

●圖 3-97 油泵柱塞與控制齒輪

噴油器係安裝在汽缸蓋上，由引擎之凸輪軸操作，如圖 3-98 所示，當凸輪軸之凸輪的高峰部份向上轉動，會將推桿往上推，經搖臂改變運動方向後，將油泵柱塞向下壓，產生壓油之作用。當凸輪之高峰轉過後，柱塞受彈簧之張力，即恢復至原來之位置。

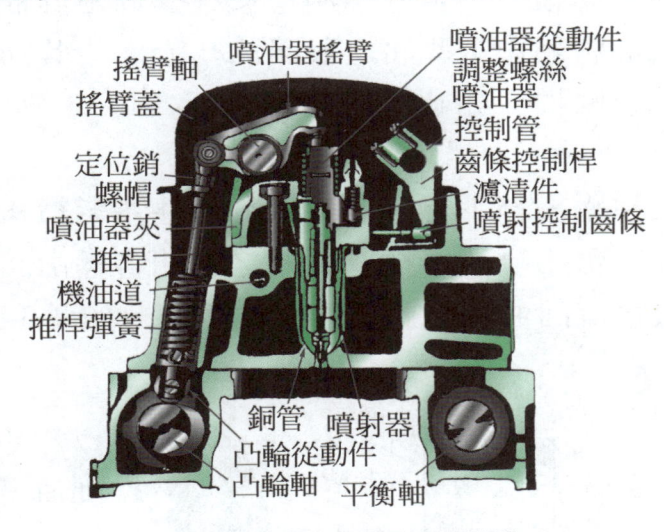

●圖 3-98 噴油器之安裝與操作

二、噴油器的作用

(一)噴油器之噴射過程

單式高壓噴射系統之噴油器的噴射過程，如圖 3-99 所示，包括進油時期、噴油開始、噴油結束、回油時期等。

1. 進油時期

當凸輪軸之凸輪轉至最低點位置時,壓桿彈簧會將壓桿和油泵柱塞頂起,當柱塞之控制槽與柱塞筒之進油孔會合時,由供油泵送來的低壓油,即經由柱塞筒上面之進油孔,流經柱塞之控制槽、T型油道,最後流到柱塞下面之噴油嘴,此稱為進油時期,如圖3-99之(a)所示。

2. 噴油開始

當凸輪軸之凸輪轉過基圓後,會漸漸將推桿上推,經由搖臂作用,而克服壓桿彈簧之彈力使油泵柱塞向下移動,在柱塞之控制槽通過柱塞筒之進油孔後,柴油即不能再進入柱塞內,此時,在柱塞筒上的回油孔仍被柱塞之圓柱體蓋住,使柱塞筒內之柴油被壓縮。柱塞繼續下行,當油壓升高至大於噴油嘴之彈簧彈力,油針上提,柴油立即噴入汽缸,如圖3-99之(b)所示。

3. 噴油結束

當柱塞繼續下行至其控制槽與柱塞筒之回油孔接觸時,柱塞內的柴油會經由T型油道和回油孔流出,其油壓立即降低,噴油器停止噴油,如圖3-99之(c)所示。

4. 回油時期

油泵柱塞繼續下行,此時,雖然柱塞繼續移動,但因柴油不被壓縮,仍不噴油,柱塞筒內之柴油會經由回油孔流入回油歧管,最後流回油箱,此稱為回油時期。如圖3-99之(d)所示。

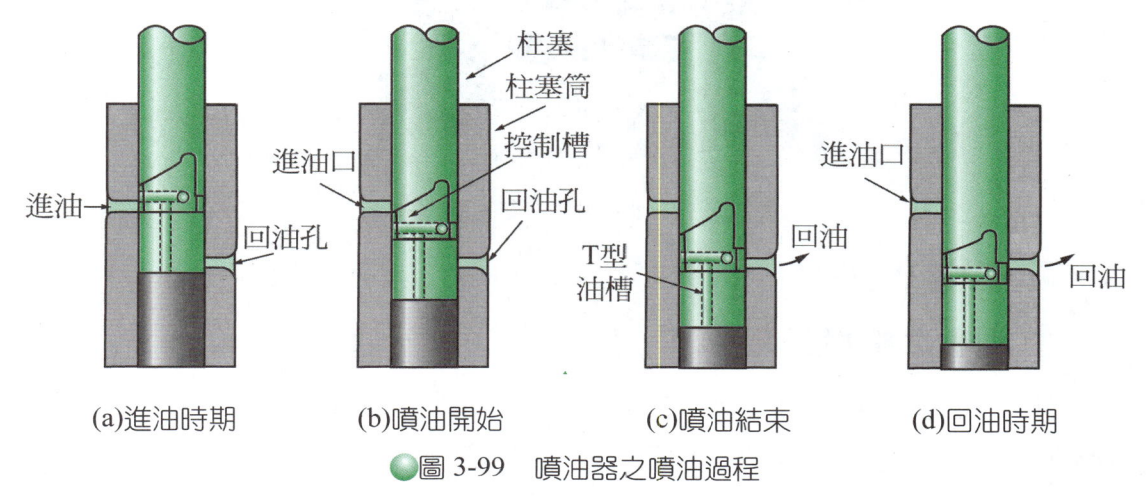

(a)進油時期　　(b)噴油開始　　(c)噴油結束　　(d)回油時期

圖3-99　噴油器之噴油過程

（二）噴油器之噴油量控制

單式高壓噴射系統之噴射器的噴油量仍由齒桿控制；當移動齒桿時，可經由控制齒輪使油泵柱塞旋轉，以改變柱塞之控制槽與進油孔、回油孔之位置，改變柱塞之有效行程，控制其噴油量。

1. 噴射量為零

當柱塞轉至如圖 3-100 之(a)所示的位置時，在柱塞下方之圓柱體雖已蓋住回油孔，但進油孔仍未封閉，所以無高壓油產生，其噴射量為零(有效行程為零)，此時引擎熄火。

2. 少量噴射量

將柱塞向右轉動少許，如圖 3-100 之(b)所示的位置，當柱塞之控制槽離開進油孔時，柱塞下面之圓柱體早已將回油孔蓋住，在柱塞筒內的柴油可以被壓縮，噴油器有柴油噴出，但回油孔很快就露出，而停止噴油，其有效行程較短，噴射量較少。

3. 中量噴射量

繼續將柱塞向右轉動至如圖 3-100 之(c)所示的位置，其進油孔被關閉後，回油孔經一段時間才露出，其有效行程增加，噴射量較多。

4. 全負荷噴射量

將柱塞繼續向右轉到底，如圖 3-100 之(d)所示的位置，此時柱塞要下行一段很長的距離後回油口才露出，其有效行程變長，噴油量增加，可供全負荷運轉之需要。

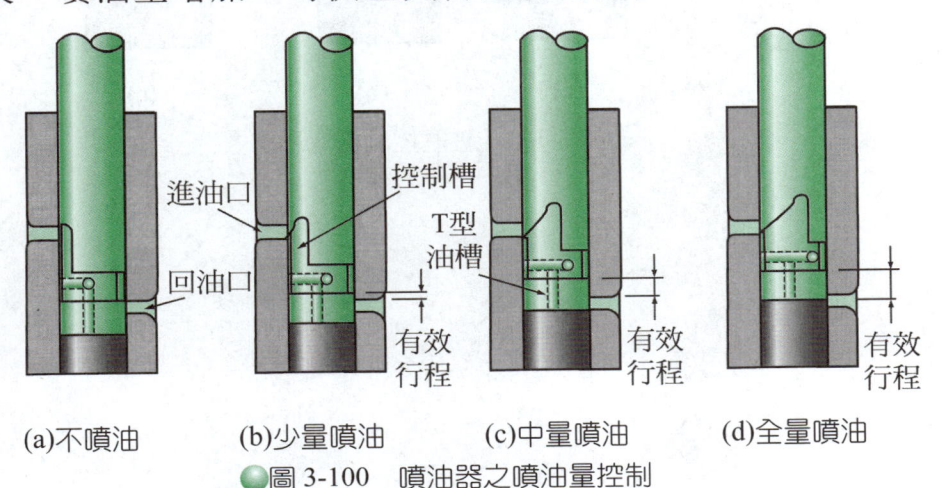

(a)不噴油　　(b)少量噴油　　(c)中量噴油　　(d)全量噴油

圖 3-100　噴油器之噴油量控制

(三) 噴油器之噴射時間控制

單式高壓噴射系統之噴油器的噴油時間早晚，可由柱塞之控制槽的形狀來決定；油泵柱塞之控制槽上緣係用來控制開始噴油時間之早晚，控制槽愈低，其噴油時間愈早，噴油量愈多；控制槽下緣係用來控制結束噴油時間之早晚，控制槽愈低，愈容易使出油口露出，其結束噴油時間愈早。

單式高壓噴射系統之噴油器的油泵柱塞，依控制槽形狀有三種形式，如圖 3-101 所示：

1. 如圖 3-101 之(a)所示之控制槽形狀，其開始噴油時間隨噴油量增加而提早，結束噴油時間，隨噴油量增加而提早。
2. 如圖 3-101 之(b)所示之控制槽形狀，其開始噴油時間隨噴油量增加而提早，結束噴油時間則固定不變。
3. 如圖 3-101 之(c)所示之控制槽形狀，其開始噴油時間隨噴油量增加而提早，結束噴油時間卻隨噴油量增加而變晚。

在換裝新的油泵柱塞時，一定要仔細的和舊的油泵柱塞比較，確定控制槽形狀相同後，才可更換，否則會使引擎運轉不平穩。

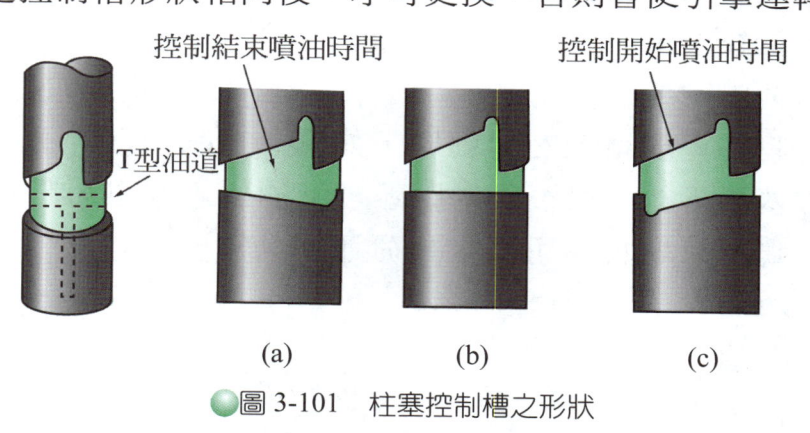

● 圖 3-101　柱塞控制槽之形狀

隨堂評量

一、是非題

( ) 1. 單式高壓噴射系統係由美國通用汽車所開發。
( ) 2. 單式高壓噴射系統之供油泵係採用齒輪式。
( ) 3. 單式高壓噴射系統之噴射器屬於全能式噴射器。
( ) 4. 單式高壓噴射系統之噴射器係採用開式噴油嘴。
( ) 5. 單式高壓噴射系統之噴射器係由引擎之凸輪軸負責操作。
( ) 6. 單式高壓噴射系統之噴射器的柱塞筒僅設有一個進出油孔。
( ) 7. 單式高壓噴射系統之油泵柱塞的控制槽上緣係用來控制噴射結束時間。
( ) 8. 單式高壓噴射系統之油泵柱塞的控制槽下緣愈低，表示噴射開始時間愈晚。

二、問答題

1. 說明單式高壓噴射系統之噴射器的構造與作用特性。
2. 單式高壓噴射系統之噴射器的噴射時間如何控制？

3-7 噴油器的功用、構造與工作情形

一、噴油器的功用

噴油器又稱噴射器(Injector)，其主要的功用係負責將高壓柴油以最佳的霧化狀態與噴射角度噴入燃燒室內，使霧化的柴油能與壓縮空氣充份混合，以達到完全燃燒，使引擎獲得較佳的動力。

二、噴油器應具備的條件

噴油器之性能好壞，會直接影響到引擎的運轉狀態；所以，一個好的噴油器必須具備有霧化佳、貫穿力強、噴射角度適當及噴射開始與結束均要迅速之條件。

1. 霧化佳

　　霧化能力佳的噴油器,可使噴入燃燒室之油粒較小,使油粒易吸收壓縮熱而汽化、燃燒,可縮短著火遲延時期,以減少狄塞爾爆震。影響油粒大小之因素有:

(1) 柴油粘度:粘度愈小的柴油,經噴油器噴出後,其油粒愈小。
(2) 噴射壓力:噴射壓力愈高,其柴油噴出後,油粒愈小。
(3) 噴油孔直徑:噴油孔之直徑愈小,其柴油噴出後,油粒愈小。
(4) 壓縮壓力:汽缸內之壓縮壓力愈高,表示空氣密度愈大,由噴油器噴出之柴油油粒與壓縮空氣之摩擦力愈大,其油粒愈小。

2. 貫穿力強

　　噴入燃燒室之柴油粒子若具有較強的貫穿力,較能穿透壓縮空氣層,與空氣均勻混合,使柴油能獲得完全燃燒。影響貫穿力的因素有:

(1) 柴油比重:比重愈大的柴油,其油粒愈重,貫穿力愈強。
(2) 噴射壓力:在規定範圍內,噴射壓力愈高,油粒之貫穿力愈強,但若超過一定限度後,油粒會變得太小,反而使貫穿力降低。
(3) 噴油孔直徑:噴油孔之直徑愈大,油粒愈粗,其貫穿力愈強。
(4) 壓縮壓力:汽缸內之壓縮壓力愈高,表示空氣密度愈大,油粒與壓縮空氣之摩擦力愈大,其貫穿力愈小。

3. 噴射角度適當

　　從噴油器噴出的柴油,其噴射角度必須配合燃燒室之形狀,使噴出的柴油能均勻分配至整個燃燒室中,使柴油能與燃燒室中的空氣均勻混合。

4. 噴射開始與結束要迅速

　　噴油器的噴射結束要迅速,才不會產生滴油的現象,以減少排放黑煙及燃燒室積碳。

三、噴油器的構造

噴油器之構造，如圖 3-102 所示，包括噴油嘴架與噴油嘴。

(一)噴油嘴架(Nozzle Holder)

噴油嘴架係負責將噴油嘴，噴油嘴彈簧(壓力彈簧)、推桿、壓力調整墊片(或調整螺絲)等組合在一起，並安裝在引擎之汽缸蓋上；在噴油嘴架上有進油口與回油口，有些噴油架在進油口處設有一根濾棒，用來過濾欲流入噴油嘴之雜質，以防止噴油嘴磨損。在引擎運轉中，噴油器有回油時為正常現象，其回油能潤滑與冷卻噴油嘴。但回油量若過多，則表示噴油嘴有過度磨損之現象。

噴油嘴係裝於噴油嘴架之下端，在噴油嘴架上方再以壓力彈簧經推桿壓往噴油嘴油針；當調整彈簧彈力，即可改變噴射壓力；依其調整方式有墊片調整式與螺絲調整式兩種。若將墊片增加或將螺絲鎖入，則彈簧彈力增強，其噴射壓力增加；反之，將墊片減少或將螺絲旋出，則彈簧彈力減弱，其噴射壓力降低。每調整一片 0.05mm 之墊片，其噴射壓力約改變 $6kg/cm^2$。

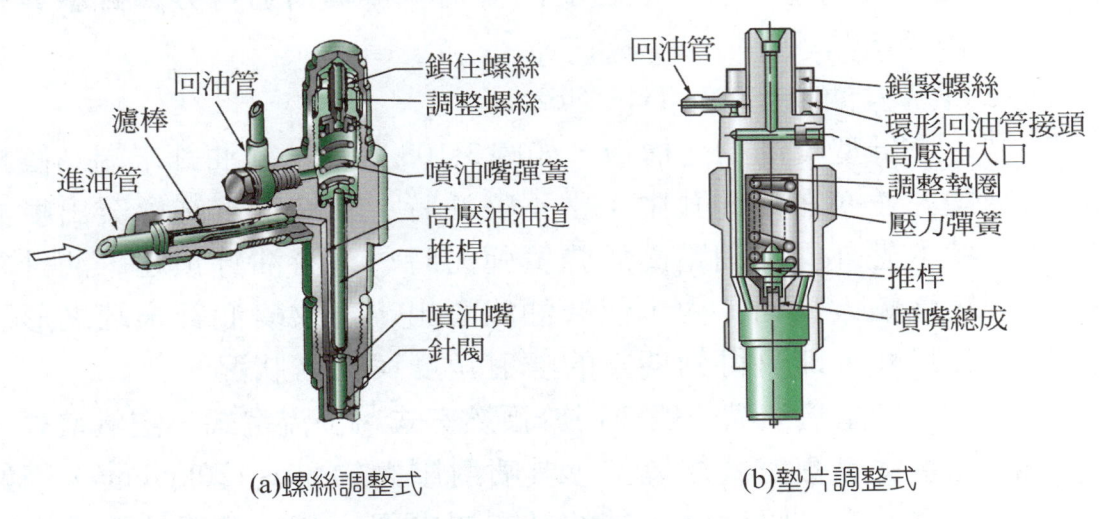

(a)螺絲調整式　　(b)墊片調整式

圖 3-102　噴油器之構造

(二)噴油嘴(Nozzle)

噴油嘴依其構造與作用來分，可分為開式噴油嘴與閉式噴油嘴兩種。

1. 開式噴油嘴(Open Type Nozzle)

開式噴油嘴係使用於固敏式噴射系統(低壓分配式噴射系統)之噴油器，在噴油器內裝有精密的油泵柱塞組，其末端有一油杯，在油杯上有油孔；在進氣行程時，低壓柴油會進入油杯內，壓縮行程後，油杯內之柴油量不變，但少量壓縮空氣會由油孔進入油杯內與柴油預先混合，使油杯內之柴油能吸收到壓縮熱而完成預熱。

2. 閉式噴油嘴(Close Type Nozzle)

閉式噴油嘴，其油針與閥體為精密配合之機件，若有磨損，應成套更換。在油針上方裝有壓力彈簧，使油針能經常將噴油孔關閉，使油道不與汽缸相通；只有在噴射泵送來的高壓油高於壓力彈簧時，油針才會升高，將噴油孔打開，使柴油噴入汽缸。閉式噴油嘴使用於複式高壓噴射系統、高壓分配式系統及單式高壓噴射系統之噴油器內。依其構造可分為針型與孔型兩種。

(1) 針型噴油嘴(Pintle Type Nozzle)

針型噴油嘴之構造，如圖3-103所示，其油針末端為圓柱體，並塞在噴油孔中；當不噴油時，其油針末端會突出噴油嘴本體外；當油壓高於彈簧彈力時，會將油針頂起，油針末端會縮入噴油孔內，使柴油能噴出。若改變油針末端之形狀及尺寸，即可得到期望的噴射角度與噴霧狀況。

針型噴油嘴一般使用於預燃室式、渦流室式、空氣室式、能量室等複室式燃燒室，其噴射壓力約80～120kg/cm^2，因針型噴油嘴在噴射時，其油針末端之圓柱體會在噴油孔內上下運動，所以具有不易積碳之優點。

第三章　燃料系統

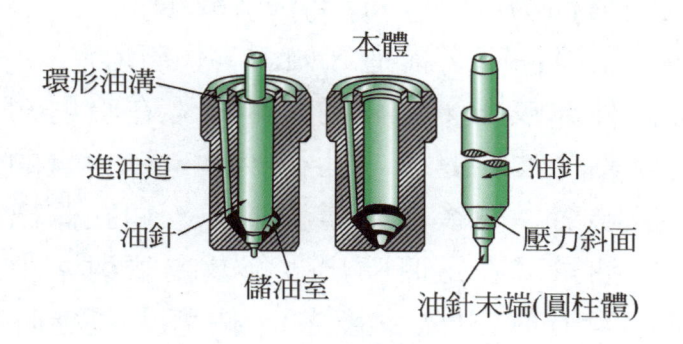

●圖 3-103　針型噴油嘴之構造

　　針型噴油嘴依其作用特性可分為標準型、圓筒型、節流型、輔助油孔型等四種。

①標準型噴油嘴(Standard Type Nozzle)

　　標準型噴油嘴之構造，如圖 3-104 之(a)所示，其噴油嘴本體突出噴油嘴架較多。因燃燒室設計的形狀不同，所須的噴霧狀況與噴射角度也不同，所以，依噴油嘴之油針粗細與末端形狀，又分為 S、T、U、V、W 等多種。

②圓筒型噴油嘴

　　圓筒型噴油嘴之構造與標準型相似，但其噴油嘴體突出噴油嘴架較少，如圖 3-104 之(b)所示；因噴油嘴與噴油嘴架之接觸面積較多，其散熱較佳；所以，若裝用標準型噴油嘴，而發生噴油嘴有過熱現象(噴油嘴體有藍色痕跡)，可建議改用圓筒型噴油嘴。

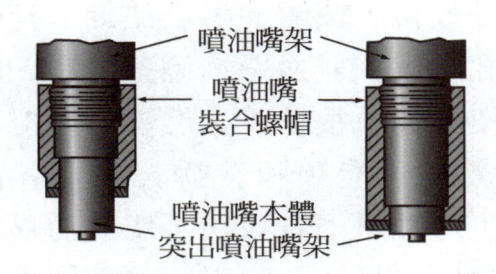

(a)標準型噴油嘴　　(b)圓筒型噴油嘴

●圖 3-104　標準型和圓筒型針型噴油嘴之比較

③節流型噴油嘴(Throttling Type Nozzle)

　　節流型噴油嘴之構造，如圖3-105所示，，其油針末端突出本體外部較多，且分兩個階段；在噴射初期，油針只上升一點點，油孔露出之孔徑較小，僅少量的柴油噴出，稱為先導噴射；隨後油針繼續上升，油孔露出之孔徑較大，主要的油量就在這時噴出，稱為主噴射。由於節流型噴油嘴能控制噴射率(先少後多)，使著火遲延時期之噴射量減少，以減少狄塞爾爆震。節流型噴油嘴一般使用於預燃室式燃燒室。

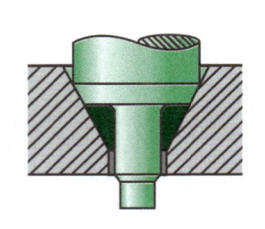

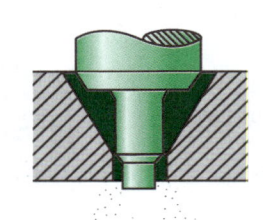

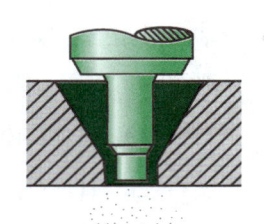

(a)關閉　　　　　　(b)少量噴射　　　　　(c)多量噴射
●圖 3-105　節流型噴油嘴之構造與作用

④輔助油孔型噴油嘴(Pintaux Nozzle)

　　輔助油孔型噴油嘴為英國CAV公司所製造，使用於渦流室式；其構造如圖3-106所示，係在針型噴油嘴之末端另設一個輔助油孔，又稱混合型噴油嘴。

　　輔助油孔型噴油嘴在引擎起動時，因引擎轉速慢，噴射泵產生之油壓上升較慢，使噴油嘴之油針上升較少，大部份的柴油會從輔助油孔噴出，並通過燃燒室中心，因燃燒室中心之空氣溫度較高，使柴油會很快著火燃燒，以提高起動性，使該引擎不須使用預熱塞也能順利發動。當引擎發動後，因轉速較快，噴射泵產生之油壓上升較快，使噴油嘴之油針上升較多，大部份的柴油會由主噴油孔噴出，並沿切線方向噴入旋轉的空氣中，使柴油與空氣能充份混合，讓引擎能獲得最佳的運轉性能。

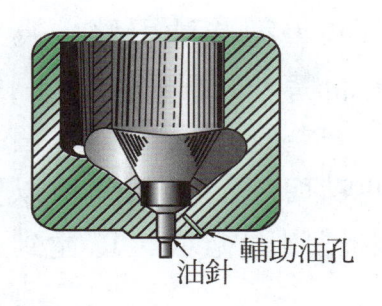

● 圖 3-106　輔助油孔型噴油嘴之構造與作用

(2) 孔型噴油嘴(Hole Type Nozzle)

孔型噴油嘴之構造，如圖 3-107 所示，其油針末端為圓錐形，不露出噴油孔外；噴油孔係依燃燒室形狀來設計，有單孔式與多孔式，其噴油孔最多達 12 個孔，噴油孔之直徑最小為 0.2mm，每增加 0.05mm 為一型，以 S、T、U、V、W 等字母來區別。

孔型噴油嘴之噴射壓力約 150～300kg/cm^2，其噴射角度較針型噴油嘴為廣，霧化能力也較針型噴油嘴為佳；但因其噴油孔長期暴露在燃燒室中，較容易因積碳而阻塞。

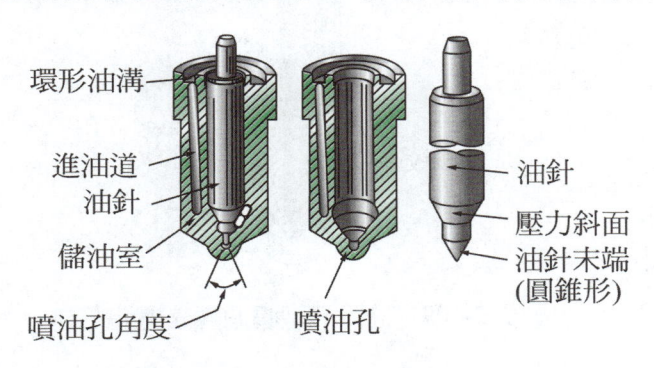

● 圖 3-107　孔型噴油嘴之構造

孔型噴油嘴依其作用性能可分為標準型、長桿孔型與油冷孔型等三種。有些柴油引擎將噴油嘴設計在兩支汽門中間，其裝置的空間較為狹小，或為了防止噴油嘴過熱，而裝置長桿孔型噴油嘴；長桿孔型噴油嘴之構造，如圖 3-108 之(b)所示，其噴油嘴本體突出噴油嘴架較少，散熱較快，較不易造成過熱現象。有些重型柴油引擎，為了防止噴油嘴過熱，而採用油冷孔型噴油嘴，其構造如圖 3-109 所示，在噴油嘴本體上有三個油孔，一為進油孔，另二個孔為冷卻油之進油孔與回油孔；在噴油嘴與噴油嘴架間係以雙螺旋連結，使冷卻油能在噴油嘴之本體周圍循環，以達到冷卻的作用，防止噴油嘴過熱。

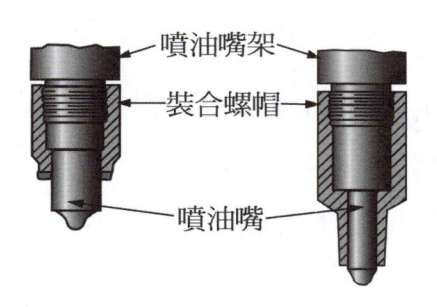

(a)標準型　　(b)長桿孔型

●圖 3-108　標準型與長桿孔型之孔型噴油嘴之比重

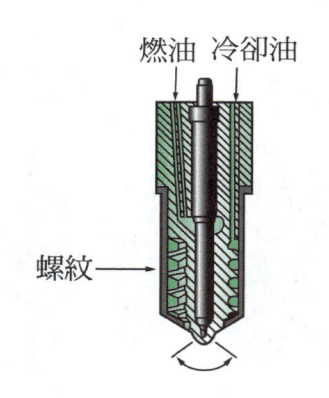

●圖 3-109　油冷孔型噴油嘴之構造

隨堂評量

一、是非題

(　) 1. 霧化佳之噴油器可縮短著火遲延時期，以減少狄塞爾爆震。
(　) 2. 噴射壓力愈高時，噴出的油粒愈大。
(　) 3. 汽缸之壓縮壓力愈高，噴油器噴出的油粒會愈小。
(　) 4. 噴射壓力愈高時，油粒子的貫穿力愈強。
(　) 5. 噴油器的噴射開始要迅速，才不會產生滴油的現象。
(　) 6. 調整噴油器之彈簧彈力可改變噴射壓力。
(　) 7. 引擎運轉中噴油器若有回油時，為不正常現象。
(　) 8. 噴油器內之調整墊片每增減 0.05mm，其噴射壓力會改變 6kg/cm²。
(　) 9. 開式噴油嘴都使用於固敏式噴射系統之噴油器。
(　) 10. 閉式噴油嘴須利用機械力量與彈簧來操作油針之開閉。
(　) 11. 針型噴油嘴其油針末端為圓錐形，且突出於噴油嘴本體外。
(　) 12. 針型噴油嘴都使用於複室式燃燒室。
(　) 13. 圓筒型噴油嘴比要準型噴油嘴具有較佳之散熱效果。
(　) 14. 節流型噴油嘴在噴射時是先多後少，以減少狄塞爾爆震。
(　) 15. 節流型噴油嘴一般使用於預燃室式燃燒室。
(　) 16. 輔助油孔型噴油嘴係使用於渦流室式燃燒室。
(　) 17. 輔助油孔型噴油嘴在起動引擎時，僅有少量的柴油從輔助油孔噴出，以提高冷車起動性。
(　) 18. 孔型噴油嘴之噴射壓力約 80～120 kg/cm²。
(　) 19. 孔型噴油嘴之霧化能力較針型噴油嘴為佳。
(　) 20. 油冷孔型噴油嘴都使用於重負荷柴油引擎，係利用柴油來冷卻。

二、問答題

1. 良好的噴油器須具備那些條件？
2. 說明針型噴油嘴之特性與種類。
3. 說明孔型噴油嘴之構造與種類。
4. 說明輔助油孔型之作用特性。

3-8 正時裝置的功用、構造與工作情形

一、正時裝置的功用

正時裝置的功用，是使噴射泵能依引擎之轉速變化，而調整適當的噴油時間，使燃料能在上死點後 10°～20° 燃燒完畢，讓燃燒壓力能充份被利用，以提高引擎馬力。因為在柴油被噴入汽缸時，並未立即燃燒，而是需經過著火遲延時期後，才開始燃燒，且需經過一定的時間，才會燃燒完畢(約千分之 3～5 秒)，在此時間內，引擎轉速愈快，曲軸轉動的角度愈多，更需將噴油時刻提早，使柴油能有充份的時間燃燒。此種裝置在噴射泵上，且能依引擎轉速變化而適當調整噴油時間的機械即稱為正時裝置或稱正時器。

二、正時器的種類、構造與作用

正時器依其作用方式來分，可分為機械式與液壓式兩大類，液壓式正時器使用於高壓分配式噴射系統，而機械式正時器則使用於複式高壓噴射系統。機械式正時器可分為手動式與自動式兩種。

(一) 手動式正時器 (Manual Timer)

手動正時器是引擎驅動軸與噴射泵凸輪軸間的一個特殊接頭，其構造如圖 3-110 所示，在正時器中有一支空心軸，用鍵和噴射泵凸輪軸相接，在空心軸之外部，製有螺旋槽而嵌入撥圈中；在撥圈的另一端嵌入一只傳動凸緣，引擎動力即由傳動凸緣經由撥圈、空心軸而傳入噴射泵之凸輪軸。

手動正時器上之正時桿，係連接在加速踏板上，當踩下踏板，噴油量增加，轉速升高時，正時桿即向前撥動，使撥圈沿著軸之方向移動，由於空心軸螺旋槽之作用，使噴射泵之凸輪軸隨著一同旋轉一個角度，而將噴油時間提前；當放鬆踏板，引擎轉速降低時，因正時桿向後撥動，使撥圈移動，空心軸使噴射泵退回一些角度，而使噴油時間延後。一般手動正時器，可使噴射泵提早 8°～12° 噴油，相當於引擎曲軸角度 16°～24°。

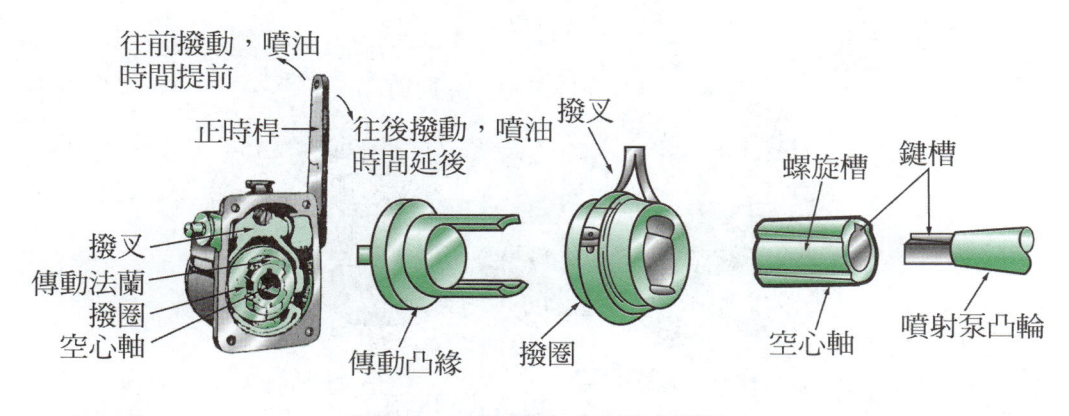

●圖 3-110　手動正時器之構造

(二)自動正時器(Auto-Timer)

　　自動正時器在引擎轉速變化時，主要係利用二只飛重旋轉時所產生之離心力，與正時彈簧之張力相平衡時，來改變引擎驅動軸與噴射泵凸輪軸之相關位置，以自動調整噴射泵最適當的噴油時間，使燃料之燃燒熱能可以充份被利用。

　　自動正時器之構造，如圖 3-111 所示，包括飛重、飛重托架、正時彈簧、傳動凸緣、外殼等。在飛重托架上有一鍵槽與噴射泵凸輪軸之鍵固定，使托架能帶動凸輪軸旋轉；在托架上有兩支飛重固定銷，用以支承飛重，飛重被傳動凸緣蓋住，而傳動凸緣有兩支傳動腳，和連結器相嵌合，在傳動凸緣之內面有兩只凸出之傳動銷，以支承正時彈簧活動端之用，傳動銷即因正時彈簧之張力，壓緊在飛重之曲面上。引擎的動力即經傳動凸緣、正時彈簧、飛重固定銷，而傳至飛重托架，使飛重托板與噴射泵之凸輪軸能跟隨引擎運轉。

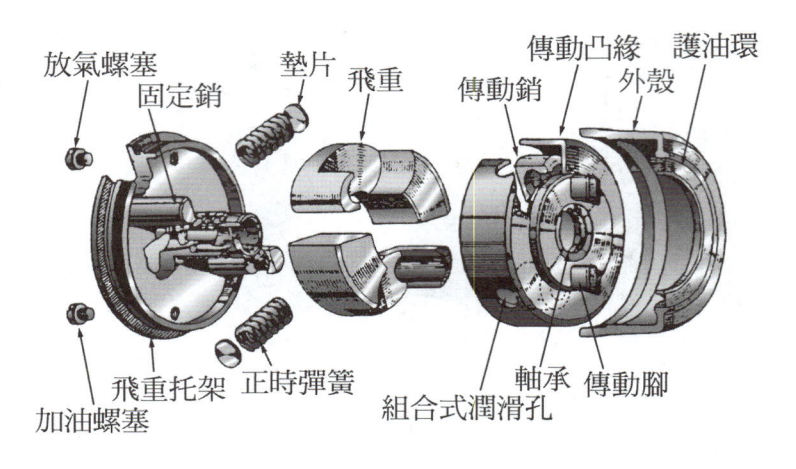

● 圖 3-111　自動正時器之構造

　　當引擎靜止時，飛重向內縮，傳動凸緣上之傳動銷B，會抵住飛重曲面之外端，如圖 3-112(a)所示。當引擎以高速運轉時，飛重因離心力作用而向外張開，傳動凸緣上之傳動銷B，會抵住飛重曲面之內端，將正時彈簧壓縮，如圖 3-112(b)所示，使飛重托架與噴射泵凸輪軸朝旋轉方向移動一個角度，使噴油提前。提前角度之大小，則依飛重之離心力與正時彈簧之彈力而定。一般正時器最大提前角度約 5～10°，相當於曲軸角度 10°～20°。若增加正時彈簧之墊片厚度，使正時彈簧彈力增強，則噴射時間會變晚；反之，若減少正時彈簧之墊片，使正時彈簧彈力減弱，則噴射時間會變早。

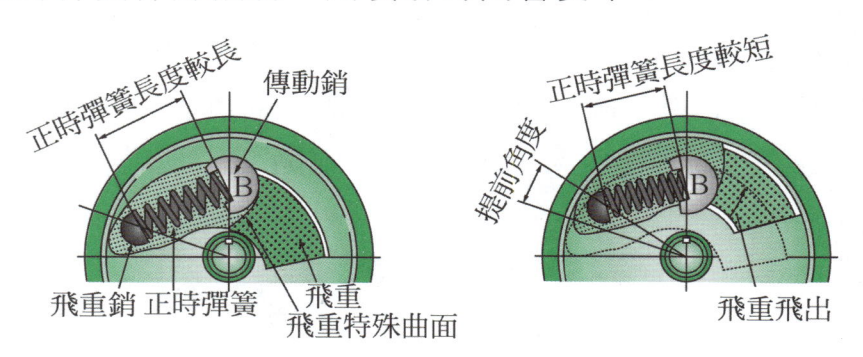

(a)引擎靜止時，正時彈簧長度較長　　　(b)引擎高速運轉時，正時彈簧長度較短

● 圖 3-112　自動正時器之作用

隨堂評量

一、是非題

(　) 1. 能依引擎轉速變化而適當調整噴射時間的是正時器。
(　) 2. 手動正時器可以使噴射泵提早 8～12° 噴油。
(　) 3. 直列式噴射系統之正時器係裝在噴射泵之後端。
(　) 4. 將手動正時器上之正時桿往引擎方向撥動，其噴射時間會延後。
(　) 5. 正時器之正時彈簧被壓縮時，其噴射時間會提早。
(　) 6. 當正時器之飛重托架使噴射泵凸輪軸朝旋轉方向轉動時，其噴射時間會提早。
(　) 7. 自動正時器所提前之角度約曲軸轉角 10～20°。
(　) 8. 若增加正時彈簧之墊片厚度，則噴射時間會提早。

二、問答題

1. 說明正時裝置的功用。
2. 說明自動正時器的構造與作用情形。

3-9　調速器的功用、構造與工作情形

一、調速器的功用

　　柴油引擎轉速之快慢，完全依噴入汽缸之油量多寡而改變。對複式高壓噴射系統來說，其噴油量之多寡，係依齒桿位置之移動而改變，齒桿極微小之移動，就會使引擎動力發生很大的變化。尤其在無負荷低速時，齒桿的移動，對引擎轉速之變化更為敏感，因此必須有很靈敏的調速器裝置，來控制怠速之噴油量，以防止引擎熄火，若引擎轉速過快時，極易使引擎機件造成損壞，所以需以調速器來控制其最高轉速，以保護引擎之安全。由此可知，調速器具有下列之功能。

1. 能維持引擎穩定之怠速轉速，以防止引擎熄火。
2. 能限制引擎之最高轉速，以免引擎機件受到嚴重損壞。

3. 在加油踏板的控制下,能依引擎之轉速、負荷變化,調節適當噴油量,以維持穩定之轉速,使汽車行駛更為穩定。

二、調速器的種類

調速器的種類很多,一般可依構造與功能來分。

(一) 依構造來分,可分為下列三種:

1. 氣力調速器(Pneumatic Governor),一般稱為真空式調速器,以 "M" 字表示,如 MV、MZ 等調速器。
2. 機械式調速器(Mechanical Governor),一般稱為離心式調速器,以 "R" 字表示,如 R 型、RQ 型、RQV 型等調速器。
3. 複合式調速器(Combined Governor),即真空離心混合之調速器,如 RBD 調速器。

(二) 依功能來分,可分為下列四種:

1. 高低速調速器(Idling and Maximum Speed Governor)

此種調速器只在引擎最高或最低的轉速範圍才控制,在最低與最高轉速之間不能控制,而由駕駛者以加油踏板來控制之。

2. 全速調速器(All Speed Governor or Variable Speed Governor)

此種調速器不但能在引擎最高或最低之轉速範圍作適當控制,在最低與最高間之任何轉速,也能作適當控制,並能在某一轉速下,使噴油量與引擎負荷作密切之配合。

3. 等速調速器(Constant Speed Governor)

此種調速器在控制引擎以固定轉速運轉,並能隨引擎負荷之不同,而自動控制噴油量。一般使用於工業用柴油引擎,如帶動發電機之柴油引擎。

4. 綜合調速器(Idling-Maximum Speed Governor and Variable Governor)

此種調速器在構造與全速調速器相同,只控制最低及最高轉速,但也具備全速調速器之一些功能。

三、調速器的構造與作用情形

(一) 真空式調速器

真空式調速器係利用引擎進汽歧管之節汽門附近之真空變化，來達到調速之作用。此式調速器構造簡單、作用靈敏，在各種轉速下，均能產生調速作用，屬於全速調速器。

真空式調速器之連接機構，如圖 3-113 所示，包括文氏管總成與真空調速器本體。

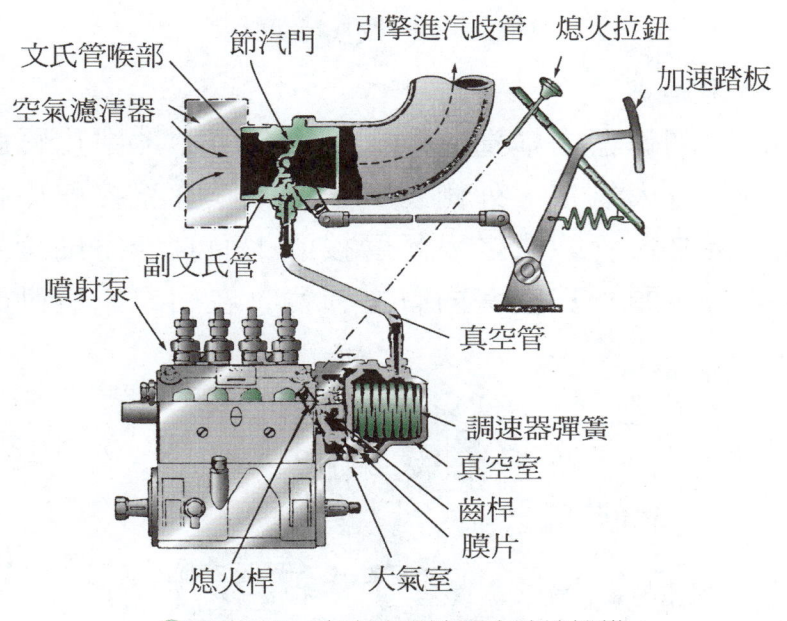

● 圖 3-113 真空式調速器之連接機構

1. 文氏管總成

文氏管總成，如圖 3-114 所示，安裝在進汽歧管的進口端，上方接空氣濾清器，總成之喉部裝一只可以旋轉的節汽門，節汽門經控制桿與加速板連接，所以操作加速踏板，可使節汽門開啟或關閉。節汽門控制桿上有兩只止動螺絲，一只為全負荷止動螺絲，一只為怠速止動螺絲，以控制節汽門最小及最大之開度。在文氏管總成內設有副文氏管，當引擎發生逆轉時，排氣會經副文氏管而產生較大的真空吸力，而將真空調速器之膜片吸回，使齒桿在最小噴油量位置，使引擎不會高速運轉，以保護引擎機件不會受到損壞。

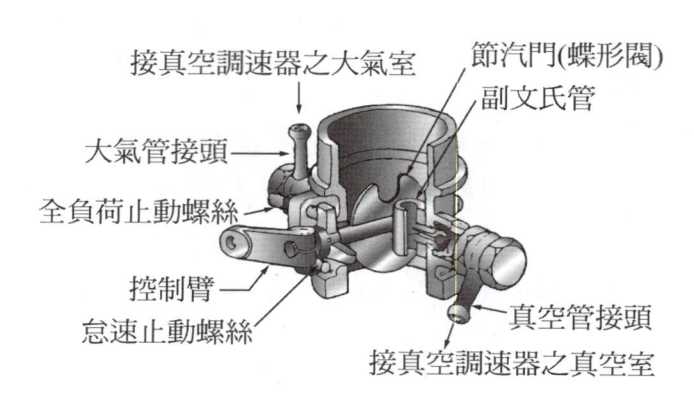

● 圖 3-114　文氏管總成

2. 真空調速器本體

真空調速器之構造，如圖 3-115 所示，由皮質膜片隔成兩室，內側為大氣室，外側為真空室，膜片直接與齒桿相連接。大氣室接文氏管總成之大氣管接頭，而真空室則接文氏管總成之真空管接頭；真空室內有主彈簧，在引擎未發動時，彈簧推

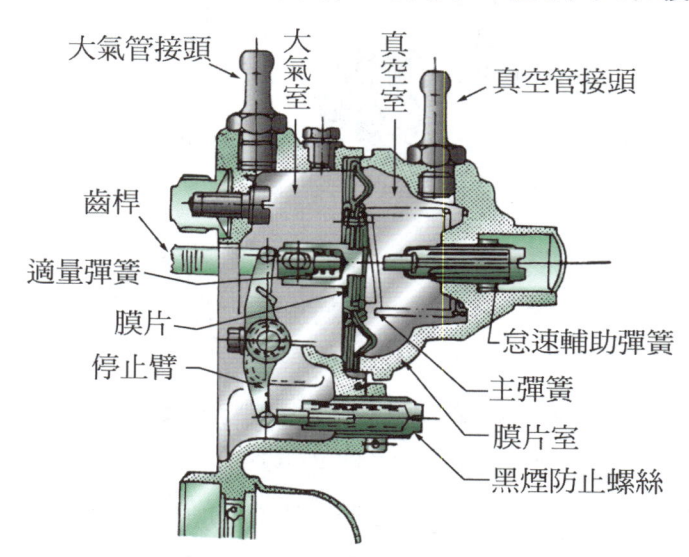

● 圖 3-115　真空調速器之構造

動膜片，使齒桿移至全負荷位置。在真空室內另有怠速彈簧與怠速擋銷，以防止因加速踏板急速放鬆時，節汽門關閉所產生之真空過度將齒桿移動，而使引擎熄火或運轉不平穩。

3. 真空調速器之作用情形

(1) 引擎靜止時

因引擎不產生真空，真空室沒有吸力，主彈簧將膜片與齒桿推向最大噴油量之位置。

(2) 發動引擎時

發動引擎時，將加速踏板踩下，並推動加速桿，則齒桿可以推開限制套的阻擋，越過最大噴油量之位置，噴出更多的柴油，使引擎容易發動。

(3) 引擎怠速運轉時

引擎一經發動，起動桿、加速踏板均放鬆，節汽門會碰到怠速止動螺絲，因節汽門在關閉狀態，此時真空最強，真空吸力會克服主彈簧之彈力，將齒桿退回至最少噴油量位置。

(4) 等速控制時

引擎若在定轉速、定負荷下運轉時，膜片兩側之壓力差，和調速器彈簧之力量，隨時保持在平衡位置；若負荷減輕，引擎轉速上升，進汽歧管真空變大，膜片將齒桿往減油方向移動，使噴油量減少，引擎轉速隨之降低。若引擎負荷增加，轉速即降低，而使真空吸力變小，膜片受彈簧力量，將齒桿往加油方向移動，以增加噴油量，使引擎轉速增加，且恢復至原來之轉速。由此可知，只要加速踏板位置不變(節汽門開度一定)，不論引擎負荷如何變化，引擎轉速仍然維持不變。

(5) 加減速控制時

若將加速踏板踩下，節汽門在瞬間開度變大，其真空變小，則主彈簧會將膜片與齒桿推向增加噴油量位置，使引擎轉速升高。若將加速踏板放鬆，節汽門在瞬間開度變小，其真空變大，則膜片克服主彈簧彈力，而將齒桿往減少噴油量位置移動，使引擎轉速降低。

(6) 超過額定轉速或最高轉速時

額定轉速係指能達到最大動力時之全負荷轉速，而最高轉速係指在無負荷時，所能容許之最高轉速；其中最高轉速比額定轉速為高。在超過最高轉速時，因轉速快，真空吸力強，膜片將齒桿往減少噴油量之位置移動，使引擎轉速降低，以免因轉速過高，而使引擎機件受損。

(7) 引擎熄火時

將熄火桿推下，使齒桿克服怠速擋銷，達到不噴油之位置，引擎立即熄火，停止運轉。

4. 真空調速器之其他裝置

(1) 防止引擎逆轉裝置

直列式噴射系統之四行程柴油引擎，在發動時若噴油時間不正確，或駕駛者在爬坡的操作不當，可能會發生逆轉之現象，使排氣管變成進氣管，進氣管變成排氣管；真空式調速器之柴油引擎若發生逆轉，當排氣的壓力經過文氏管時，會使真空管受到比大氣壓力還高的排氣壓力，如圖 3-116 所示，而將推桿推向最大噴油量之位置，使引擎高速運轉，而損壞引擎機件。裝置真空調速器之柴油引擎，為了防止這種高速逆轉的現象發生，在文氏管中加裝副文氏管，即在真空口中加裝一條小圓管，如圖 3-117 所示。當引擎正常方向運轉時，空氣由外面流過副文氏管時，能產生真空，以控制齒桿之移動。若發生逆轉現象時，廢氣流過副文氏管，仍能產生真空，而將膜片吸回，使齒桿往噴油量減少之方向移動，如圖 3-117 之(b)所示，使引擎不會高速運轉，較容易熄火，以保護引擎機件不會受到損壞。

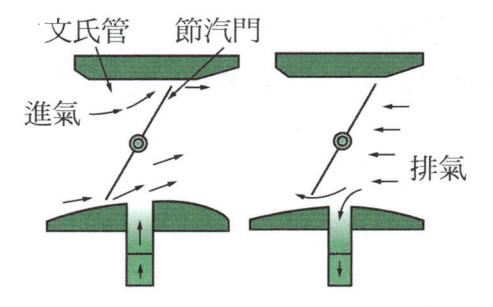

(a) 正常運轉時　　(b) 逆轉時：真空室的壓力增加

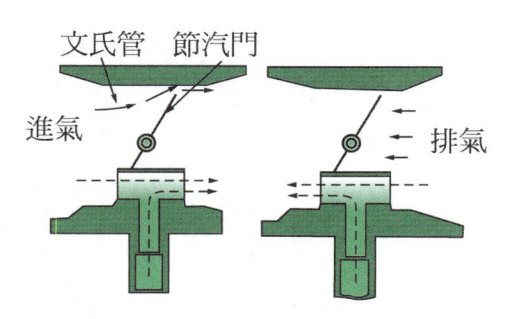

● 圖 3-116　無副文氏管之作用

(a) 正常運轉時　　(b) 逆轉時：真空室的空氣被吸出

● 圖 3-117　有副文氏管之作用

(2)熄火與起動過給裝置

真空調速器之柴油引擎，在駕駛室之儀錶板上裝有熄火起動鈕，而在真空調速器內裝有熄火起動控制臂，如圖 3-118 所示；起動時，可將熄火起動鈕推下，經拉桿使調速器內之熄火起動控制臂往齒桿加油方向移動，而控制臂之下端會將全負荷止動螺絲的彈簧略微壓縮，使齒桿之移動量會比全負荷時為多，以增加額外噴油量，提高引擎之起動性。如圖 3-119 之(a)所示。

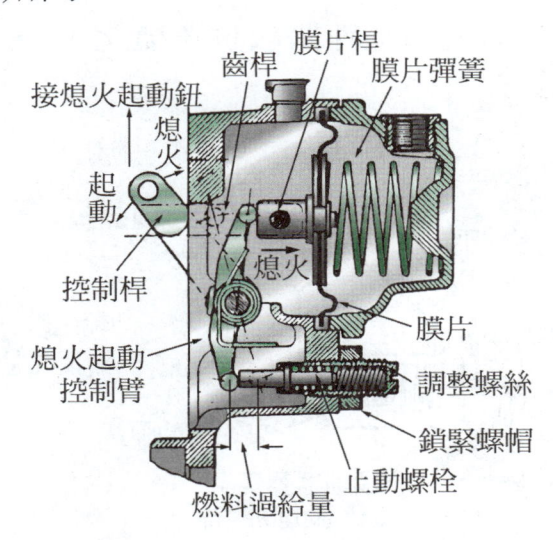

圖 3-118

(a)熄火起動鈕被推下　　　　(b)熄火起動鈕被拉出

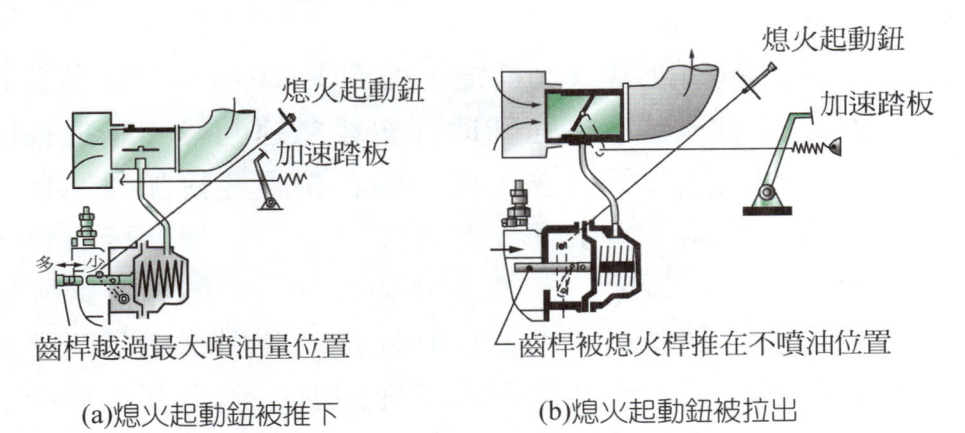

圖 3-119　熄火與起動過給裝置之作用

熄火時，可將熄火起動鈕拉起，經拉桿使調速器內之熄火起動控制臂將齒桿拉回至不噴油位置，使引擎熄火，如圖 3-119 之(b)所示。

(3) 怠速輔助裝置

引擎之進汽歧管真空在怠速時較大，高速時較小；若要求高速性能佳，則調速器之調速彈簧(膜片彈簧)彈力應較小，但在低速時因進汽歧管真空較大，易使引擎產生忽快忽慢之現象。為了提高怠速時之性能，應裝設怠速輔助裝置，使調速彈簧之彈力能隨加速踏板位置變化。

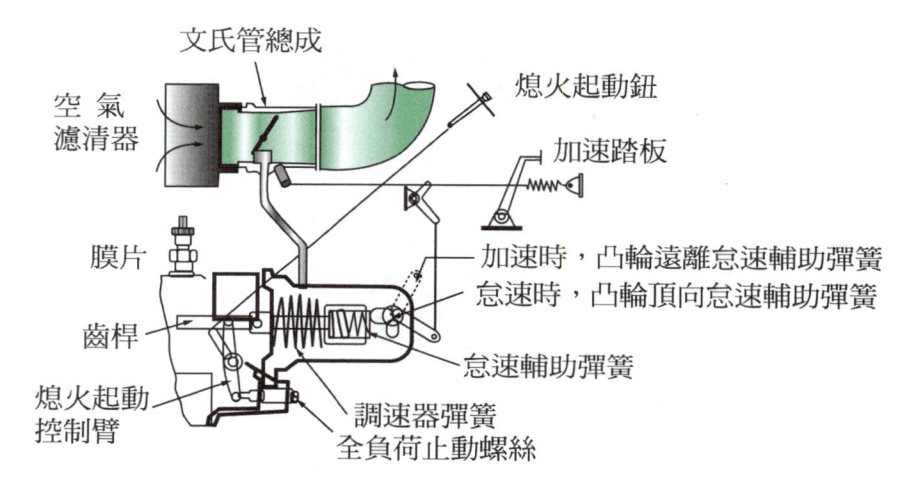

● 圖 3-120　怠速輔助裝置

怠速輔助裝置之構造，如圖 3-120 所示，係裝置在調速彈簧之後端，包括怠速輔助彈簧與怠速凸輪，怠速輔助彈簧之彈力較調速彈簧為強，而凸輪經拉桿連接加速踏板，由加速踏板所控制。當引擎在怠速時，由於加速踏板放鬆，凸輪會將怠速彈簧頂緊，使調速彈簧與怠速輔助彈簧共同控制怠速時之膜片動作，使怠速控制穩定。當引擎在高速時，由於加速踏板踩下，使凸輪離開怠速彈簧，僅由彈力較弱之調速彈簧來控制高速時之膜片動作，以提高高速之性能。

⑷全負荷止動裝置

　　全負荷止動裝置又稱黑煙防止裝置，係裝在熄火起動控制臂之下方，其構造如圖 3-121 所示，包括止動銷、彈簧、調整螺絲等；由於引擎在加速時，因節汽門大開，而使進汽歧管真空迅速降低，調速彈簧會立刻將齒桿推向最大噴油量位置，使引擎因噴油量過多而排放黑煙。若裝設有全負荷止動裝置，當齒桿迅速往加油方向移動時，控制臂之下端會受止動銷與彈簧之阻力，使齒桿之動作獲得緩衝，以防止引擎排放黑煙。全負荷止動裝置之調整螺絲經精確調整過後(經噴射泵試驗機試驗)，須以鉛塊封住，以免駕駛者自行任意調整。

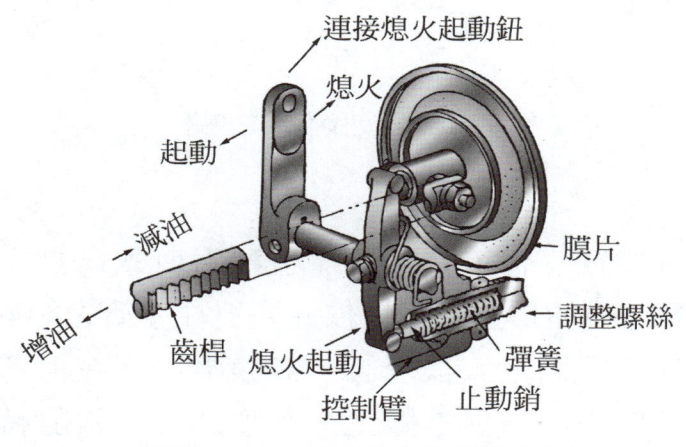

● 圖 3-121　全負荷止動裝置之構造

⑸安定閥裝置

　　由於在引擎突然減速時，因進汽歧管真空變大，而使齒桿迅速被拉回，引擎轉速會急速降低而產生抖動現象；為了避免這種現象，有些真空式調速器裝設有安定閥裝置，使引擎在突然減速時，能減緩齒桿之移動，使轉速的變化較為緩和，提高乘坐的舒適性。

　　安定閥裝置之構造，如圖 3-122 所示，包括單向閥與彈簧；安定閥係裝在調速器的真空室內，在真空室除了接一條真空管至副文氏管外，另由安定閥裝置接一條大氣管至文氏管總成。當引擎在正常行駛時，真空室之膜片會離開單向閥；在引擎減速時，因進汽歧管真空變大，膜片會將齒桿往減油方向拉回，膜片在移動時，會推動安全閥，使安定閥打開，讓少量大氣能經由安定閥送入真空室，使真空室的真空減弱，以減緩齒桿的移動，使引擎的轉速變化較為安定，提高乘坐的舒適性。

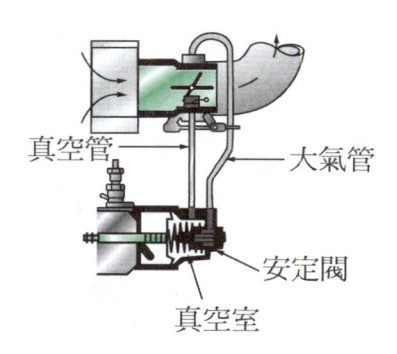

● 圖 3-122　安定閥裝置之構造

(6) 適量裝置

　　適量裝置又稱等量裝置，也稱噴射量自動調整裝置；由於噴射泵之噴油量控制，是依柱塞與柱塞筒之相對位置而定；若將齒桿位置固定，按理說，無論噴射泵在何種轉速下，其噴油量都應相同；但實際上，其噴油量卻常隨轉速之增加而增加。因轉速慢時，柱塞與柱塞筒間之漏油時間長，而使噴油量減少；轉速快時，其漏油機會減少，而使噴油量增加。對引擎之容積效率來說，轉速愈高，其容積效率愈差。如圖 3-123 所示為引擎轉速與噴油量及需要量之關係圖。若以引擎全負荷高速之需求量為基準(b)，則低速時會發生噴油量不足之現象(a')，使引擎之扭力無法發揮。若以引擎低速之需求量為基準(a)，則在高速時會發生噴油量過多之現象(b)，使引擎冒黑煙，為了改進這些缺點，而設置適量裝置。

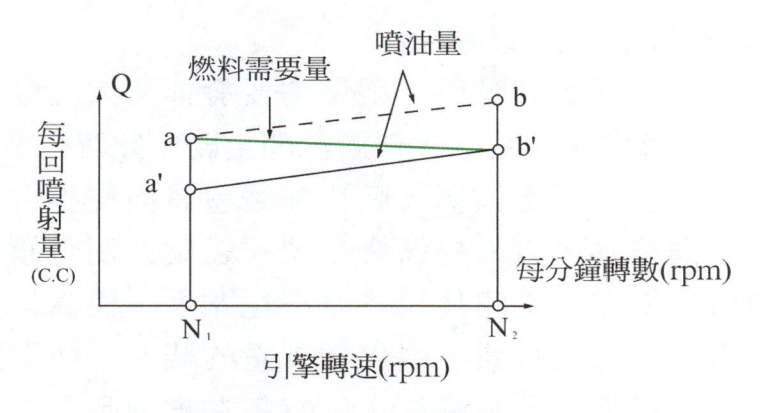

●圖 3-123　引擎轉速與噴油量及需求量之關係

① 適量裝置之功用

　　適量裝置係在引擎全負荷時作用，其主要的功用係當引擎在全負荷之任何轉速範圍內，能經常保持吸入空氣量與噴油量之適當比例，使引擎在全負荷低速時，能增加噴油量，以增加輸出扭力；在全負荷高速時，能減少噴油量，以減少冒黑煙之現象。

② 適量裝置之構造與作用

　　真空調速器之等量裝置，係設在膜片中央之膜片桿中，其構造如圖 3-124 所示，膜片桿為中空，等量彈簧及推桿均裝在膜片桿中，齒桿與膜片桿用銷固定，銷則置於推桿之長孔中。其作用情形如下所述：

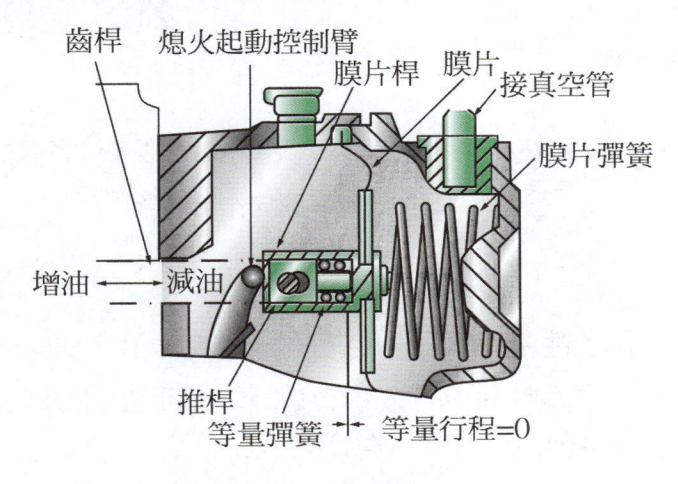

●圖 3-124　等量裝置之構造

A. 爬坡時(全負荷低速時)

當引擎遇到爬坡時,引擎需要發揮更大之動力,駕駛者會將加速踏板踩到底,使節汽門全開,此時引擎轉速降低,進汽歧管之真空減弱,膜片彈簧會將齒桿推向左方,往加油方向移動,但推桿卻會被熄火起動控制臂頂住,使等量彈簧被壓縮,讓膜片再將齒桿往左推,使齒桿越過全負荷最大噴油量之位置,噴出額外量的柴油,使引擎在低速時能增加扭力。此時齒桿之固定銷在推桿長孔之左側,如圖3-125之(a)所示,其等量行程為零。

B. 下坡時(全負荷高速時)

當引擎越過坡度後,開始下坡瞬間,因引擎之負荷減輕,使轉速升高,進汽歧管之真空隨之增強,此真空吸力克服膜片彈簧之彈力,將齒桿往減油方向移動。此時等量彈簧放鬆,並繼續將膜片桿往噴油量減少之方向移動,直至等量彈簧回到未壓縮狀態,此時齒桿之固定銷在推桿長孔之右側,其等量行程最大,如圖 3-125 之(b)所示,因噴油量減少,可減少引擎在高速時排放黑煙。

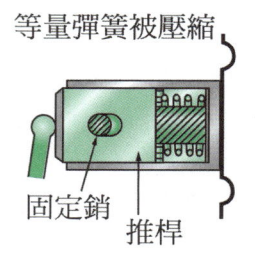

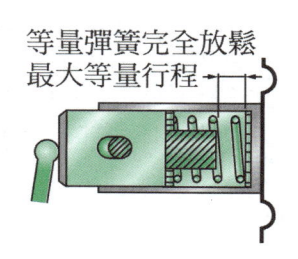

(a)負荷大時,固定銷在推桿長孔左側　　(b)負荷輕時,固定銷在推桿長孔右側

● 圖 3-125　等量裝置之作用情形

5. 速度變化率

調速器之性能係以速度變化率來表示,速度變化率愈小之調速器,表示其性能愈佳,一般車用柴油引擎之調速器速度變化率應在 6～10% 以內。

速度變化率係指引擎在無負荷之最高轉速(又稱空轉最高轉速)與全負荷之最高轉速(又稱額定轉速)的轉速差，再與額定轉速轉速之百分比。

$$速度變化率 = \frac{無負荷最高轉速 - 全負荷最高轉速}{全負荷最高轉速} \times 100\%$$

$$= \frac{最高轉速 - 額定轉速}{額定轉速} \times 100\%$$

(二)機械式調速器

機械式調速器又稱離心式調速器，其構造簡圖如圖 3-126 所示，係將兩只飛重安裝在噴射泵凸輪軸之一端，利用凸輪軸轉動時所產生之離心力，使飛重向外張開，而推動滑動軸、浮動桿、齒桿等，以控制噴油量。當引擎轉速升高時，噴射泵之凸輪軸的轉速也升高，其離心力增強，飛重向外張開，克服彈簧之彈力，而將滑動軸推動，經連桿機構，使齒桿往減油方向移動，讓引擎轉速降低。當引擎轉速降低時，噴射泵之凸轉軸轉速也降低，其離心力減弱，飛重內縮，彈簧會推動滑動軸，經連桿機構，使齒桿往加油方向移動，讓引擎轉速升高。如此，可以使引擎轉速穩定。

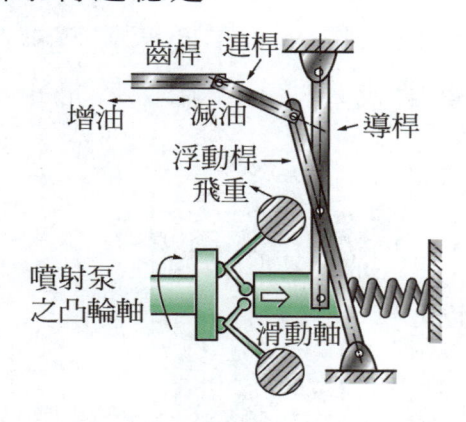

● 圖 3-126　機械式調速器之簡圖

機械式調速器若依調速彈簧之安裝位置不同，可分為將調速彈簧裝在飛重內與將調速彈簧裝在飛重外等兩種；若依功能不同，可分為高低速調速器與全速調速器等兩種。依德國波細公司之分類如下：

調速彈簧裝在飛重內
- R 型(固定槓桿比，高低速調速器)
- RQ 型(可變槓桿比，高低速調速器)
- RQV 型(可變槓桿比，全速調速器)
- RQU 型(可變槓桿比，有增速齒輪，高低速調速器)
- RQUV 型(可變槓桿比，有增速齒輪，全速調速器)

調速彈簧裝在飛重外
- RSV 型(固定槓桿比，調速彈簧強度可變，全速調速器)
- RS 型(固定槓桿比，調速彈簧強度可變，高低速調速器)
- RSVD 型(固定槓桿比，調速彈簧強度可變，高低調速器)
- RSQ 型(可變槓桿比，調速彈簧強度可變，高低速調速器)
- RUV 型(固定槓桿比，有增速齒輪，調速彈簧強度可變，全速調速器)
- RAD 型(固定槓桿比，調速彈簧強度可變，高低速調速器)
- RSUV(固定槓桿比，調速彈簧強度可變，有增速齒輪，全速調速器)
- RBD(真空、離心複合式調速器)

由於機械式調速器之種類繁多，且有些型式都是逐年的改良型，其構造僅有少許的變化，作業情形也大致相同，所以僅提出較基礎之型式來加以說明：

1. R 型調速器

R 型調速器之構造，如圖 3-127 所示，在飛重內裝有三只調速彈簧，如圖 3-128 所示，一只直徑較大的彈簧為低速彈簧，其彈力較小，並經常與飛重保持接觸，另二只直徑較小的彈簧為高速彈簧，其彈力較大，在低速彈簧被壓縮 6mm 後，才與飛重接觸。飛重臂製成 L 型，一端接於飛重，另一端接於滑動

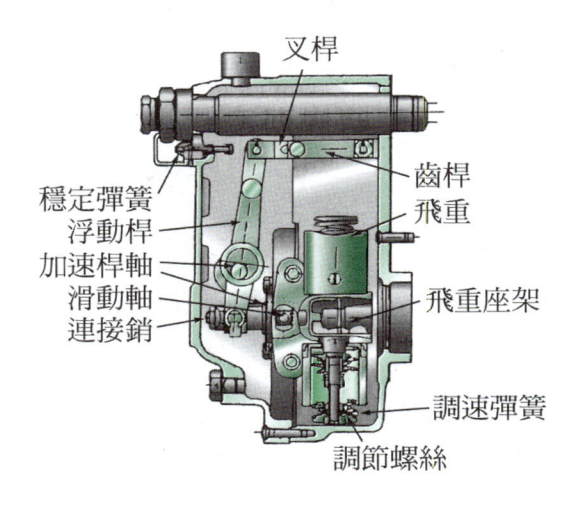

●圖 3-127　R 型調速器之構造

軸,當飛重移動時,使飛重臂推動滑動軸,再經由浮動桿,使齒桿移動。其作用情形如下:

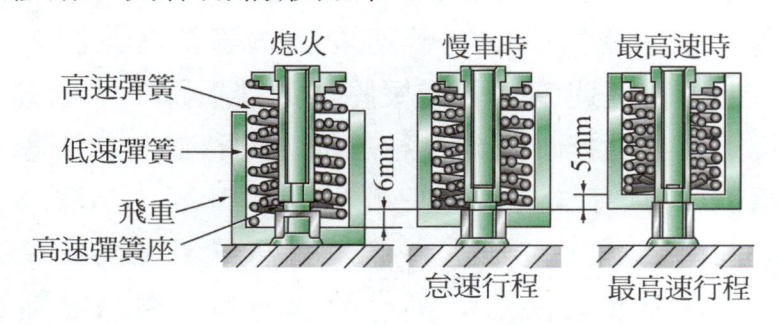

○圖 3-128　飛重內調速彈簧之裝置位置

(1) 引擎慢車時

　　在加速踏板放鬆,引擎以慢車轉速運轉時,若慢車之轉速調整為 500rpm,噴射泵之轉速為 250rpm。當引擎轉速升高,離心力加大,使飛重克服低速彈簧之彈力而向外移動,飛重臂會拉動滑動軸,經由連桿將齒桿往減油方向移動,使引擎轉速降低至慢車轉速。當引擎轉速低於慢車轉速時,離心力變小,飛重內之低速彈簧會將飛重往內推,使飛重臂拉動滑動軸,經由連桿將齒桿往增油方向移動,使引擎轉速提升,讓引擎能在規定的轉速下運轉,而不致於熄火。如圖 3-129 所示。若調整飛重上之調節螺絲,可改變低速彈簧作用於飛重上之彈力,即可改變引擎之慢車轉速。若將低速彈簧彈力增強,則慢車轉速較高,否則,慢車轉速較低。

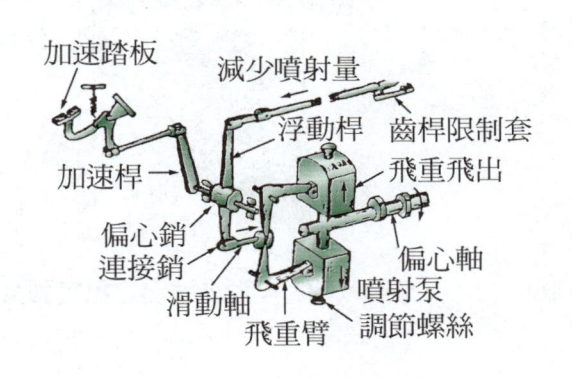

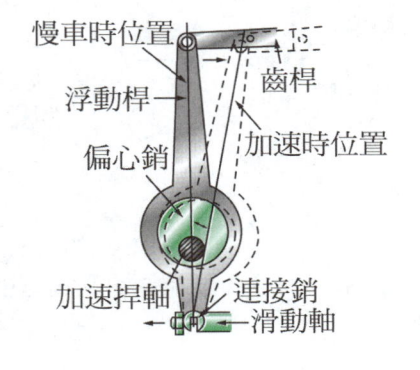

○圖 3-129　低速時,R 型調速器之作用情形　　　○圖 3-130　浮動桿之作用

(2) 引擎中速時

由於低速彈簧之作用範圍約 6mm，在低速彈簧之作用範圍內，調速器對引擎之轉速均能做適當之控制，以維持引擎在一定的轉速運轉。若繼續將加速踏板踩下，則經加速桿軸、偏心銷、浮動桿，將齒桿往加油方向移動，使引擎轉速升高，如圖 3-130 所示；當引擎之轉速繼續升高，其離心力也使飛重繼續向外移動，當飛重內壁與高速彈簧座接觸後之中速轉速時，此時飛重之離心力仍小於低速彈簧與高速彈簧彈力之總和，飛重即留在此位置不再張開，在此段期間調速器並不作用，其噴油量完全由加速踏板來控制。

(3) 引擎高速時

當引擎在超過額定轉速時，飛重的離心力開始大於低速彈簧與高速彈簧彈力之總和，飛重再向外張開，使飛重臂拉動滑動軸，經連桿使齒桿往減油方向移動，讓引擎轉速降低，以防止引擎因轉速過高而使機件損壞。為了避免加速桿之移動超過範圍，R 型調速器裝有最高速止擋螺絲，如圖 3-131 所示。為了避免加速踏板急劇放鬆，使齒桿過度拉回，而造成引擎熄火或轉速變化過大之現象，R 型調速器裝有穩定彈簧總成如圖 3-132 所示，以頂住浮動桿上端，產生緩衝作用。

圖 3-131　R 型調速器之高速止擋螺絲

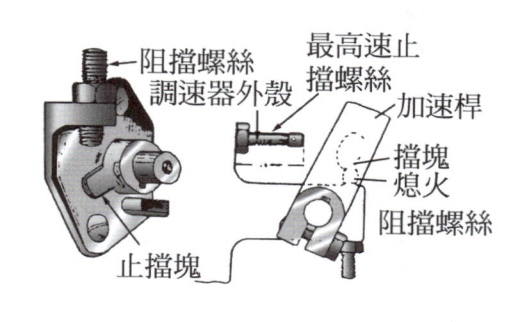

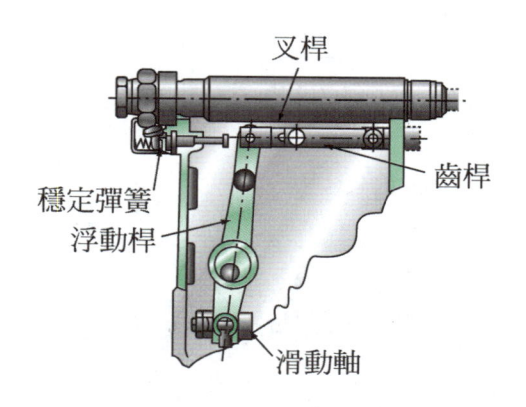

圖 3-132　R 型調速器之穩定彈簧

2. RQ 型調速器

　　R 型與 RQ 型都屬於高低速調速器，兩者之構造也極為相似。唯一不同的是 R 型調速器之浮動桿支點是固定不變的，而 RQ 型調速器之浮動桿支點卻能依加速桿之位置而改變。

　　由於離心力與轉速的平方成正比，轉速慢時，離心力小，轉速快時，離心力大。若浮動桿之支點固定，其槓桿之設計若以低速為準(讓引擎在低速時較為平穩)但在高速時其離心力較大，調速器的控制就顯得過於靈敏。槓桿比若以高速為準(讓引擎在高速時較為平穩)，可是在低速時因離心力較小，調速器的控制就顯得過度遲緩。如圖 3-137 所示。為了改善此項缺點而設計浮動桿槓桿比可隨引擎轉速改變之 RQ 型之調速器。

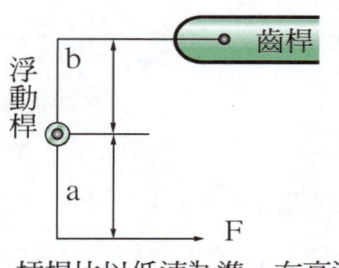

槓桿比以低速為準，在高速卻顯得太靈敏　　槓桿比以高速為準，在低速時卻得太遲緩

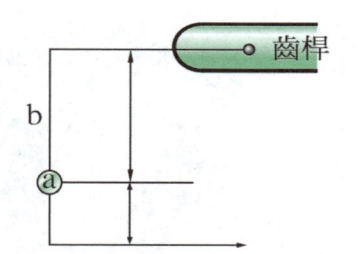

● 圖 3-133　浮動桿之槓桿比

　　RQ 型調速器之構造，如圖 3-134 所示，其浮動桿製成圓筒形，圓筒的上半段被切去一半，圓筒內放置浮動塊，浮動塊為浮動桿之支點，可依加速桿之位置而在圓筒內滑動，如圖 3-135 所示。在低速時，浮動塊(支點)向上移動，a 段變長，b 段變短，其最小之槓桿比為 1：1.35；此時離心力小，但槓桿比小，也能使調速器做適當的控制。在高速時，浮動塊(支點)向下移動，a 段變短，b 段變長，其最大之槓桿比為 1：3.23；此時槓桿比雖大，但轉速快離心力大，也能使調速器做適當地控制。

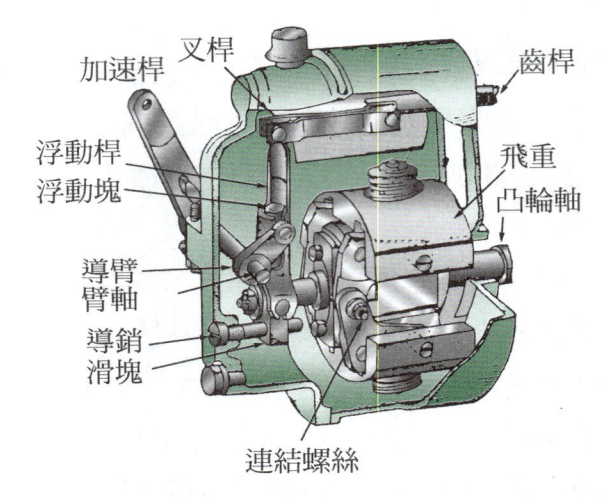

● 圖 3-134　RQ 型調速器之構造

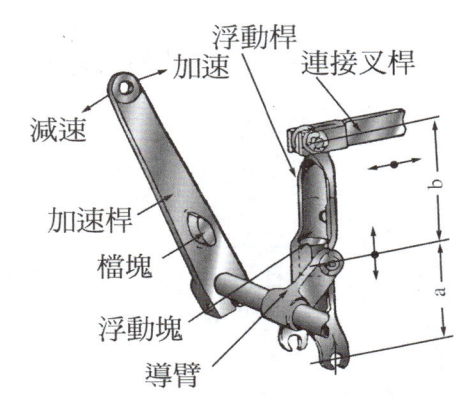

怠速 a：b＝1：1.35
最高轉速 a：b＝1：3.23

● 圖 3-135　RQ 型調速器之浮動桿

RQ 型調速器之作用：

(1) 引擎起動時

　　引擎起動時，加速踏板被完全踩下，直至加速桿停靠在擋架之右方，如圖 3-136 所示，浮動桿內之浮動塊被移到圓筒形之最下方，齒桿被推向最大噴油量位置，以利引擎起動。

(2) 引擎低速時

　　引擎發動後，加速踏板放鬆，加速桿被怠速檔銷頂住，以阻止加速桿和齒桿回到熄火位置。此時浮動桿內之浮動塊也上升至最高點，如圖 3-137 所示，其槓桿比較小，引擎轉速較快或變慢，調速器均能使噴油量減少或增加，以保持穩定的低速轉速。

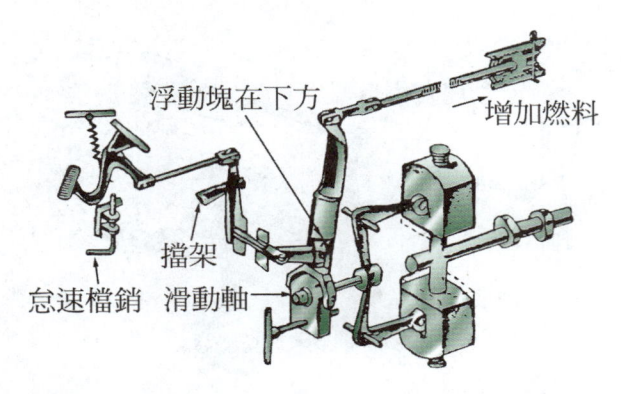

●圖 3-136　引擎起動時，RQ 型調速器之作用

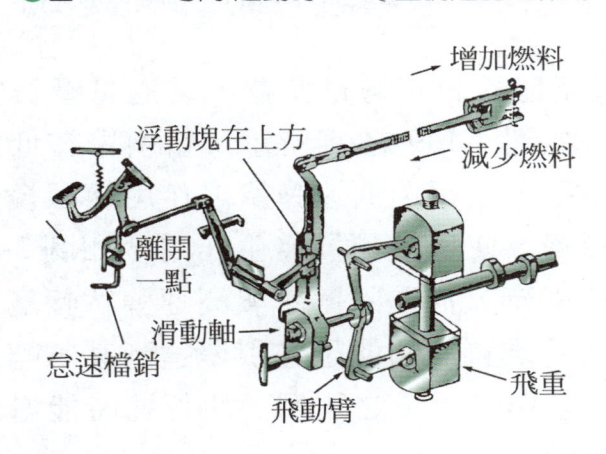

●圖 3-137　引擎低速時，RQ 型調速器之作用

(3) 引擎中速時

踩下加速踏板，浮動塊下移，齒桿往增加噴油量方向移動，引擎的轉速隨之增高，當引擎轉速提升至其離心力使飛重內壁與高速彈簧座接觸時，飛重就不再移動，此時引擎之轉速完全由加速踏板來控制。

(4) 引擎高速時

若繼續將踏板踩到底，浮動塊移到最低點，其槓桿比最大，如圖 3-138 所示；當引擎超過額定最高轉速時，其飛重離心力大於低速和高速彈簧彈力之總和，使飛重向外張開，經連桿使齒桿往減少噴油量之方向移動，使引擎轉速降低，以防止引擎轉速過高，而損壞引擎之機件。

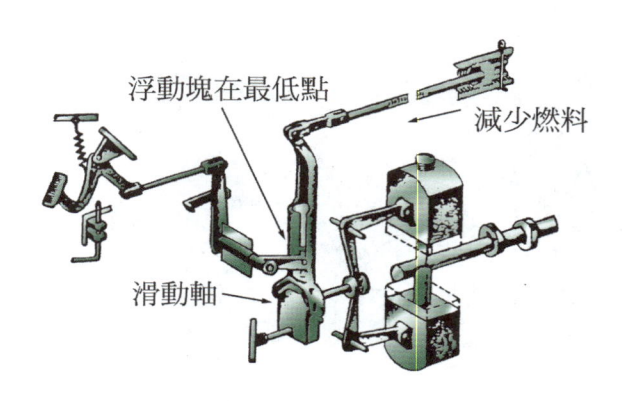

○圖 3-138　引擎高速時，RQ 型調速器之作用

　　RQ 型調速器設有適量裝置，其適量彈簧安裝在飛重內之彈簧座內，如圖 3-139 之(a)所示，當引擎在低速時，僅有低速彈簧發生作用，在超過低速彈簧之作用範圍後，飛重內壁即與適量彈簧接觸，使適量彈簧發生作用，如圖 3-139 之(b)所示，適量行程結束後，飛重內壁才與高速彈簧接觸，如圖 3-139 之(c)所示。適量裝置的功能是在引擎達到某一轉速範圍時，能適當保持空氣量與噴油量之比例，使低速時能增加扭力，高速時能減少冒黑煙。

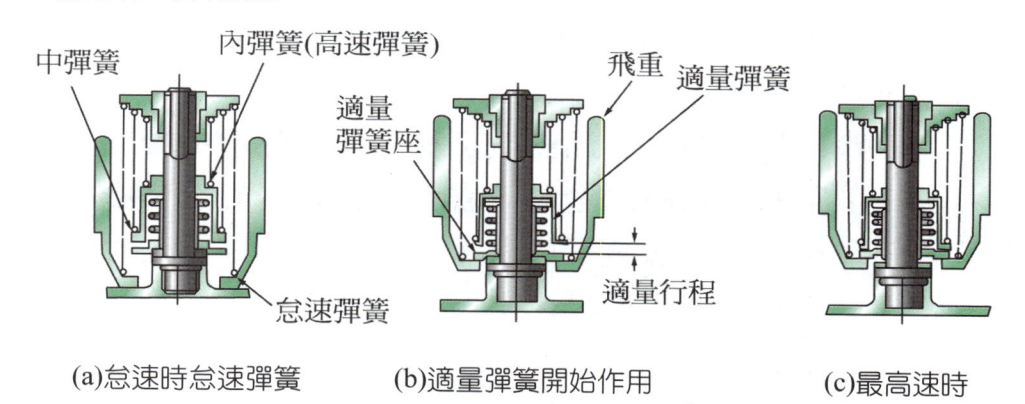

(a)怠速時怠速彈簧　　(b)適量彈簧開始作用　　(c)最高速時

○圖 3-139　適量彈簧之作用情形

3. RQV 型調速器

　　　RQV型調速器之構造與RQ型類似，唯一不同的是RQ型之浮動托銷是連接在導臂上，而RQV型之浮動塊之托銷較長，除了與導臂連接外，並插在一塊偏心板上，如圖 3-140 所示。滑動塊移動時，隨著偏心板之移動，可使浮動桿的槓桿比變得更大，在怠速時之槓桿比為 1：1.7，在高速時之槓桿比為 1：5.9，因此，其控制比 RQ 型更靈敏，為全速調速器。

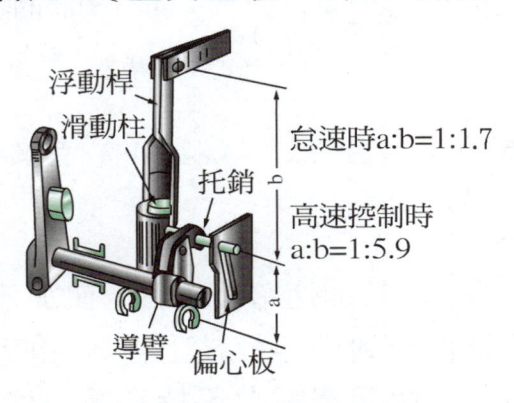

●圖 3-140　RQV 型調速器之浮動桿

RQV 型調速器之作用：

⑴引擎靜止時

　　　引擎靜止時，調速器的加速桿會抵靠在熄火阻擋螺絲上，齒桿在最小噴油量，如圖 3-141 所示。

⑵引擎起動時

　　　引擎起動時，加速踏板會踩到底，加速桿會使滑動柱之托銷移到偏心板之最下方，經浮動桿，將齒桿推入至越過全負荷供油位置，以獲得額外供油，提高引擎之起動性，如圖 3-142 所示。

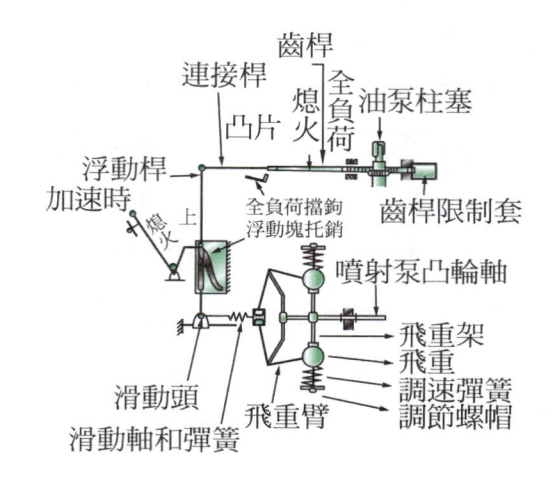

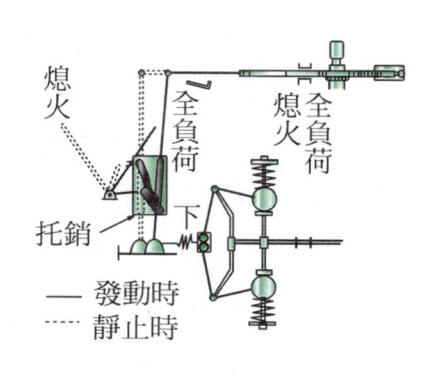

● 圖 3-141　引擎靜止時，RQV 型調速器之作用
● 圖 3-142　引擎起動時，RQV 型調速器之作用

(3)引擎怠速時

引擎發動後，將加速踏板放鬆，使加速桿回到怠速位置，滑動柱之托銷也回到偏心板之上方，此時，飛重略微張開，飛重之離心力能與彈簧彈力保持平衡，使引擎維持穩定之怠速運轉，如圖 3-143 所示。

(4)引擎中速時

將加速踏板踩下一半，加速桿會使滑動柱之托銷移至偏心板之中段，經浮動桿，使齒桿往增油方向移動，提高引擎之轉速；在飛重之離心力與彈簧彈力保持平衡時，引擎之轉速能保持穩定；若引擎負荷發生變化，致使轉速改變，飛重的動作也能自動調整噴油量，使引擎能維持穩定運轉。

(5)引擎全負荷時

在引擎全負荷時，將加速踏板完全踩下，加速桿會碰到全負荷止檔螺絲，使滑動柱之托銷移至偏心板之最下方，經浮動桿，使齒桿位於全負荷噴油位置，如圖 3-144 所示。若超過額定轉速，飛重之離心力使滑動軸移動，經浮動桿，而將齒桿往減油方向移動，使引擎不會超過額定轉速。

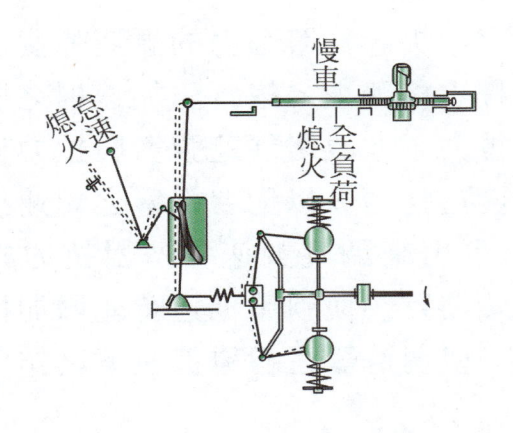

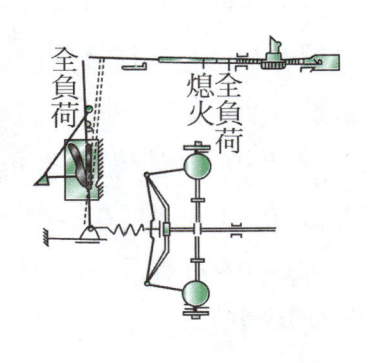

● 圖 3-143　引擎怠速時，RQV 型調速器之作用　　● 圖 3-144　引擎全負荷時，RQV 型調速器之作用

4. RQU 型與 RQUV 型調速器

　　RQU 型之構造與 RQ 型相同，RQUV 型之構造與 RQV 型相同，只不過兩者調速器軸與噴射泵凸輪軸間，加裝一對增速齒輪，使調速器之轉速比噴射泵之轉速大約快三倍，以提高飛重之離心力，增加調速器動作之確實性。RQU 型與 RQUV 型之調速器，一般都用來控制轉速較慢的引擎。

5. RSV 型調速器

　　前面所介紹的調速器，其調速彈簧都裝在飛重內，若要改變轉速的控制範圍，必須將飛重內之調速彈簧取出，更換不同強度的彈簧或墊片，其過程極為麻煩。而RSV型調速器，其調速彈簧不裝在飛重內，若欲改變轉速的控制範圍，只要調整加速桿行程與調速彈簧彈力，即可將轉速之控制範圍改變，以符合引擎負荷之需要。其調整的過程，不但省時，也不需要更換任何零件。其體積較小，重量較輕，更適合多種用途之柴油引擎使用。

　　RSV 型調速器為全速調速器，其構造簡圖，如圖 3-145 所示，其飛重裝於噴射泵凸輪軸上，與凸輪軸一起旋轉，飛重受離心力作用向外張開時，能推動滑動軸移動，滑動軸連接於導桿之底端，而導桿又和浮動桿連接，導桿頂端與拉力桿共同接於調速器外殼上。拉力桿之中央，鉤著強力的調速彈簧，彈簧的另外一端，則鉤在加速桿之搖臂上。搖臂隨加速桿之擺動而搖動，以改變調速彈簧之拉力，並改變調速彈簧與拉力桿之角度，使拉力桿受到不同程度之拉力，以配合引擎之轉速控制。搖臂上有一根調整螺絲，可用來調整調速彈簧對拉力桿之拉力。在拉力桿下端裝有適量裝置，使引擎低速時能增加扭力，高速時能減少冒黑煙。RSV型調速器在各種轉速下之作用情形如下：

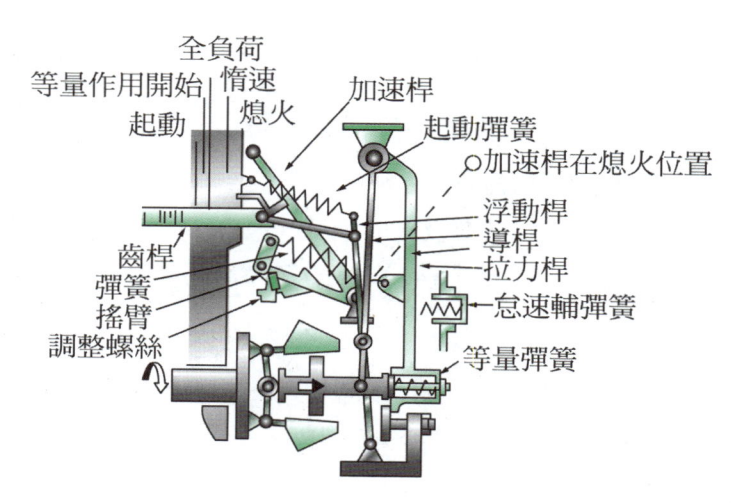

● 圖 3-145　RSV 調速器之構造簡圖

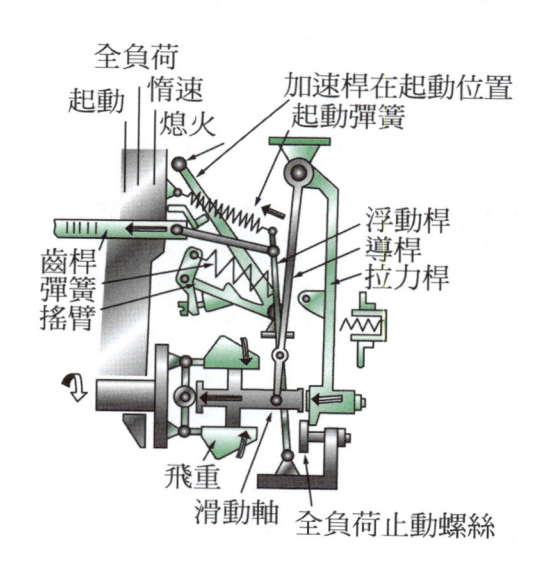

● 圖 3-146　滑動軸起動時，RSV 型調速器之作用

(1)引擎發動時

欲發動引擎時，可將加速踏板踩下或板動加速桿至起動位置，如圖 3-146 所示；由於加速桿之擺動，使搖臂將拉力桿上之調速彈簧拉長，並將拉力桿拉至碰到全負荷止動螺絲之位置，此時滑動軸受拉力桿推向左方，經導桿、浮動桿，使齒桿往最大噴油量之起動位置移動，讓引擎較容易發動。

(2)引擎低速時

引擎發動後，將加速踏板放鬆，使加速桿回到怠速位置，如圖 3-147 所示，拉力桿即離開滑動軸，頂住慢車輔助彈簧位置，且使調速彈簧施於拉力桿之彈力較為放鬆，同時調速彈簧與拉力桿之角度變小，因此引擎雖然在低速狀態，若超過某一轉速範圍時，飛重仍會受離心力作用向外張開而推動滑動軸，經導桿、浮動桿，使齒桿往減油方向移動，而使轉速降低。若轉速降低，離心力減小，飛重內縮，慢車輔助彈簧會推動拉力桿，經滑動軸，導桿、浮動桿，使齒桿往加油方向移動。若轉速過度降低，起動彈簧也會發生作用，迅速將齒桿往增加噴油量之方向移動，使引擎保持穩定的低速運轉。

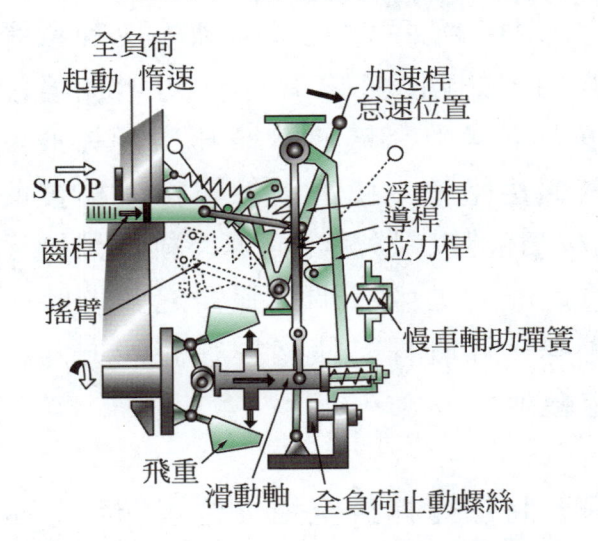

● 圖 3-147　引擎低速時，RSV 型調速器之作用

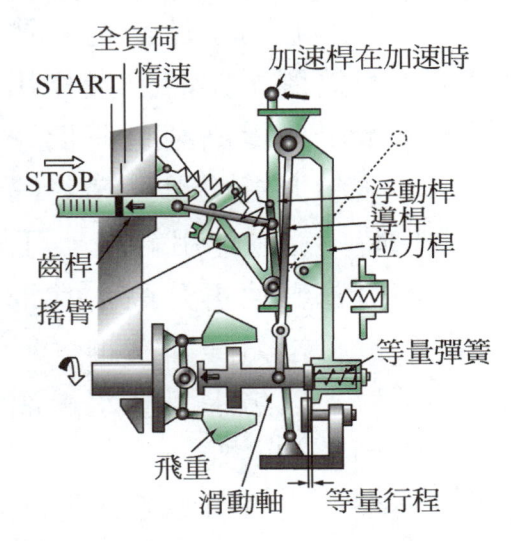

● 圖 3-148　引擎加速時，RSV 調速器之作用

(3) 引擎加速時

　　將加速踏板踩下，使加速桿向左移，搖臂立即將調速彈簧拉長，並將拉力桿向左拉動，使拉力桿下面之等量彈簧碰到滑動軸，經由導桿、浮動桿，使齒桿往最大噴油量位置移動，如圖 3-148 所示。就算加速桿僅略微移動，也會使齒桿先被推至最大噴油量位置，但加速桿移動之距離，卻改變調速彈簧之拉力強度。由於噴油量增加，引擎轉速立即上升，當飛重之離心力大於調速彈簧之拉力(彈力)時，調速器開始產生作用，而將滑動軸向右移動，使齒桿往減油方向移動，將引擎轉速降低，以維持穩定之轉速。由此可知，加速踏板踩下時，齒桿並不是逐漸往左移動來增加噴油量，而是先被移至最大噴油量位置，待轉速上升後，再經由調速器之作用，將齒桿拉回到最適當之噴油量位置。

(4) 引擎全負荷時

　　將加速踏板踩到底，使加速桿移動至全負荷位置，調速彈簧被拉長，彈力加強，齒桿被推至最大噴油量位置，此時拉力桿碰到全負荷止動螺絲。引擎在全負荷低速時，因飛重之離心力小於調速彈簧之彈力，飛重會使滑動軸先與等量彈簧接觸，此時適量作用開始，如圖 3-149 所示，可增加噴油量，以提高全負荷低速扭力；當引擎轉速繼續升高至其飛重離心力能使滑動軸將等量彈簧壓縮，使滑動軸與拉力桿接觸時，適量作用結束，可減少噴油量，以減少高速時排放黑煙。引擎轉速再升高，當飛重之離心力大於調速彈簧之彈力時，會將拉力桿向右推，經導桿、浮動桿，使齒桿往減油方向移動，以防止引擎超過額定轉速。

(5) 引擎熄火時

　　欲將引擎熄火時，只要將加速桿扳至熄火位置即可。當加速桿在熄火位置時，搖臂之凸出部份會推動導桿向右，經浮動桿將齒桿推至不噴油位置，如圖 3-150 所示，引擎立即熄火。

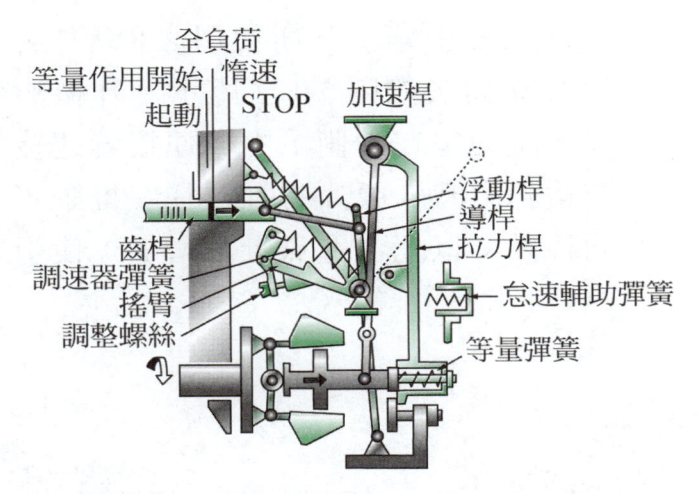

●圖 3-149　引擎全負荷中速時，等量作用開始

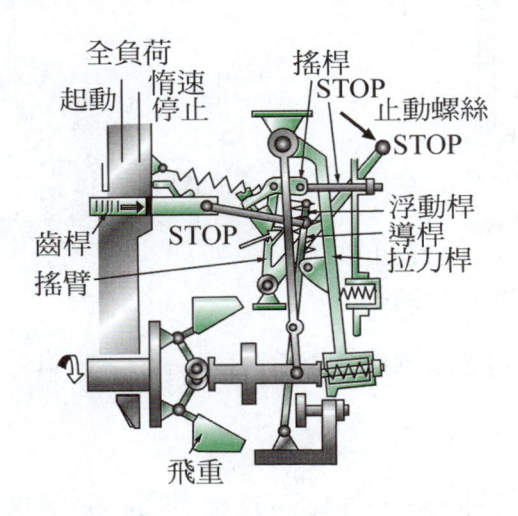

●圖 3-150　引擎熄火時

6. RSVD 型調速器

　　RSVD 型調速器係由 RSV 型調速器改良而來，RSVD 為高低速調速器，而 RSV 為全速調速器；兩者之構造大致相同，其中之不同點是，RSV 型調速器用以控制引擎轉速之加速桿，RSVD 則改裝成固定桿，藉以控制最高轉速，其浮動桿穿過導桿之中間部份為曲柄型，便於安裝加速桿來控制引擎之轉速。其構造簡圖如圖 3-151 所示。

装有渦輪增壓器之柴油引擎，其所使用之RSVD調速器，會在調速器的一側裝有升壓補整器，如圖 3-152 所示。升壓補整器係由膜片隔成壓力室與空氣室，壓力室在外側，由一連接管連接進汽歧管。當進氣壓力大於膜片彈簧彈力時，膜片將推桿往左推動，經連桿，使齒桿往增加噴油之方向移動，以配合進氣量之增加，使引擎發揮更大之輸出扭力。

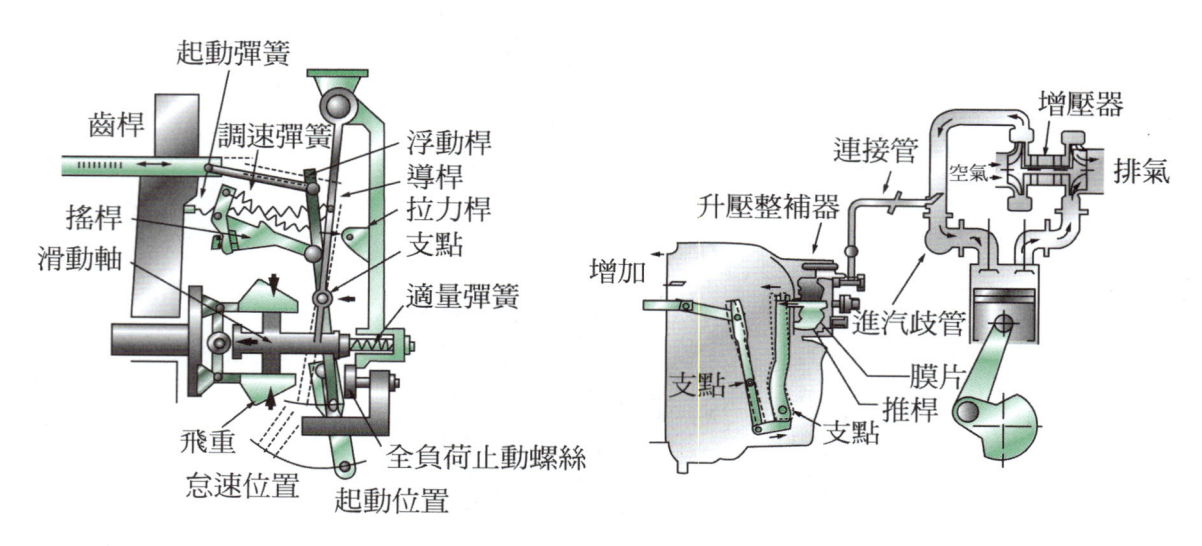

● 圖 3-151　RSVD 調速器之構造簡圖　　　● 圖 3-152　升壓補整器之構造

7. RAD 型調速器

RAD 型調速器係由RSVD型調速器改良而成，仍為高低調速器，構造簡圖如圖 3-153 所示，係利用特殊的連桿機構，使怠速時的控制力增大，將怠速控制之靈敏度提高；在高速時之槓桿比變大，使調速器之速度變動率變小，以提高調速器在高速時之性能。RAD型調速器因體積小，重量輕、速度變動率較小、控制之靈敏度較高，且調整之部份都集中在調速器的一側，可提高調整之工作效率，所以目前的汽車大部份使用RAD型調速器。

RAD型調速器之作用情形如下：
(1) 引擎在靜止狀態

當引擎完全在靜止狀態，其加速桿在熄火位置，而齒桿在最小噴射量位置。

(2) 引擎起動時

當引擎在起動時，加速踏板踩下，加速桿會經連桿，使齒桿往加油方向移動，如圖3-153所示；由於起動彈簧與怠速彈簧之作用，使齒桿會超過全負荷位置，而獲得最大噴油量，以提高引擎之起動性。

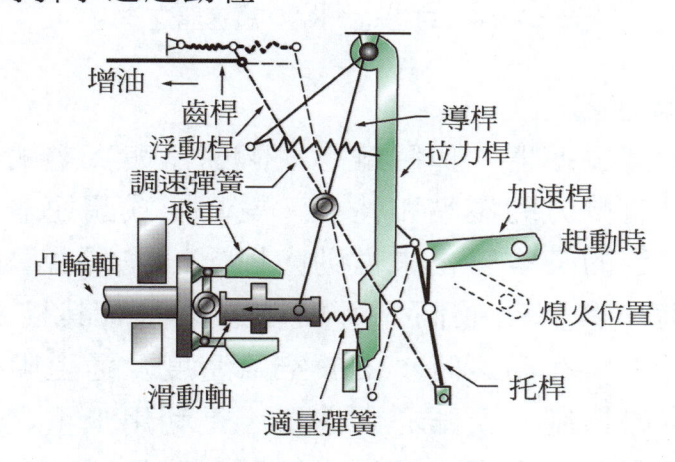

●圖3-153　起動時，RAD調速器之作用

(3) 引擎怠速時

在引擎發動後，加速踏板放鬆，加速桿退回怠速位置，齒桿也立即被拉回最小噴油量位置，如圖3-154所示，若引擎之轉速有變化，飛重之離心力也隨之變化，而使滑動軸移動，經浮動桿、導桿作用，使齒桿產生移動而調節噴油量，使引擎能維持穩定的怠速轉速。

(4) 引擎高速時

將加油踏板踩下，加速桿會經連桿，使齒桿往加油方向移動，而拉高引擎之轉速；若引擎超過了額定轉速，飛重受離心力而向外張開，使滑動軸向右移，經浮動桿、導桿，而將齒桿往減油方向移動，使引擎不會超過額定轉速。

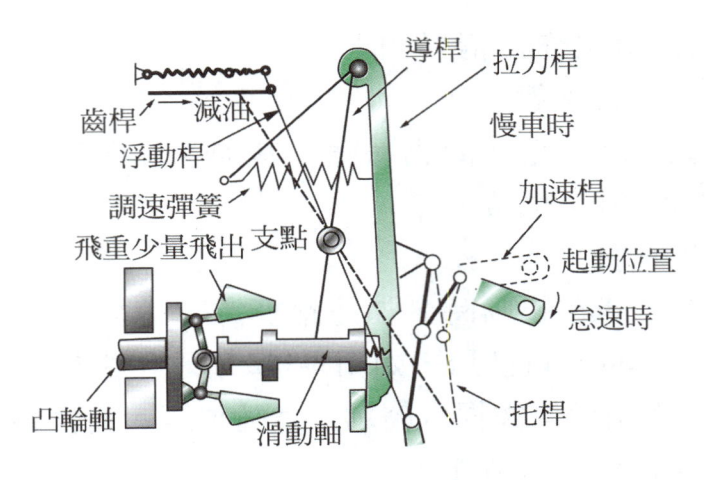

● 圖 3-154　怠速時，RAD 調速器之作用

8. RBD 型調速器

　　RBD 型調速器，係將離心式調速器與真空式調速器組合而成。它具有雙方的優點和性能。對真空式調速器來說，它是利用進汽歧管的真空變化來推動齒桿，以控制引擎的轉速；引擎在怠速時，其真空較高，所以在怠速時，其控制性能極為良好，但是引擎在高速時，由於空氣密度及通道阻力之變化，很難做穩定的控制。而離心調速器，是利用飛重之離心力與各種彈簧之彈力取得平衡，以適當控制引擎轉速。由於離心力與轉速平方成正比，轉速愈高，其離心力較大；所以離心式調速器在引擎高速時，能適當地控制引擎轉速，但是引擎在低速時，因離心力較小，其控制性能就較不穩定。RBD複合式調速器，完全去除雙方之缺點，而各取其長處；在低速與中速時，由真空式調速器來操作，在高速時，則由離心式調速器來控制。此式在中型車用柴油引擎上使用頗為普遍。

　　RBD 型調速器之構造，如圖 3-155 所示，其齒桿係由連接螺絲固定於膜片之等量桿上，控制室由膜片隔成真空室與大氣室，真空室在外側，內有真空用之調速彈簧與由凸輪控制之怠速彈簧導管總成，導管內有怠速彈簧。停止桿由加速桿之止動桿控制之，停止桿另一端與推桿接觸，而推桿另一端與搖臂上端接觸,搖臂下端與飛重套接觸;飛重係裝在噴射泵凸輪軸上,飛重若受離心力作用向外張開,使飛重套滑動,經由搖臂推動推桿、停止桿,使齒桿往減少噴油之方向移動。引擎在低速和中速時,由真空式調速器控制,高速時,則由離心式調速器控制。其作用情形如下:

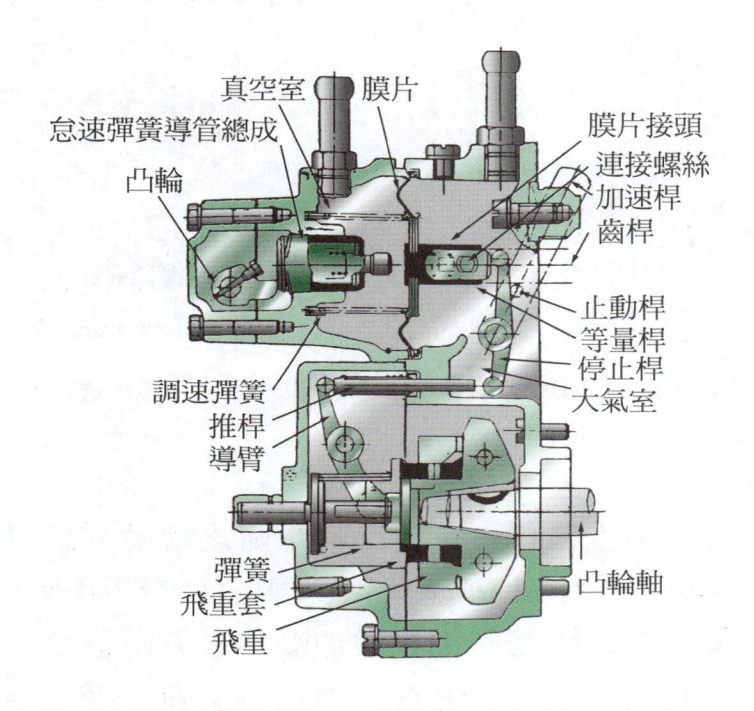

●圖 3-155　RBD 調速器之構造

(1) 引擎靜止時

　　RBD 型調速器在引擎靜止時,因真空室為大氣,真空室之調速彈簧會將齒桿推至最大噴油量位置,如圖 3-156 所示。

(2) 引擎起動時

　　起動引擎時,將加速踏踩到底,加速桿會碰到黑煙防止螺絲,並將黑煙防止螺絲內之彈簧壓縮,使齒桿能越過最大噴油量位置,增加額外之噴射量,使引擎容易起動。

(3) 引擎怠速時

　　引擎發動後,加速踏板在放鬆位置,節汽門將近全閉,進汽歧管之真空很大,此真空吸力會克服真空調速彈簧之彈力，將齒桿拉回怠速位置，此時怠速凸輪將怠速彈簧導管總成向右推，使怠速彈簧導管總成抵住齒桿，其怠速之控制由真空調速彈簧與怠速彈簧控制，以維持引擎穩定之怠速轉速，如圖 3-157 所示。

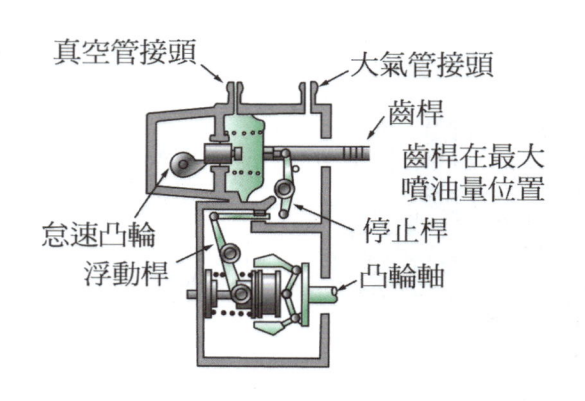

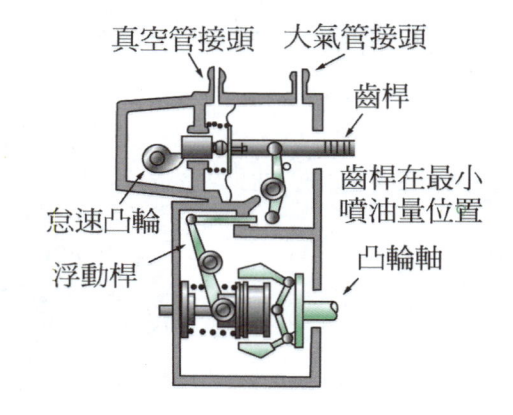

● 圖 3-156　引擎靜止時，RBD 型調速器之作用

● 圖 3-157　引擎怠速時，RBD 型調速器之作用

(4) 引擎中速時

　　踩下加速踏板，怠速凸輪也隨之轉動，怠速彈簧導管總成退至原位，如圖 3-158 所示，同時節汽門開啟，真空降低，真空調速彈簧將齒桿推往增加噴油量方向移動，使引擎轉速升高，直至真空吸力與真空調速彈簧彈力平衡時，以維持引擎在一定的轉速運轉。

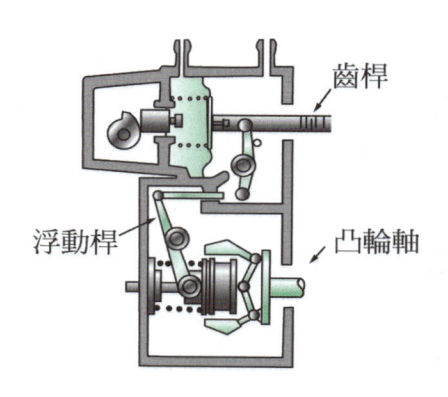

● 圖 3-158　引擎中速時，RBD 型調速器之作用

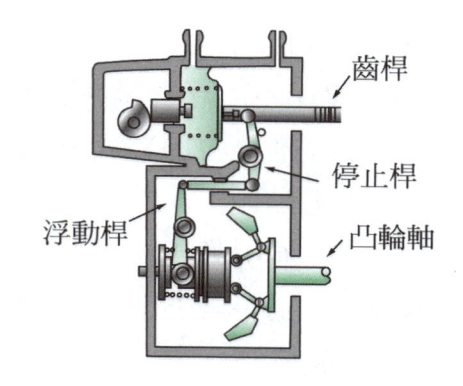

● 圖 3-159　引擎高速時，RBD 型調速器之作用

將加速踏板踩到底，使節汽門全開，其真空會急劇降低，在真空室之真空彈簧會將齒桿推往增加噴油量方向移動，使引擎轉速升高。當引擎轉速高到其飛重離心力大於離心調速彈簧時，飛重向外張開，如圖 3-159 所示，使飛重套向左移動，經浮動桿、推桿、停止桿，使齒桿往減少噴油方向移動，將引擎轉速降低，以免引擎轉速過高。

隨堂評量

一、是非題

( ) 1. 空氣式調速器又稱為真空式調速器。
( ) 2. 真空式調速器一定是等速調速器。
( ) 3. 引擎靜止時，真空式調速器之齒桿係在最大噴油量位置。
( ) 4. 真空調速器本體係由膜片隔成兩室，外側為大氣室。
( ) 5. 真空式調速器之怠速調整螺絲係在調速器本體內。
( ) 6. 調速器在引擎之負荷減輕時，其齒桿會往減油方向移動。
( ) 7. 真空調速器在加速踏板固定時，若引擎之轉速降低，其齒桿會往加油方向移動。
( ) 8. 真空式調速器之柴油引擎不會出現逆轉現象。
( ) 9. 副文氏管之設計能防止引擎逆轉時出現高速現象。
( ) 10. 真空調速器係利用進汽歧管的真空操作。
( ) 11. 真空調速器之調速彈簧彈力太弱時，易使引擎之怠速升高。
( ) 12. 真空調速器之怠速輔助彈簧彈力較調速彈簧彈力為強。
( ) 13. 裝有怠速凸輪之真空調速器，在加速踏板踩下時，其怠速凸輪會離開怠速彈簧。
( ) 14. 全負荷止動裝置能防止引擎在減速時排放黑煙。
( ) 15. 安定閥裝置能使引擎在減速時之變化較為緩和，以提高乘坐的舒適性。
( ) 16. 齒桿在同一位置時，引擎之轉速愈快，其噴油量會愈多。
( ) 17. 適量裝置係在引擎輕負荷高轉速時，能減少噴射量，以防止排放黑煙。

(　) 18. 適量裝置在全負荷低速時，其適量行程最大。
(　) 19. 調速器之速度變化率愈小，表示其性能愈佳。
(　) 20. 一般車用柴油引擎之調速器的變化率在6～10%。
(　) 21. 離心調速器之飛重內縮時，其齒桿會往減油方向移動。
(　) 22. R型調速器之飛重內有三條彈簧，直徑較大的為高速彈簧。
(　) 23. 離心式調速器之浮動桿的槓桿比愈大，在高速時之控制性能愈佳。
(　) 24. RQ型調速器之浮動桿的槓桿比可變。
(　) 25. RQ型調速器在低速時，其浮動桿之槓桿比較小。
(　) 26. RQV型調速器為高低速調速器。
(　) 27. 離心式調速器在引擎靜止時，其齒桿在不噴油位置。
(　) 28. RQU型調速器之調速器轉速與噴射泵之凸輪軸轉速相同。
(　) 29. RSV型調速器為全速調速器。
(　) 30. RSVD型調速器為高低速調速器。
(　) 31. 裝有渦輪增壓器之柴油引擎，其調速器會裝設升壓補整器，使引擎能發揮更大的輸出扭力。
(　) 32. RBD調速器係將真空調速器與離心調速器組合而成。
(　) 33. RBD調速器在低速時主要是利用進汽歧管的真空來操作。
(　) 34. RBD型調速器在引擎靜止時，其齒桿係在不噴油位置。
(　) 35. RAD調速器之調速彈簧係裝在飛重外，為高低速調速器。

二、問答題

1. 說明調速器的功用。
2. 試將調速器作適當分類。
3. 說明真空調速器之作用情形。
4. 說明適量裝置的功用。
5. 何謂速度變化率？
6. 德國波細公司對離心式調速器如何分類？
7. 說明RQ型調速器之作用特性。
8. 說明RBD調速器之作用特性。

3-10 增壓器的功用、構造與工作情形

若欲提高引擎的輸出馬力，可以往三方面改進：
1. 提高引擎熱效率。
2. 增加引擎之排氣量。
3. 增加容積效率。

對同級同性質的引擎來說，當引擎之熱效率與排氣量相同，若要提高引擎的輸出馬力，唯有從增加容積效率來著手研究。

由於四行程柴油引擎，其進氣行程與排氣行程各自分開執行，且進汽門、排汽門均提早打開延後關閉，使廢氣排除較乾淨，進氣較為充足。但二行程柴油引擎，則在下死點前後約140°範圍內，同時進行進氣與排氣之作用，尤其此時活塞已在下死點前後，活塞的吸力很小，且行程又短，不但無法使廢氣排除乾淨，進氣的效果也很差。為了解決此項問題，必須使進氣的壓力大於排氣壓力；在進氣、排氣同時作用時，能讓進入汽缸的新鮮空氣，強迫將廢氣趕出，使廢氣排除乾淨，以利下一次之燃燒，由於排汽門較掃氣口早關，所以能增加進氣效率，提升引擎輸出馬力。此種能增加進氣壓力的設備，即稱為增壓器。

一、增壓器之功用

由於增壓器能提高進氣壓力，所以具有下列之功用：
1. 增加容積效率，以提高引擎之輸出馬力與扭力。
2. 可協助排氣，使廢氣排除更乾淨。
3. 能協助冷卻進汽門與排汽門。

裝設增壓器之柴油引擎，除了能增加引擎之輸出馬力與熱力外，也具有下列之優點。
1. 同馬力輸出之引擎，其重量較輕。(馬力當量之重量減少)
2. 使燃料之燃燒較完全。(壓縮溫度高，著火遲延時期較短)
3. 可使用之燃料範圍較廣。(壓縮溫度高，品質較差之燃料也可使用)

4. 在高山上行駛，也具有良好的功能。(能增加空氣密度)

5. 可提高熱效率，使引擎較省油。

二、增壓器之種類

增壓器依其驅動方式來分，可分為機械驅動式與排氣輪機式兩種。機械驅動式又可分為往復式與迴轉式兩種。機械驅動式增壓器(Super Charger簡稱S/C)，一般都用於二行程柴油引擎，以作為掃除廢氣用，通常稱為鼓風機(Blower)。排氣輪機式增壓器，一般使用於四行程柴油引擎，又稱為渦輪增壓器(Turbo Charger)或排氣增壓器。

(一)往復式增壓器(Rociprocat Type)

往復式增壓器係由引擎之曲軸驅動，其構造如圖3-160所示，包括活塞、連桿、汽缸、進氣閥、排氣閥等；當活塞在汽缸內產生往復運動時，會產生吸氣與壓氣之作用，強迫將空氣推入引擎之汽缸內，以提高容積效率。由於活塞在進行往復運動時會有慣性損失，而易消耗引擎之動力，因此，往復式增壓器較少使用。

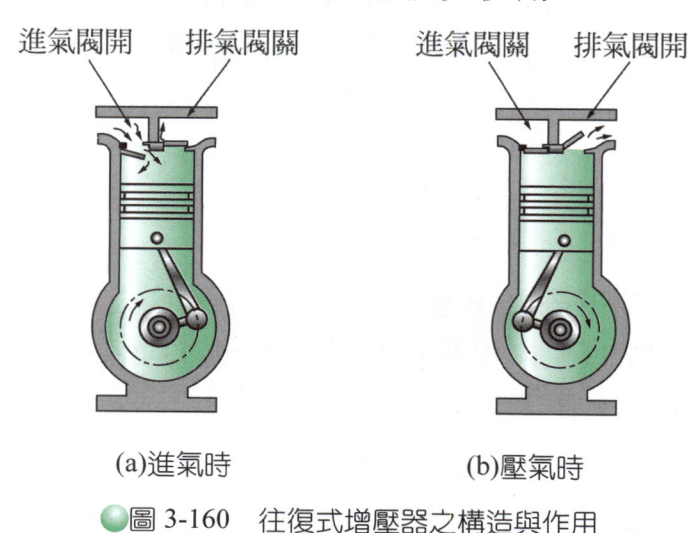

(a)進氣時　　(b)壓氣時

● 圖3-160　往復式增壓器之構造與作用

(二)迴轉式增壓器

迴轉式增壓器，通常稱為魯式鼓風機(Root's Type Blower)，目前廣泛使用於二行程柴油引擎，其構造如圖3-161所示，包括主動轉子、被動轉子、鼓風機外殼等。每個轉子上有二個輪葉瓣或三個輪葉瓣兩種。轉子係由輕金屬製成，內為中空，以減輕轉子之重量。主動轉子之主動軸延伸至引擎之齒輪室，由引擎傳動；而被動軸則經齒輪由主動軸負責傳動。主動齒輪與被動齒輪均有正時記號，使二個轉子在任何情形下旋轉均不會相碰。由於在設計上，兩個轉子與外殼也不會相碰，其各機件間之間隙均儘量減小，以防止漏氣，達到增加容積效率之效果。

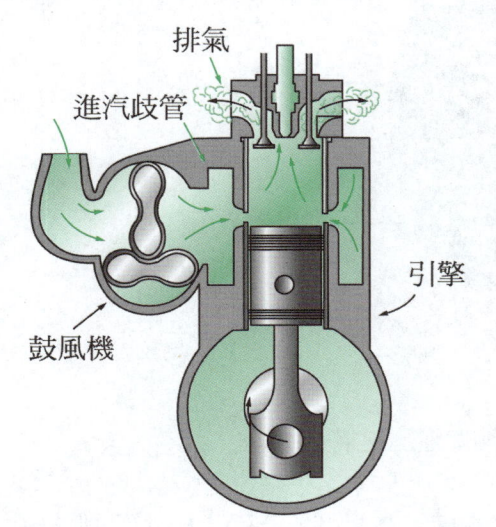

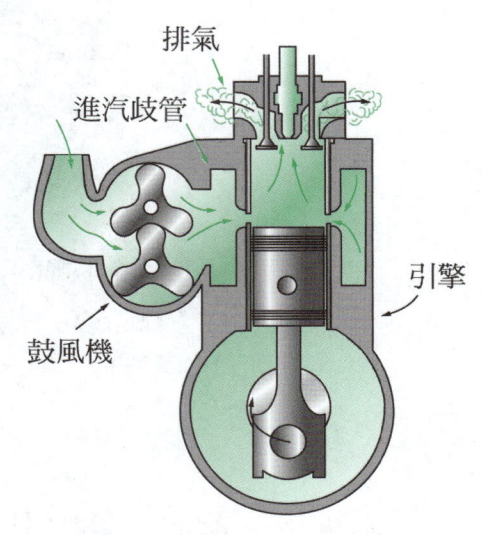

(a)二個輪葉瓣轉子之魯式鼓風機　　(b)三個輪葉瓣轉子之魯式鼓風機

● 圖 3-161　往復式增壓器之構造與作用

魯式鼓風機具有下列之優點：

1. 體積小、重量輕，慣性作用小，消耗引擎之馬力較少。
2. 因轉子與轉子及轉子與外殼之間隙很小，並未直接接觸，所以無需潤滑及冷卻之設置。
3. 其輸送的空氣量，幾乎與引擎速度成正比，引擎轉速愈快，其輸送的空氣量愈多，以保持適當的容積效率。

(三)排氣渦輪增壓器(Turbo Charger)

排氣渦輪增壓器之構造，如圖3-162所示，包括渦輪機與壓縮機，其渦輪機與壓縮機係裝在同一根軸之兩端，由兩個半浮式軸承支持其旋轉；軸承係利用引擎之機油來潤滑，而在軸承座周圍設有水套，可利用冷卻水來冷卻。由於渦輪機之葉輪常在650℃以上的高溫下工作，都使用耐熱合金製造；而壓縮機之葉輪，則使用鋁合金製造。為了使引擎在急加速時，能讓增壓器獲得良好的反應性，葉輪之重量愈輕愈好，以減少慣性損失。

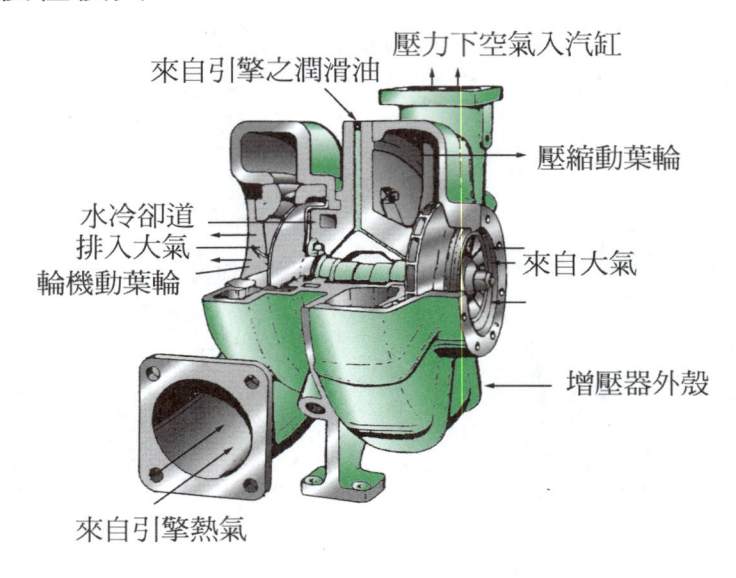

●圖 3-162　排氣渦輪增壓器之構造

　　排氣渦輪增壓器並不是由引擎之齒輪來驅動，而是利用排氣的壓力來驅動渦輪機之葉輪；由於渦輪機與壓縮機係裝在同一根軸上，所以，當渦輪機旋轉時，壓縮機也同速運轉，藉由壓縮機葉輪之離心力，將空氣壓入引擎之汽缸內，以提高容積效率。所以，渦輪增壓器在低速時因排氣之壓力較小，其效率較差；在高速時，因排氣壓力較高，其效率較高。

　　四行程柴油引擎所常用之排氣渦輪增壓器之控制系統，如圖 3-163 所示，其廢氣旁通閥係利用引擎潤滑系統的機油壓力來控制，因機油具有不可壓縮性，能使廢氣旁通閥不會因排氣的壓力變化而震動。若壓縮機的入口端與出口端之壓力差相差太大時，壓力比例控制閥會將油道內之機油送回油底殼，使廢氣旁通閥因機油壓力降低而自動打開，使部份廢氣能經由旁通閥流出，讓渦輪機與壓縮機之轉速降低，以免進氣壓力過高。

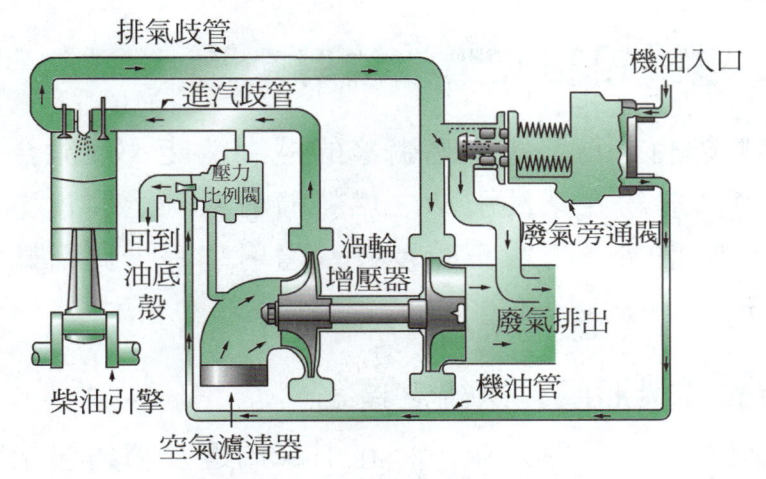

圖 3-163　排氣渦輪增壓器控制系統

隨堂評量

一、是非題

( ) 1. 若增加引擎之排氣量，也可以增加引擎之輸出馬力。
( ) 2. 裝設增壓器，可協助冷卻進汽門與排汽門。
( ) 3. 增設增壓器之柴油引擎，應選用品質較佳之燃料。
( ) 4. 機械式增壓器一般都使用於四行程柴油引擎。
( ) 5. 往復式增壓器所消耗之引擎動力較迴轉式增壓器為大。
( ) 6. 目前二行程柴油引擎所使用之增壓器以迴轉式為主。
( ) 7. 迴轉式增壓器又稱魯式鼓風機，主動轉子與被動轉子之輪葉瓣會接觸。
( ) 8. 渦輪增壓器之渦輪機與壓縮機的轉速一定相同。
( ) 9. 渦輪增壓器係利用引擎之機油潤滑。
( ) 10. 渦輪增壓器在低速時即有很好之效率，所以須裝設廢氣旁通閥。

二、問答題

1. 說明增壓器的功用與優點。
2. 說明迴轉式增壓器的構造與作用。
3. 魯式鼓風機具有那些優點。
4. 說明排氣渦輪增壓器的構造與作用。

3-11　電腦控制式柴油噴射系統

現代很多柴油車為了能提高引擎的控制性能，及能合乎第三期廢氣排放之標準，紛紛在柴油引擎之燃料噴射系統上裝置電腦控制，利用電腦來修正噴射量、噴射正時及控制噴射率等，此稱為電腦控制式柴油噴射系統。

一、電腦控制式柴油噴射系統之優點

電腦控制式柴油噴射系統，係在引擎周邊及噴射泵上裝上多個感知器，搜集引擎之運轉資訊後，將其轉換成電壓訊號給電腦，電腦將這些訊號加以處理計算後，再以最適當的噴射量、噴射正時、噴射率等控制作動器，使引擎能以最佳的狀況運轉，並合乎廢氣排放之要求。

電腦控制式柴油噴射系統具有下列之優點：
1. 能確認引擎在起動狀態，調節適當噴射量與噴射正時，以提高引擎之起動性。
2. 能依進氣溫度、冷卻水溫度、燃油溫度等訊號來調節噴射量與噴射正時，使引擎在暖車期間之運轉更為穩定。
3. 能依引擎轉速、加油踏板位置、齒桿位置、冷卻水溫度等訊號來調節噴射量與噴射正時，以提高引擎之輸出馬力，並達到省油的目的。
4. 廢氣之排放量較少，能達到低公害污染的目標。
5. 因引擎運轉穩定，使引擎之振動與噪音減少。

二、電腦控制式柴油噴射系統之種類

電腦控制式柴油噴射系統之種類有預行程控制式、電子調速器式、共軌式等三種。

（一）預行程控制式

預行程控制式之電腦控制柴油噴射系統，如圖 3-164 所示，係使用於直列式噴射泵，如圖 3-165 所示，在噴射泵之前端設有預行程作動器及作動機構，接受電腦控制，以控制最適當的噴射時間與送油

率。另在噴射泵之後端的調速器內也裝設有電子調速器作動器，接受電腦之控制，以操作齒桿之移動量，使引擎獲得最適當之噴油量，以降低排氣污染及提高引擎之運轉性能。

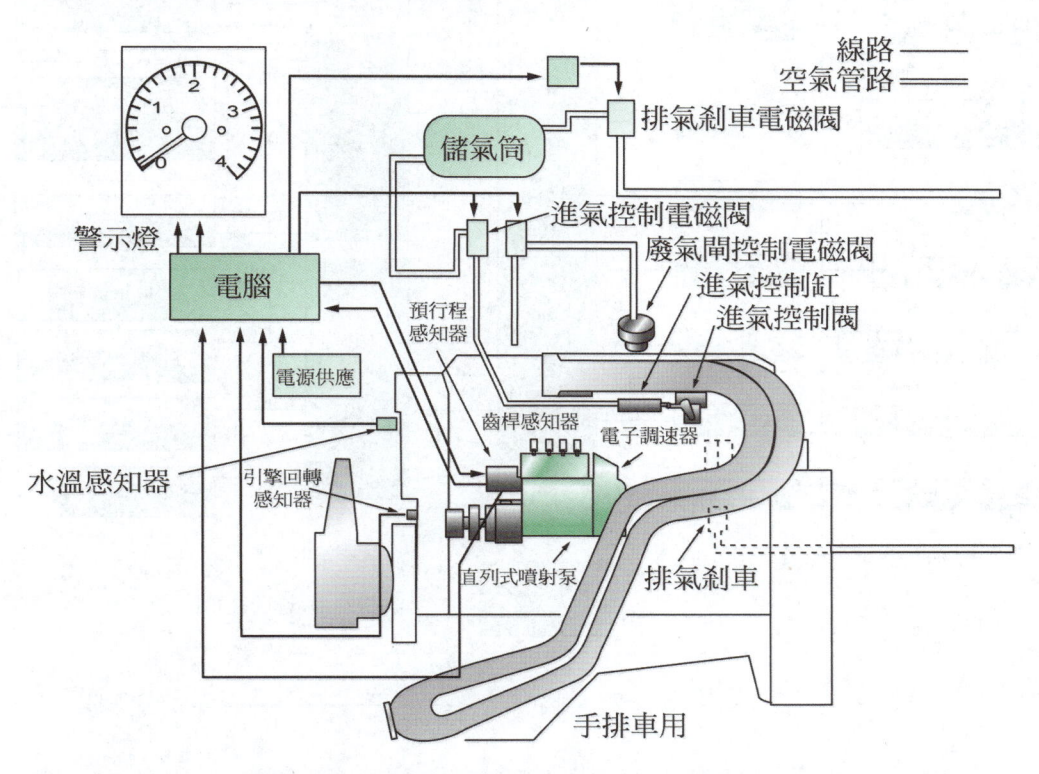

圖 3-164　預行程控制式電腦控制柴油噴射系統

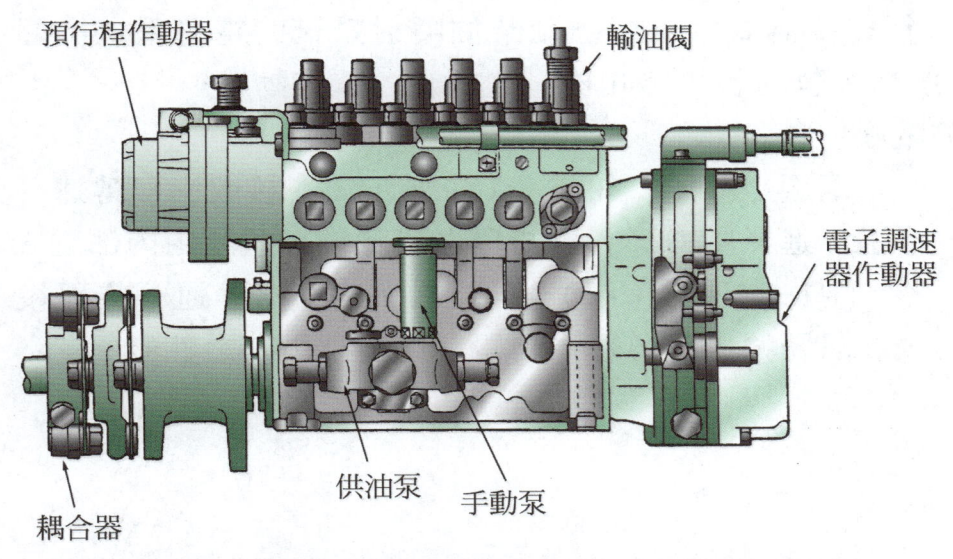

圖 3-165　直列式噴射泵及預行程作動器、電子調速器作動器

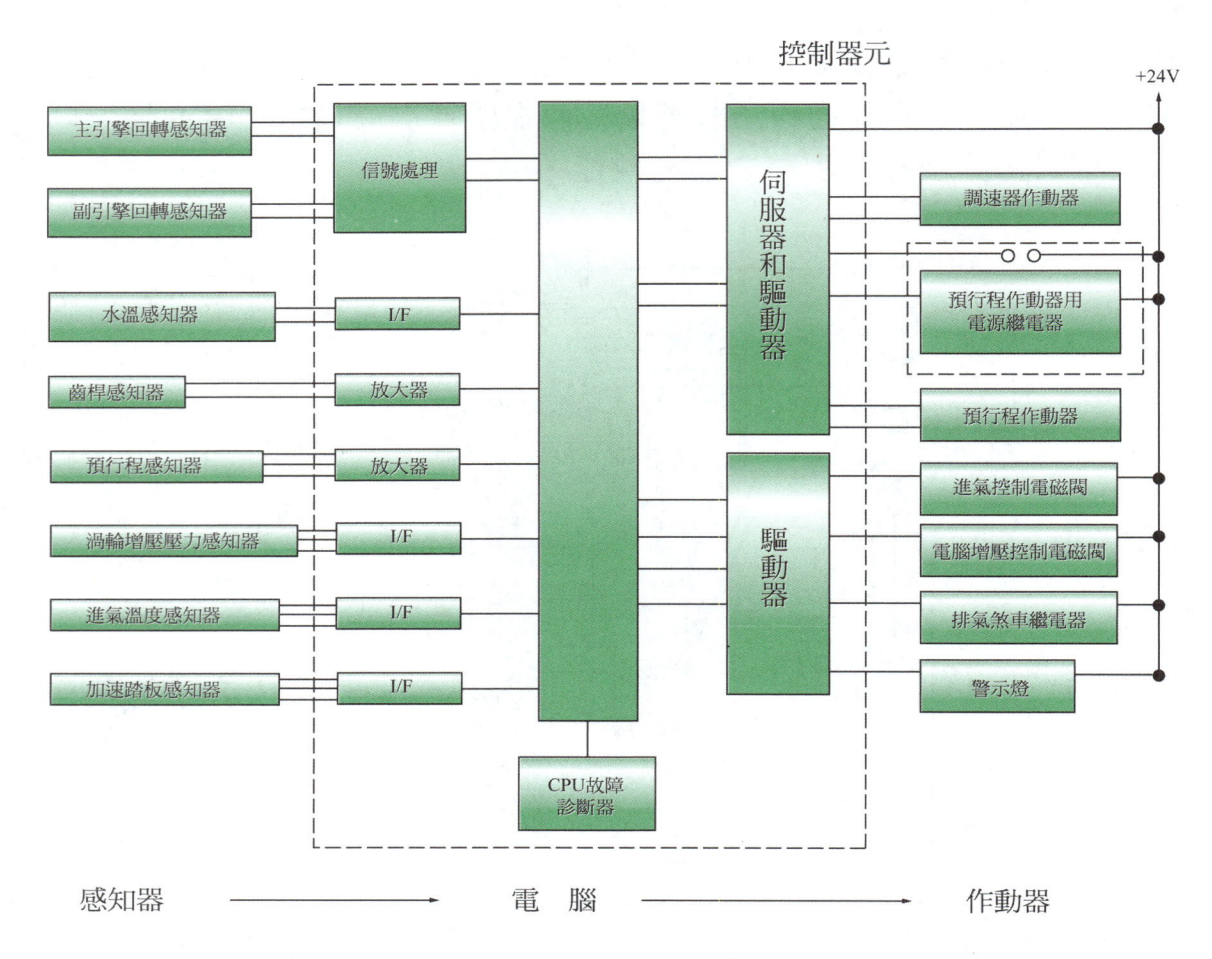

●圖 3-166　預行程控制式之電腦控制柴油噴射系統的電路系統簡圖

　　預行程控制式之電腦控制柴油噴射系統的電路系統簡圖，如圖 3-166 所示，包括各類感知器、電腦及各種作動器。

1. 電腦

　　　　電腦之外形，如圖 3-167 所示，在接收引擎轉速、負荷、水溫、進氣壓力等各感知器之訊號後，並藉由內部之 A/D 轉換器、中央處理器(CPU)、計算器、比較器等運算處理後，再將控制訊號輸出至各類作動器，以控制引擎之性能。

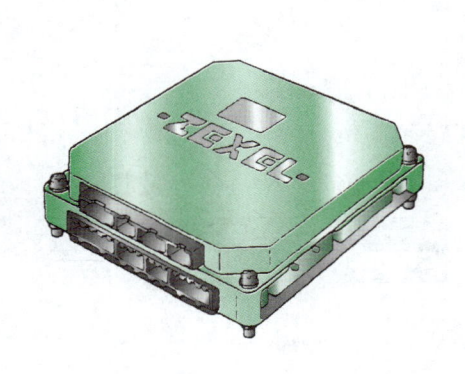

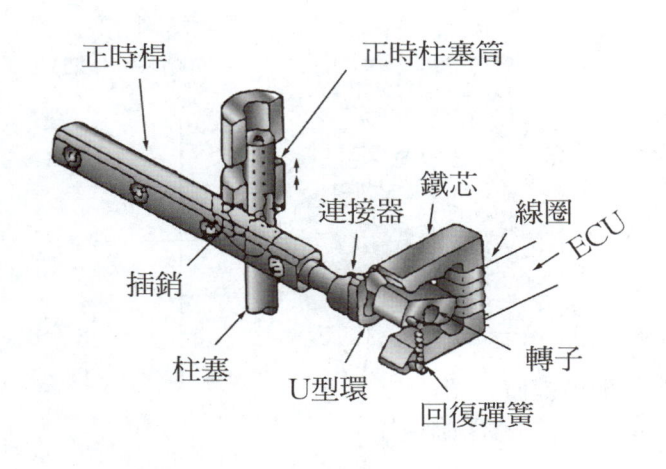

●圖 3-167　電腦之外形　　　　●圖 3-168　預行程作動器之構造

2. 預行程作動器與預行程感知器

　　預行程作動器為旋轉式電磁閥，係裝在噴射泵本體前面，其構造如圖 3-168 所示，包括線圈、鐵芯、轉子、軸、正時桿、回復彈簧等；在噴射泵內各汽缸的柱塞組中，其正時桿都裝有插銷，插銷的前端都嵌入正時柱塞筒的溝槽內；當預行程作動器接受電腦控制時，線圈通電產生磁力，而使轉子克服回復彈簧彈力而旋轉，經連接器而使正時桿旋轉，再經插銷而撥動正時柱塞筒上下移動，使柱塞組之預行程改變。若正時柱塞筒向上移動，則預行程變長，其噴射時間變晚；反之，若正時柱塞筒向下移動，則預行程變短，其噴射時間提早。

　　預行程感知器係裝在預行程作動器之前面，其構造如圖 3-169 所示，包括檢測線圈、溫度補償線圈、轉子等，負責將轉子(正時桿)轉動之角度變化轉換成電壓訊號後送入電腦，使電腦得知正時桿的位置，以作為控制預行程作動器之參考依據。

3. 主引擎轉速感知器

　　主引擎轉速感知器係由永久磁鐵、線圈和鐵芯所構成，如圖 3-170 所示，裝在噴射泵之驅動齒輪的脈衝突起部，當驅動齒輪轉動時，能使線圈產生交流電壓訊號並傳輸至電腦，以作為基本噴射量與噴射時間控制之參考依據。

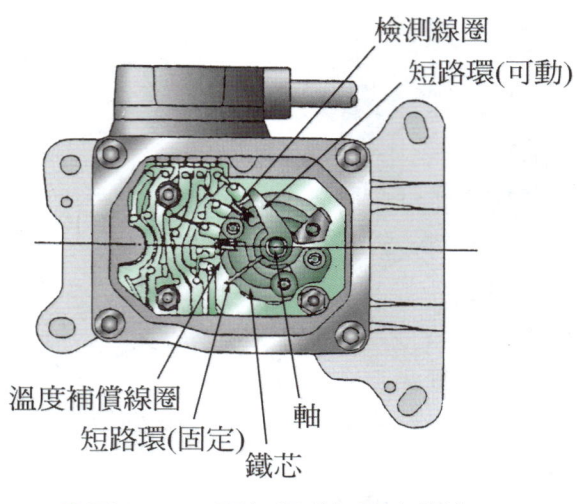

●圖 3-169　預行程感知器之構造 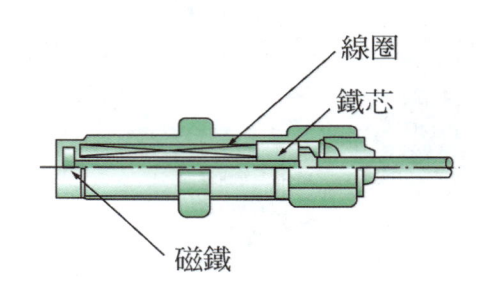　　●圖 3-170　主引擎轉速感知器

4. 副引擎轉速感知器

　　副引擎轉速感知器係裝在電子調速器內之噴射泵凸輪軸的脈衝突起部，如圖 3-171 所示，其構造包括永久磁鐵、線圈、鐵芯等，當噴射泵凸輪軸轉動時，副引擎轉速感知器會產生交流電壓訊號，並傳送至電腦，若主引擎轉速感知器故障，電腦即以副引擎轉速感知器作為引擎之轉速訊號的依據。

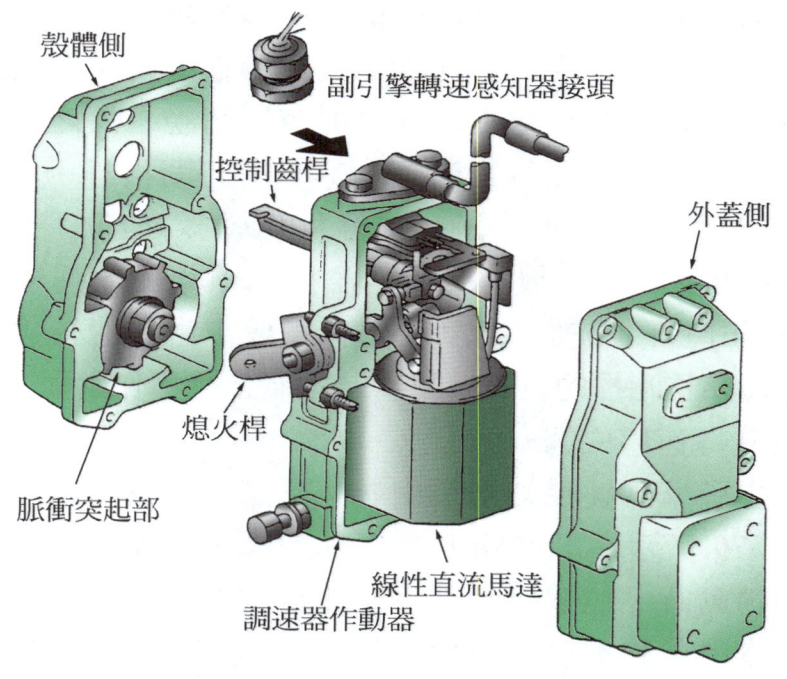

●圖 3-171　副引擎轉速感知器

5. 電子調速器作動器與齒桿位置感知器

電子調速器作動器之構造，如圖 3-171 所示，係由線性直流馬達、熄火桿、連接器、控制齒桿等組成。

當電腦將各種行駛訊號傳送至電子調速器作動器時，線性直流馬達之線圈總成會產生上下移動，經連桿傳至控制齒桿之連接器，而使控制齒桿產生前後移動，如圖 3-172 所示。若線圈總成往上移動，則控制齒桿會往增油方向移動；反之，若線圈往下移動，則控制齒桿會往減油方向移動。

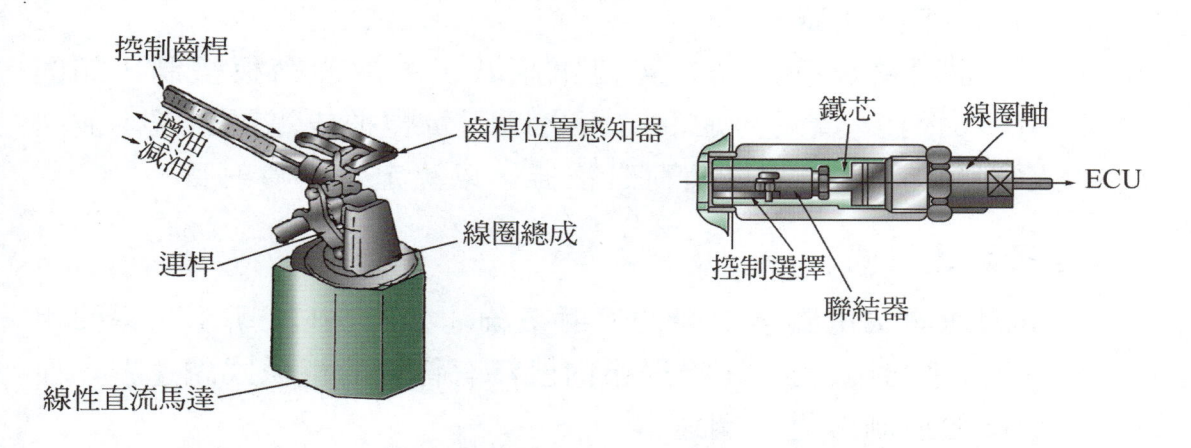

● 圖 3-172　電子調速器作動器之作用　　● 圖 3-173　齒桿位置感知器

齒桿位置感知器係裝在齒桿末端(噴射泵前端)，其構造如圖 3-173 所示，包括線圈、鐵芯等，當齒桿移動時，齒桿位置感知器會產生交流電壓訊號，並將訊號傳回電腦，電腦會經常比較預設齒桿位置與實際齒桿位置間之差距，再修正控制齒桿的移動量，使預設齒桿位置與實際齒桿位置之差距為零，以達到最適當噴射量之控制。

6. 水溫感知器與進氣溫度感知器

水溫感知器與進氣溫度感知器之構造，如圖 3-174 所示，均採用負溫度係數之電阻(溫度愈高，電阻愈小)，負責將溫度變化轉換成電壓訊號給電腦，以作為噴射量修正及噴射時間修正之參考。溫度愈低時，其噴射量應愈多(增濃)，噴射時間應提早。

● 圖 3-174　水溫及進氣溫度感知器　　●圖 3-175　油門踏板感知器

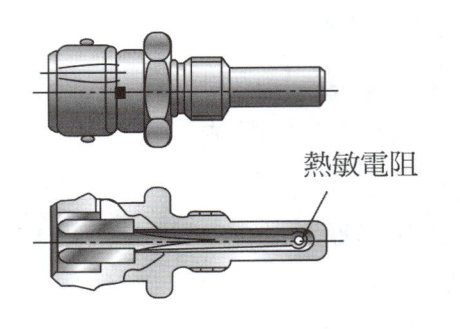

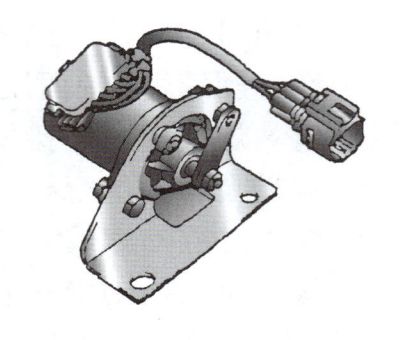

7. 油門踏板感知器

　　油門踏板感知器為可變電阻式，由加油踏板控制，如圖 3-175 所示，負責將加油踏板之踩下量轉換成電壓訊號，並送入電腦，可作為引擎負荷之依據，以決定基本噴射量。

（二）電子調速器式

　　電子調速器式電腦控制柴油噴射系統，如圖 3-176 所示，係使用於高壓分配式噴射系統，在噴射泵內已沒有傳統的機械式調速器，而改用接受電腦控制之電子調速器。

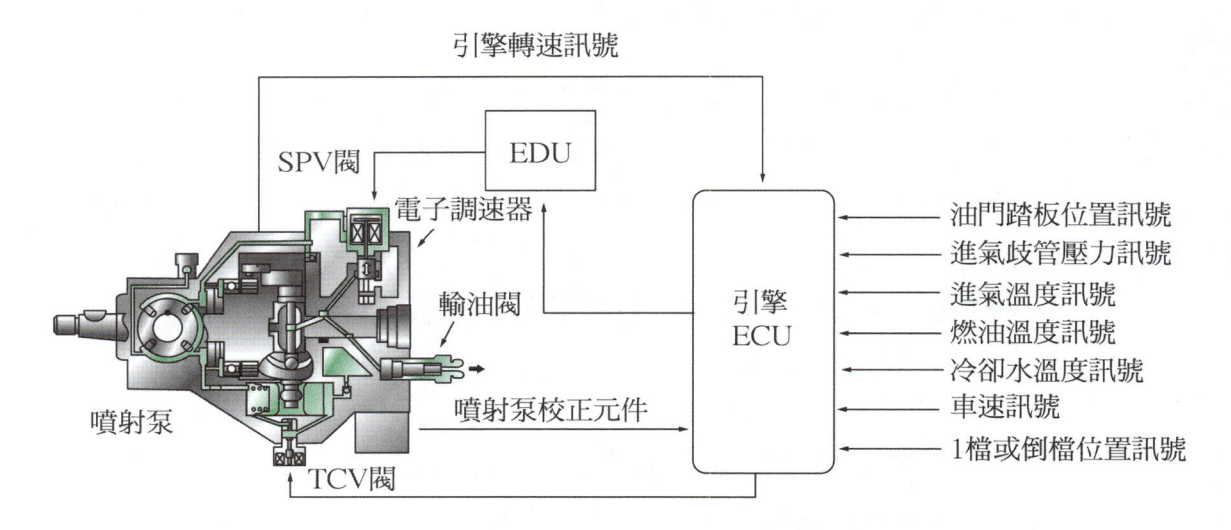

●圖 3-176　電子調速器式電腦控制柴油噴射系統

電子調速器式之電腦控制柴油噴射系統的電路簡圖，如圖 3-177 所示，包括各類感知器、電腦及各種作動器。在噴射系統中，電腦主要在控制電子調速器之SPV閥，以控制最適當的噴射量，及控制噴射正時之 TCV 閥，以控制最適當之噴射時間。

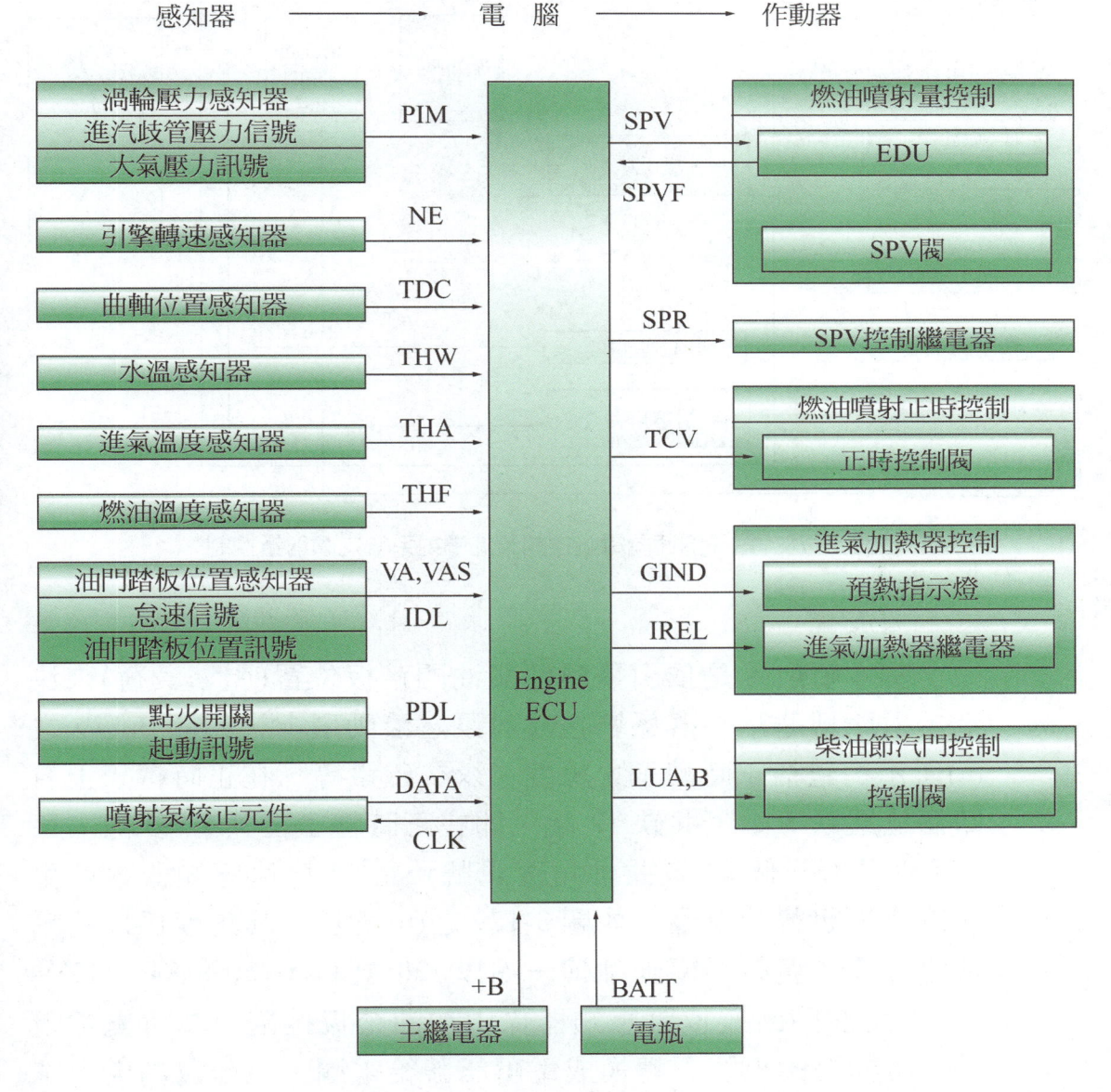

● 圖 3-177　電子調速器式電腦控制柴油噴射系統之電路簡圖

電子調速器式電腦控制柴油噴射系統之噴射量控制，如圖 3-178 所示，包括基本噴射量、修正量、起動增量、引擎扭力增量等。

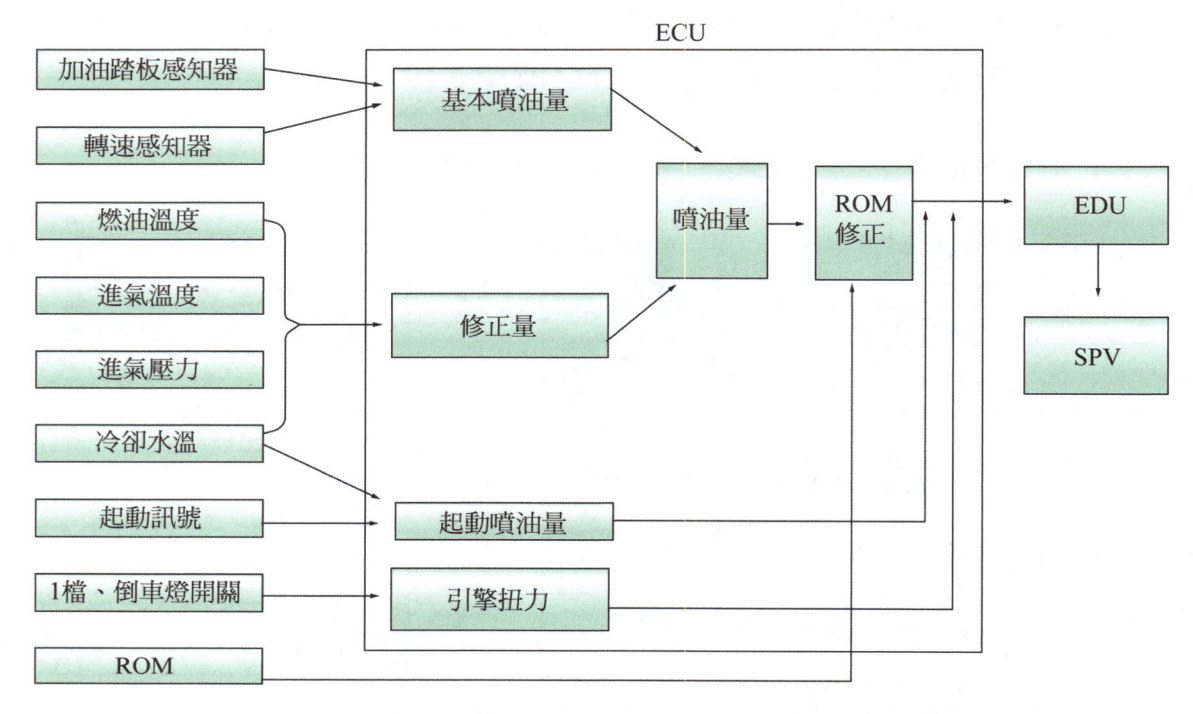

○圖 3-178　電子調速器電腦控制柴油噴射系統之噴射量控制

1. 基本噴射量

基本噴射量是依引擎轉速與油門踏板位置(引擎負荷)來決定，引擎轉速感知器係裝在噴射泵之滾動環上，如圖 3-179 之(a)所示，包括正時轉子、線圈、永久磁鐵等，在正時轉子上有四個位置缺 3 齒，共缺 12 齒，即在正時轉子上共有 84 齒，每 7.5° 會產生一個訊號(曲軸角度訊號)，引擎轉速感知器會產生交流電壓訊號給電腦，如圖 3-179 之(b)所示，其角度係以曲軸轉速計算，噴射泵驅動軸轉一圈以 720° 計算，$720 \div (84 + 12) = 7.5°$；而油門踏板位置感知器係由加油踏板控制，為可變電阻器，將油門踏板位置轉換成電壓訊號給電腦，以作為判定引擎負荷之依據。

(a)構造　　　　　　　　　　(b)產生之交流電壓訊號

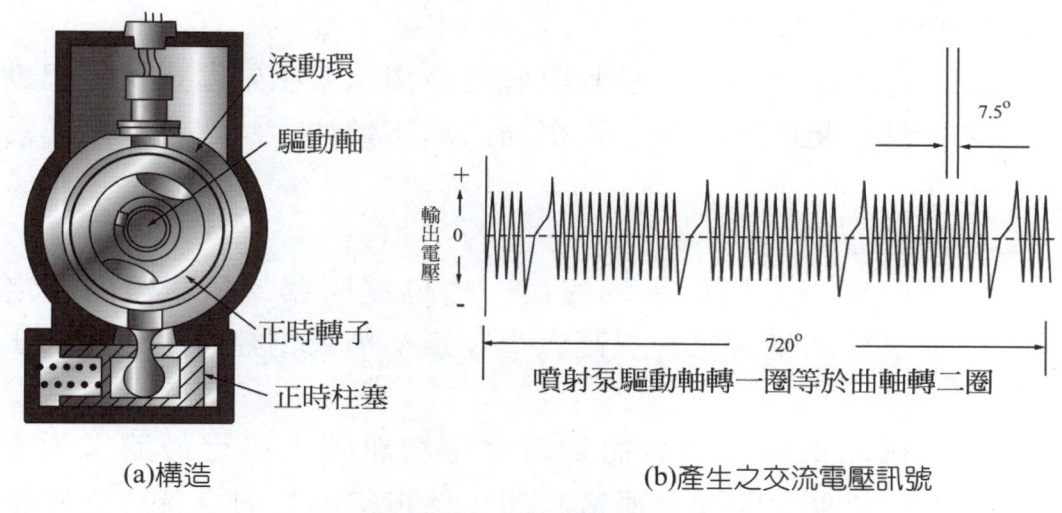

● 圖 3-179　引擎轉速感知器

2. 修正量

修正量係依進氣壓力、進氣溫度、燃油溫度、冷卻水溫等之變化來調節最適當的噴射量。

進汽歧管壓力感知器係利用矽晶片作成之膜片來感測進氣壓力變化，以產生電壓訊號給電腦，其電壓之輸出訊號，如圖 3-180 所示，輸出電壓之大小與進氣壓力成正比；當進氣壓力愈高時，修正之噴射量愈多。

進氣溫度、冷卻水溫、燃油溫度等感知器都採用負溫度係數之熱敏電阻，負責將溫度之變化轉換成電壓訊號給電腦，溫度愈高時，電阻愈小，送入電腦之電壓訊號愈低，其修正的噴射量愈少。

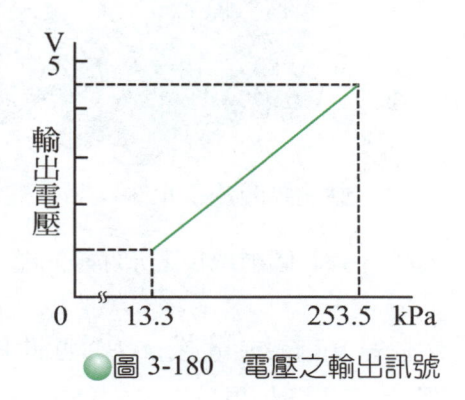

● 圖 3-180　電壓之輸出訊號

3. 起動增量

　　起動增量係依據起動訊號與冷卻水溫感知器來決定起動時之增量與起動後增量，以提高汽車起動性，及起動後之運轉穩定性。

4. 引擎扭力增量

　　引擎扭力增量係依據第一檔位置開關或倒車燈開關之訊號，以增加噴射量，提高汽車在第一檔或倒檔時之引擎輸出扭力。

　　雖然電腦已依各感知器之電壓訊號來決定最適當的噴射量，以控制SPV閥之通電時間，但也常因噴射泵機件之磨損等變化而影響其實際的噴射量；所以，在噴射泵內部都裝設有噴射泵校正元件感知器，以補償因噴射泵機件本身之改變，所造成噴射量與噴射正時的差異。

　　噴射泵校正元件感知器都裝在噴射泵上，如圖3-181所示，係利用儲存在噴射泵校正元件內之ROM(唯讀記憶體)資料來作校正。

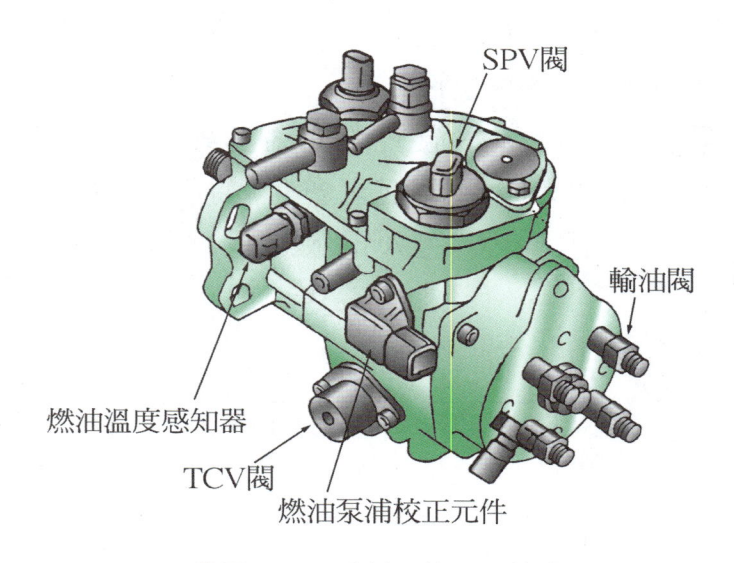

● 圖 3-181　噴射泵校正元件感知器

　　電腦在決定最適當的噴射量後，會驅動EDU(Electronic Drive Unit)來控制SPV閥之通電時間。

EDU(電子驅動元件)之控制，如圖3-182所示，在高壓燃油壓力下，負責將電瓶24V之電壓快速充電升壓至150V，以驅動SPV閥，控制電子調速器之最適當噴射量。

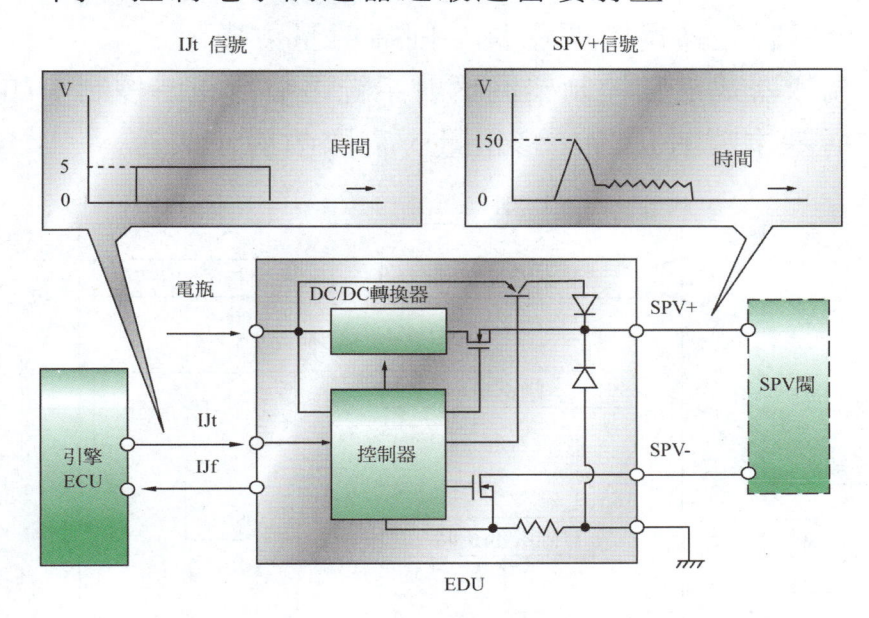

○圖 3-182　EDU(電子驅動元件)之控制

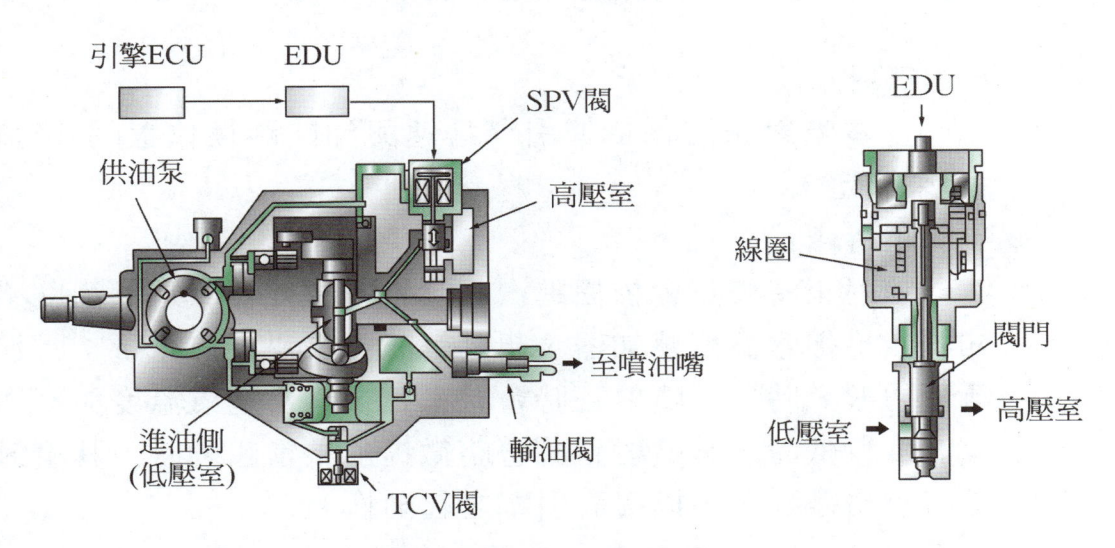

○圖 3-183　SPV 閥之構造與作用

　　SPV閥係裝在噴射泵上，如圖3-183所示，依EDU送來的訊號來控制噴射量。當SPV閥ON時，高壓室與低壓室之通道會關閉，使高壓燃料會經輸油閥,再送至噴油嘴噴射,噴油嘴之噴射壓力約180～300 kg/cm^2。當SPV閥OFF時,高壓室與低壓室之通道會打開,使高壓室壓力下降,噴油嘴之噴射立即結束。所以,SPV閥之通電時間即為噴射時間,SPV閥之通電時間愈長,則噴射量愈多。

電子調速器式電腦控制柴油噴射系統之噴射正時控制,如圖3-184所示,包括基本噴射正時、修正量、實際噴射正時等。

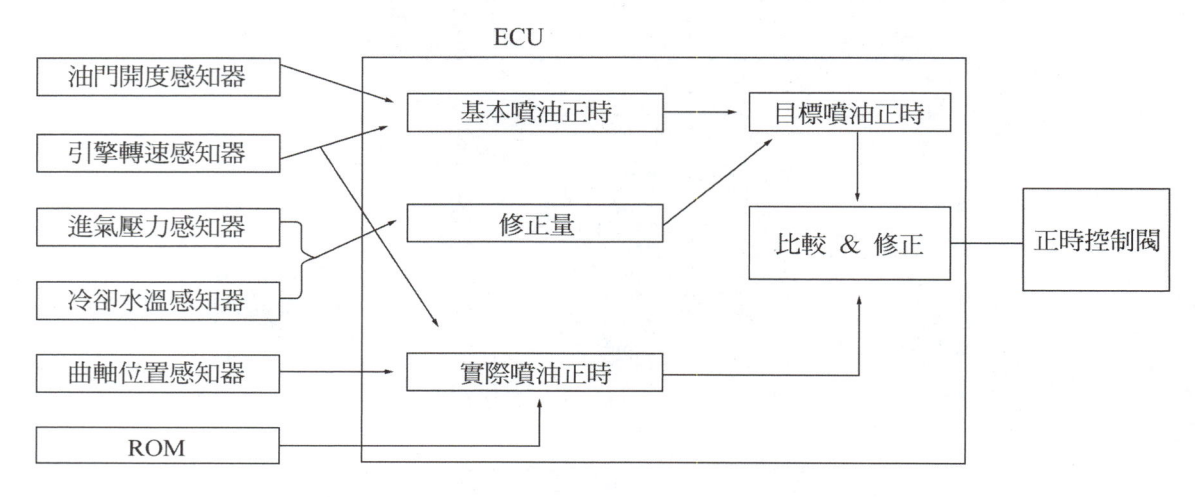

● 圖 3-184　電子調速器式電腦控制柴油噴射系統之噴射正時控制

a. 基本噴射正時

　　基本噴射正時係依據引擎轉速與油門踏板位置(引擎負荷)來決定。

b. 噴射正時修正

　　噴射正時修正會依據進汽歧管壓力感知器、進氣溫度感知器、冷卻水溫度感知器、起動等訊號來決定修正量;當進氣壓力較大時,其噴射正時會略微延後;當進氣溫度與冷卻水溫度較低時,其噴射正時會略微提前;當起動時,其噴射正時會略微延後,以提高引擎之起動性。

c. 實際噴射正時

　　實際噴射正時係由曲軸位置感知器與引擎轉速感知器來決定;曲軸位置感知器是裝在汽缸體上,如圖3-185所示,在曲軸上有一凸點,使曲軸轉一圈能產生一次訊號,使電腦能確認曲軸位置(第一缸活塞與第四缸活塞之位置)，以作為決定噴射正時控制之依據。

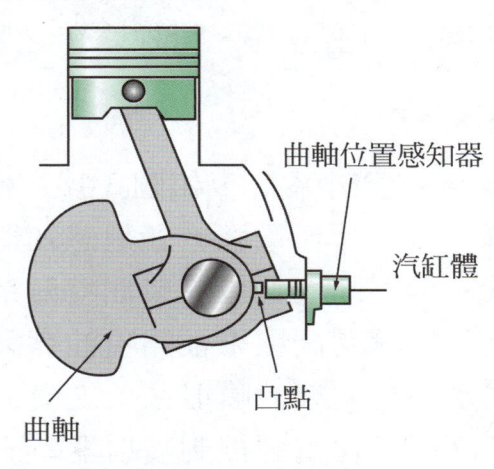

圖 3-185　曲軸位置感知器

當電腦在決定了最適當的噴射正時後，會送電流至 TCV 閥(正時控制閥)，以控制正時活塞至壓力室與進油側(低壓室)間之油道孔徑大小，來決定正時活塞所承受的油壓，以確定噴射泵之柱塞組的噴射正時。

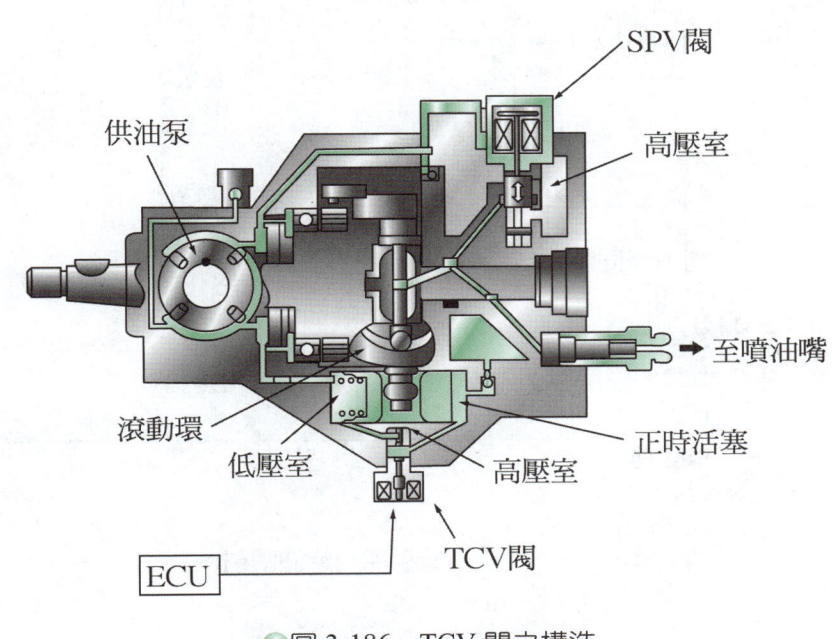

圖 3-186　TCV 閥之構造

TCV(Time.Cotrol.Valve)閥之構造,如圖3-186所示,包括線圈、彈簧、移動芯子、閥門等;電腦送入TCV閥之電流愈大,則磁力愈強,壓力室作用至正時活塞之油壓愈高,使柱塞組之噴射時間愈早。

(三)共軌式(Common Rail)

共軌式電腦控制柴油噴射系統,如圖3-187所示,主要的配備包括主油泵、共軌裝置、噴射器、電腦,各類感知器等。其控制方式與一般的柴油噴射系統完全不同,一般的柴油噴射系統之噴射器為機械式,係利用噴射泵產生的瞬間高壓來推開噴油嘴針閥,使高壓柴油噴入汽缸內,而共軌式電腦控制柴油噴射系統之噴射器為電子控制式,在共軌裝置上為常時高壓,當電腦控制噴射器時,高壓柴油會推開針閥,將柴油噴入汽缸,如圖3-188所示。

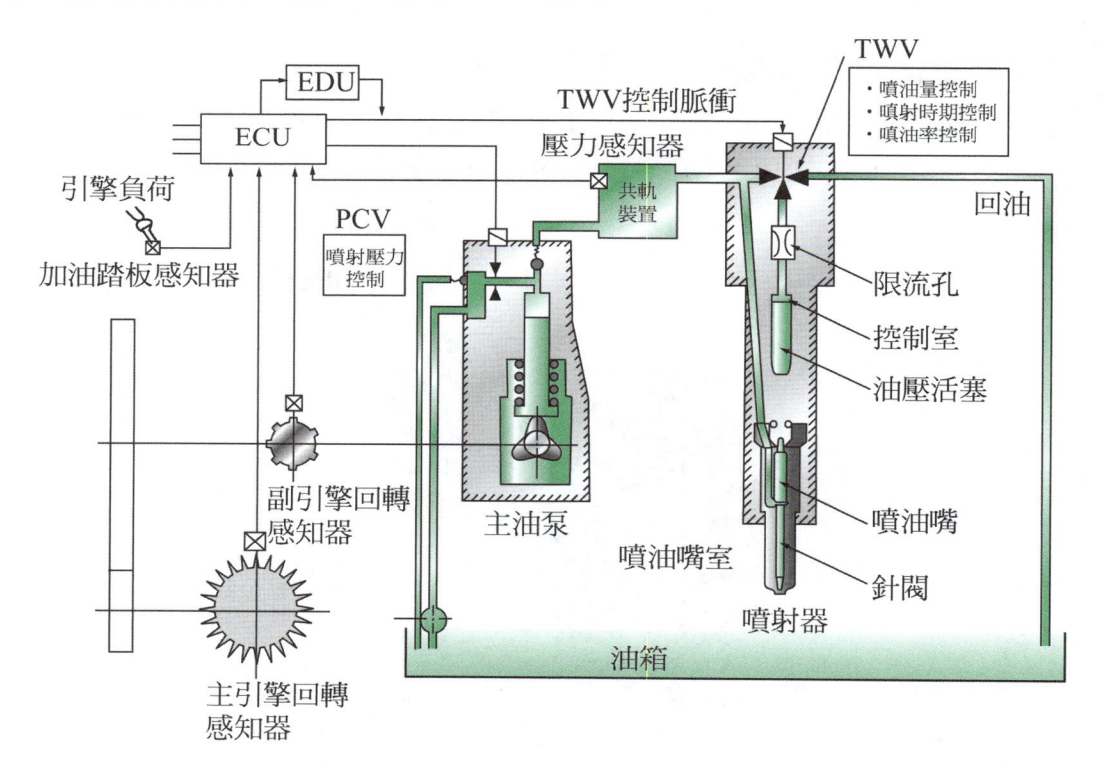

● 圖3-187 共軌式電腦控制柴油噴射系統

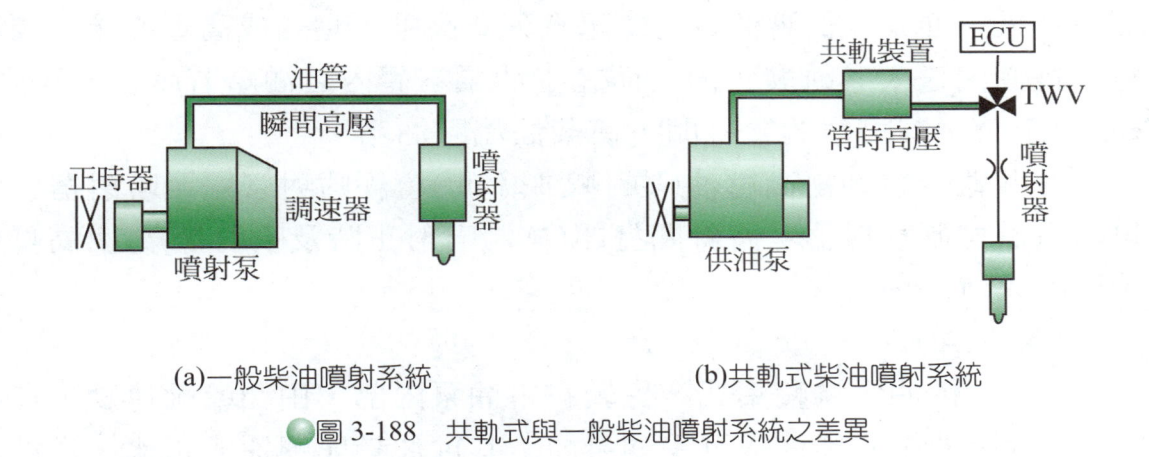

(a) 一般柴油噴射系統　　　　　(b) 共軌式柴油噴射系統

● 圖 3-188　共軌式與一般柴油噴射系統之差異

共軌式電腦控制柴油噴射系統之燃料系統，如圖 3-189 所示，係利用裝在主油泵內之供油泵將油箱的柴油吸出，並送至柴油濾清器過濾後，再送入主油泵，在送入主油泵之前為低壓油，其油壓 3.2 kg/cm^2 以上時，會將柴油濾清器之溢流閥推開，使柴油經溢流管流回油箱。

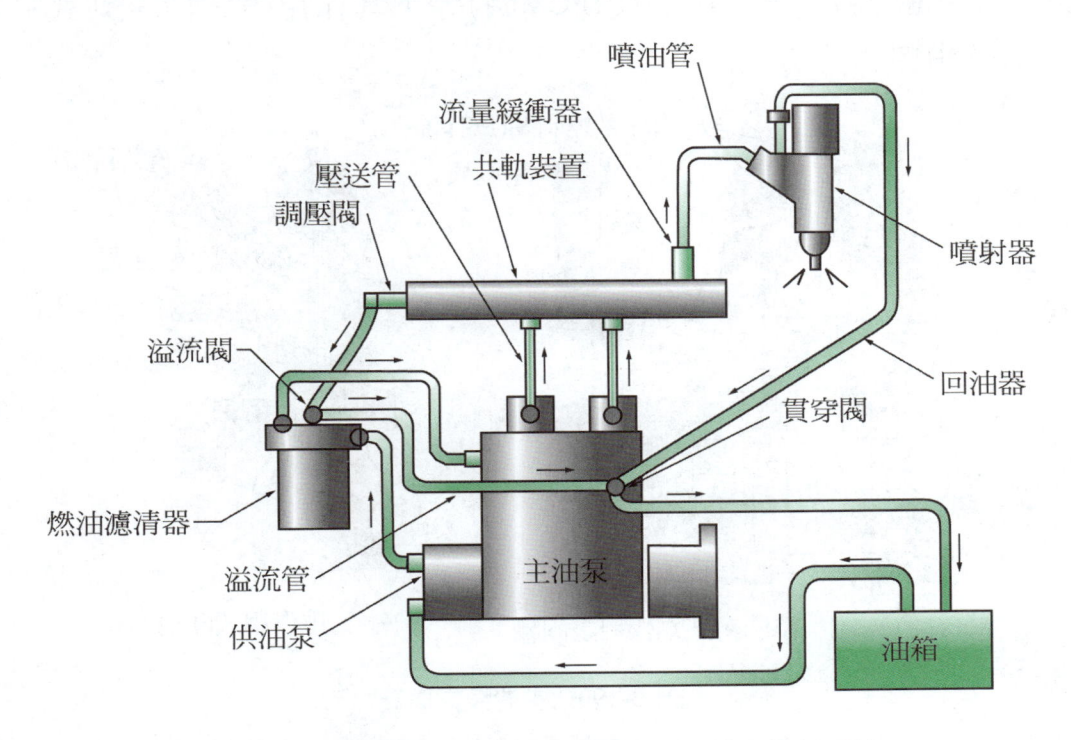

● 圖 3-189　共軌式電腦控制柴油噴射系統之燃料系統

送入主油泵之低壓油會受二組直列式高壓泵壓縮成高壓油後，經壓力控制閥送入共軌裝置內，而在主油泵本體內之油壓若超過 3.6kg/cm² 以上時，其貫穿閥會打開，使柴油流回油箱。

在共軌裝置內之高壓油(約 1420kg/cm²)會經噴射管送至噴射器，再由電腦控制噴射器，將針閥打開(控制噴射正時及噴射量)，使高壓柴油噴入汽缸內。

1. 供油泵(Feed Pump)

供油泵為輪葉式，係裝在主油泵內部，由凸輪軸傳動，負責將油箱的柴油送至主油泵內；其供油量與轉速成正比，當供油壓力超過 3.2kg/cm² 以上時，柴油會將柴油濾清器之溢油閥推開，經回油管流回油箱。

2. 主油泵(Supply Pump)

主油泵之構造，如圖 3-190 所示，包括凸輪軸、柱塞組(柱塞與缸筒)、壓力控制閥(PCV閥)等，其作用方式與直列式噴射泵相同。

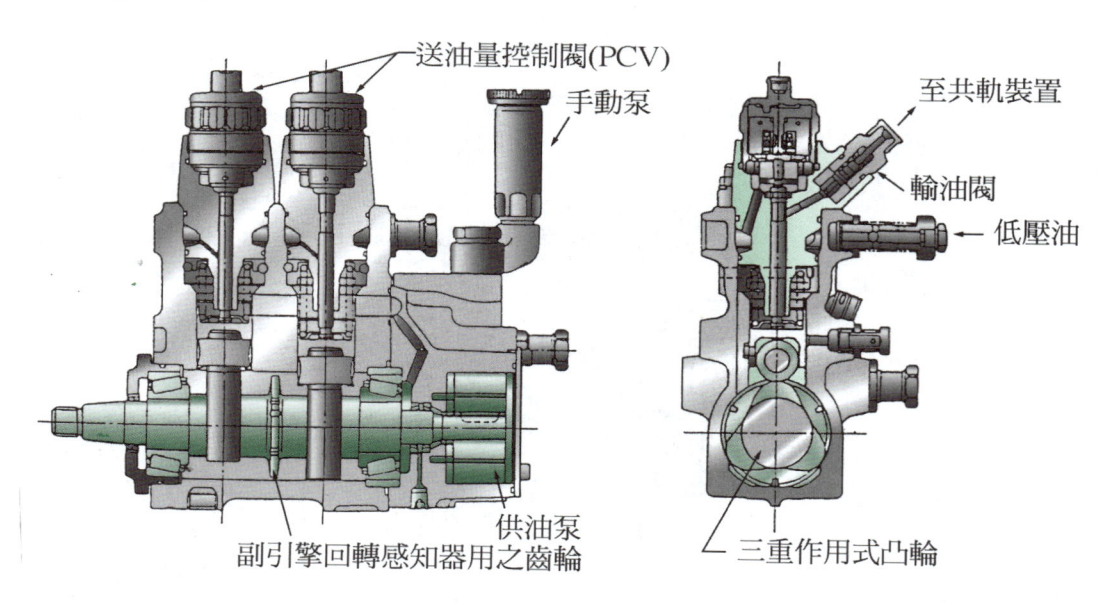

● 圖 3-190　主油泵之構造

凸輪軸係採用三重作用式凸輪，轉一圈能使柱塞組壓油三次，其柱塞組數目為汽缸數之 1/3(六缸引擎採用二組柱塞組)。

壓力控制閥：簡稱 PCV 閥(Pressure Control Valve)，其構造包括線圈、彈簧、控制閥等；PCV 閥係受電腦控制，以控制送入共軌裝置之送油量，進而控制共軌壓力，其作用情形如圖 3-191 所示，在 PCV 閥 OFF 時，PCV 閥打開，若柱塞下行，則低壓柴油會經 PCV 閥被吸入柱塞室；若柱塞上行，因 PCV 閥打開，低壓柴油仍無法被壓縮，會經貫穿閥、回油管流回油箱。

當電腦及 PCV 閥 ON 時，PCV 閥關閉，柱塞室之低壓柴油立即被壓成高壓柴油，並經輸油閥被送入共軌裝置，而 PCV 閥之通電時間，即為送入共軌裝置之送油量，以控制共軌壓力。

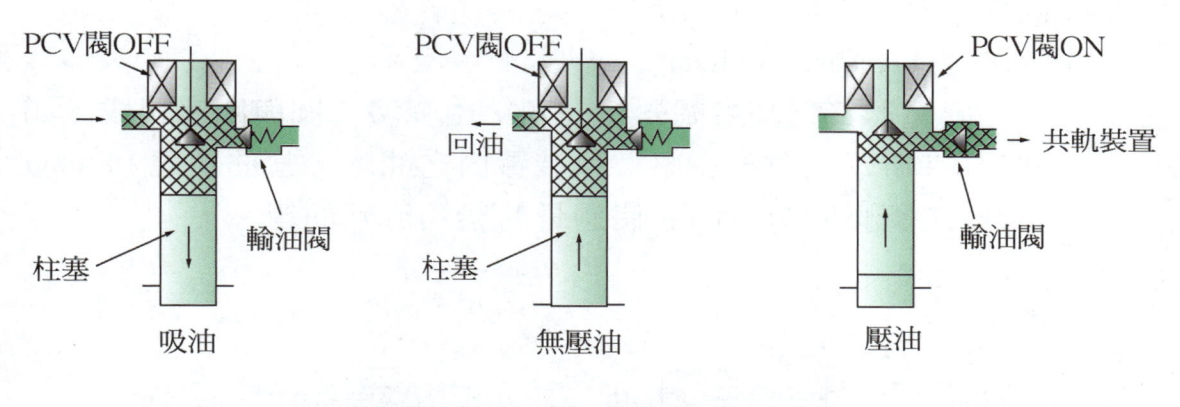

圖 3-191　壓力控制閥(PCV)之作用

3. 共軌裝置(Common Rail)

共軌裝置如圖 3-192 所示，其內部有共通油道，外部裝有流量緩衝器、共軌壓力感知器、調壓閥等，負責將高壓柴油送至各缸之噴射器。

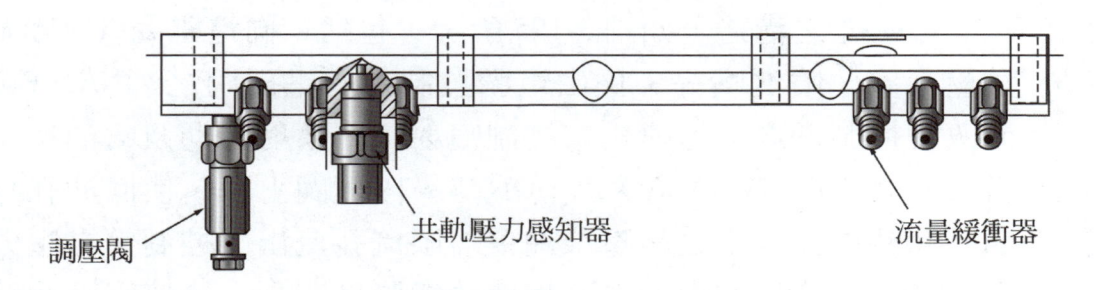

圖 3-192　共軌裝置

4. 流量緩衝器

流量緩衝器之構造，如圖 3-193 所示，包括活塞、鋼珠、彈簧、彈簧座、閥面等，係利用高壓油管將高壓油連接至噴射器，主要的功用是在緩和共軌裝置與高壓油管內部之壓力脈動。

當噴射器未噴射時，彈簧會將鋼珠推離閥面；若噴射器噴射時，高壓油管之壓力會降低，活塞與鋼珠會推動彈簧座移動，以減少高壓油管內之壓力脈動，若油管有漏油或將高壓油管拆下，因流過流量緩衝器之流量過大(高壓油管壓力迅速降低)，鋼珠承受活塞推動行程變大，而頂住閥面，使共軌裝置之高壓油被切斷而無法流出。

5. 限壓器(Pressure Limiter)

限壓器又稱調壓閥為單向閥，由彈簧、閥與閥座組成，如圖 3-194 所示，負責調整共軌裝置內之油壓，當油壓達 1420kg/cm^{2}時，調壓閥會打開，使過量的柴油流回油箱。

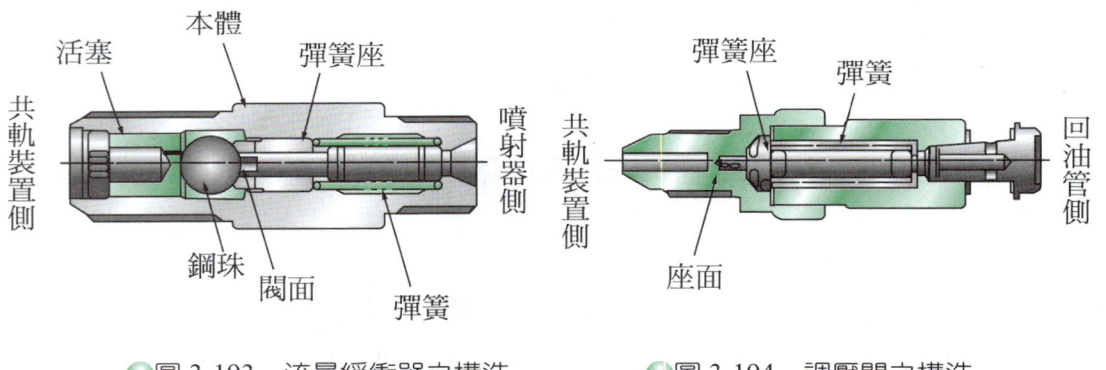

● 圖 3-193　流量緩衝器之構造　　　● 圖 3-194　調壓閥之構造

6. 噴射器(Injector)

噴射器之構造，如圖 3-195 所示，包括二向電磁閥(TWV)、油壓活塞、噴油嘴等。係由電腦控制二向電磁閥之 ON/OFF，而改變控制室之壓力變化來控制噴射量、噴射時期及噴油率。當二向電磁閥(Two Way Valve)ON時，內側閥上舉，使回油孔打開，此時，控制室之高壓柴油會經限流孔流出，控制室之壓力立即降低，使噴油嘴室之高壓柴油能將針閥頂上，使高壓柴油能由噴油孔噴出。

當二向電磁閥OFF時，內側閥受彈簧推動而下壓，使回油孔關閉，高壓柴油會經限流孔流入控制室，讓油壓活塞推動噴油嘴之針閥彈簧，使針閥關閉，噴油嘴立即結束噴油。所以，電腦即利用二向電磁閥之通電時期來控制其噴射正時，且利用其通電時間來控制噴射量。

噴油嘴為多孔型，當二向電磁閥通電時，控制室之壓力是逐漸減壓，使噴油嘴之針閥慢慢上升，而產生前導噴射(少量噴油)與主噴射(主要噴油量)之二段式噴射方式。

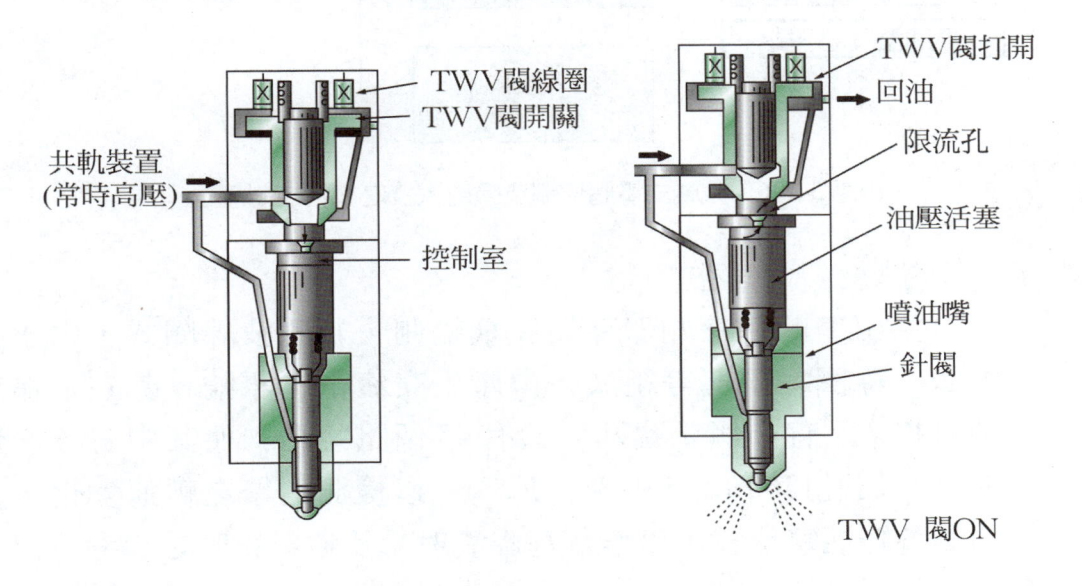

● 圖 3-195　噴射器之構造與作用

共軌式電腦控制柴油噴射系統之電路控制流程，如圖3-196所示，電腦在接收各類感知器之訊號後，經中央處理器(CPU)處理後，再控制裝在主油泵上端之PCV閥，以控制共軌裝置之油壓(噴射壓力)，並利用EDU(電子驅動元件)來控制噴射器之二向電磁閥，以控制噴油嘴之噴射時期、噴射量及噴射率。

```
輸入信號                                   控制輸出
┌─────────────────┐                    ┌─────────────────┐
│ 油門踏板感知器  │──┐              ┌─│ (PCV閥)         │
└─────────────────┘  │              │ │ 噴射壓力的控制  │
┌─────────────────┐  │              │ └─────────────────┘
│ 主引擎回轉感知器│──┤              │
└─────────────────┘  │  ┌────────┐  │ ┌─────────────────┐
┌─────────────────┐  │  │        │──┤ │ (TWV閥)         │
│ 副引擎回轉感知器│──┤  │ 電腦   │    │ 噴射量的控制    │
└─────────────────┘  ├─▶│ (ECU)  │    │ 噴射時期的控制  │
┌─────────────────┐  │  │        │    │ 噴射率的控制    │
│ 共軌壓力感知器  │──┤  │        │    └─────────────────┘
└─────────────────┘  │  └────────┘
┌─────────────────┐  │       │
│ 冷卻水溫感知器  │──┤       ▼
└─────────────────┘  │  ┌────────────┐
┌─────────────────┐  │  │電子驅動組件│
│ 進氣溫度感知器  │──┤  │   (EDU)    │
└─────────────────┘  │  └────────────┘
┌─────────────────┐  │
│ 燃油溫度感知器  │──┘
└─────────────────┘
```

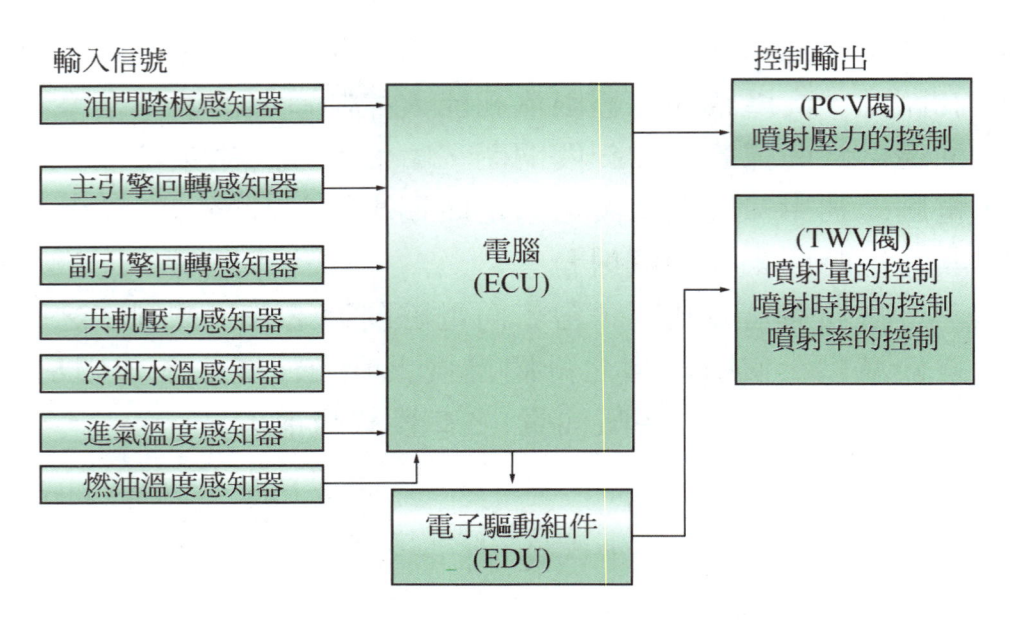

● 圖 3-196　共軌式電腦控制柴噴射系統之電路控制流程

1. **主引擎轉速感知器**

　　主引擎轉速感知器係裝在飛輪側，為磁波線圈式，由永久磁鐵、線圈、鐵芯等組成，會產生交流電壓訊號。其在飛輪外圍每格 7.5° 有一個訊號孔，共有 45 個訊號孔，而其中有三個位置沒有鑽孔($360 \div (45 + 3) = 7.5°$)，以檢測引擎之轉速變化，及偵測各缸活塞位置，以作為基本噴射量及噴射正時之參考依據。

2. **副引擎轉速感知器**

　　副引擎轉速感知器係裝在主油泵內，其構造與主引擎轉速感知器相同。在主油泵之凸輪軸上每隔 60°(曲軸是 120°)有一個缺口，共有 7 個缺口，多出來的缺口所輸出的脈衝，係作為引擎第一缸之基準脈衝。

　　副引擎轉速感知器除了可測知引擎轉速及各缸位置外，主要的功用是萬一主引擎轉速感知器故障，電腦能以副引擎轉速感知器之訊號作為計算與控制之依據。主引擎轉速感知器與副引擎轉速感知器之電路簡圖，如圖 3-197 所示。

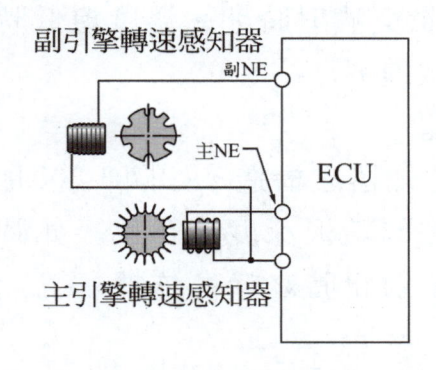

◯圖 3-197　主引擎轉速感知器與副引擎轉速感知器之電路簡圖

3. 共軌壓力感知器

　　共軌壓力感知器之構造，如圖 3-198 所示，係由鈮半導體之壓電元件組成，裝在共軌裝置上，負責將共軌裝置之油壓變化轉換成電壓訊號給電腦，讓電腦能依共軌裝置之壓力變化來控制PCV閥之通電時間。其輸出之電壓變化與共軌裝置之油壓成正比，如圖 3-199 所示。

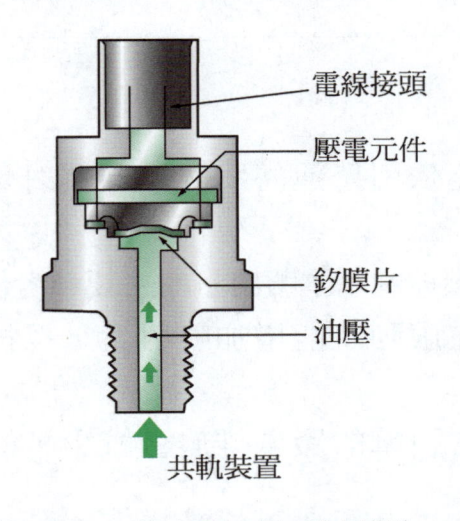

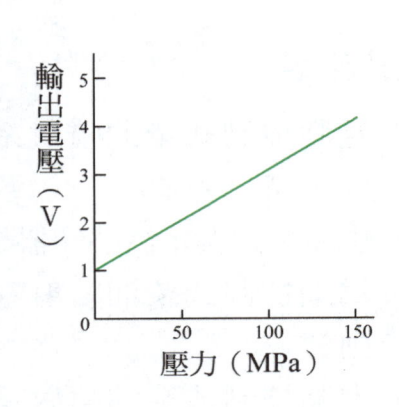

◯圖 3-198　共軌壓力感知器之構造　　◯圖 3-199　共軌壓力感知器之輸出電壓變化

4. 進氣溫度感知器、水溫感知器、燃油溫度感知器

　　進氣溫度感知器、水溫感知器、燃油溫度感知器等均為熱敏電阻元件，其電阻變化與溫度成反比；溫度愈高時，其電阻愈小，送入電腦之電壓愈低，電腦則依據其電壓高低(溫度變

化)來修正噴射量與噴射時期。溫度愈低時,其噴射量會愈多,噴射時期會略微提昇。

5. 油門踏板感知器

油門踏板感知器之構造,如圖 3-200 所示,為可變電阻式,其輸出電壓與油門踏板深度成正比,如圖 3-201 所示,可作為基本噴射量及噴射正時之參考依據。

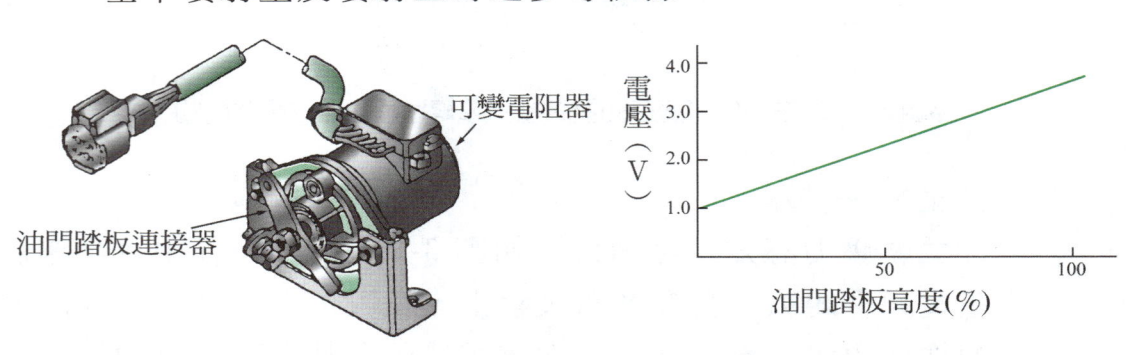

● 圖 3-200　油門踏板感知器之構造
● 圖 3-201　油門踏板感知器之電壓 輸出變化

隨堂評量

一、是非題

( ) 1. 電腦控制式柴油噴射系統能依引擎運轉狀況控制噴射量與噴射正時。

( ) 2. 引擎轉速與水溫感知器是電腦控制基本噴射量的主要參考依據。

( ) 3. 電腦控制式柴油噴射系統在啟動時能增加噴射量,以提高起動性。

( ) 4. 電腦控制式柴油噴射系統之引擎的廢氣排放量較少,能達到低污染的目標。

( ) 5. 預行程控制式電腦控制柴油噴射系統,在預行程變長時,其噴射量會增加。

( ) 6. 預行程控制式電腦控制柴油噴射系統之預行程作動器係在控制柱塞的高低。

( ) 7. 預行程控制式電腦控制柴油噴射系統之電子調速器係在控制齒桿的移動量。

(　) 8. 預行程控制式電腦控制柴油噴射系統之電子調速器的線圈往下移動時，齒桿會往增油方向移動。

(　) 9. 預行程控制式電腦控制柴油噴射系統係使用於直列式噴射系統。

(　) 10. 電子調速器式電腦控制柴油噴射系統係使用於高壓分配式噴射系統。

(　) 11. 電子調速器式電腦控制柴油噴射系統之SPV閥通電時，噴油嘴立即噴射。

(　) 12. 水溫感知器之電阻變化與溫度成正比。

(　) 13. 電子驅動元件(EDU)能將24V快速升壓至150V。

(　) 14. 電子調速器式電腦控制柴油噴射系統之TCV閥係負責控制機械式正時器。

(　) 15. 共軌式電腦控制柴油噴射系統屬於瞬時高壓控制。

(　) 16. 電子調速器式電腦控制柴油噴射系統屬於常時高壓控制。

(　) 17. 共軌式電腦控制柴油噴射系統，在共軌裝置之油壓約 142kg/cm^2。

(　) 18. 共軌式電腦控制柴油噴射系統，負責控制共軌裝置內之油壓的是TWV閥。

(　) 19. 共軌式電腦控制柴油系統，當PCV閥ON時，主油泵的高壓油能送入共軌裝置內。

(　) 20. 共軌式電腦控制柴油噴射系統，當PCV閥OFF時，主油泵凸輪會停止泵油。

(　) 21. 共軌式電腦控制柴油噴射系統之TWV閥為二向電磁閥。

(　) 22. 共軌式電腦控制柴油噴射系統之TWV閥ON時，噴射器上方之油壓活塞的油壓會升高。

(　) 23. 共軌式電腦控制柴油噴射系統，其噴射器上方之油壓活塞的油壓降低，則噴射器會噴射。

(　) 24. 共軌式電腦控制柴油噴射系統，係利用控制TWV閥之通電時間來控制噴射量。

(　) 25. 共軌式電腦控制柴油噴射系統，係利用控制PCV閥之通電時間來控制噴射正時。

二、問答題

1. 電腦控制式柴油噴射系統具有哪些優點？
2. 電腦控制式柴油噴射系統有哪幾種？
3. 寫出預行程控制式電腦控制柴油噴射系統的電路系統簡圖。
4. 說明預行程控制式電腦控制柴油噴射系統之預行程作動器的作用情形。
5. 共軌式電腦控制柴油噴射系統係如何在控制共軌裝置內之油壓？
6. 說明共軌式電腦控制柴油噴射系統之噴射器的作用情形。

綜合評量

(　) 1. 柴油引擎之燃料霧化情形與下列何者無關？　(A)噴嘴直徑　(B)噴射壓力　(C)引擎轉速　(D)壓縮壓力。

(　) 2. 直接噴射式燃燒室之燃料噴射開始壓力一般約為　(A)50～70　(B)100～120　(C)150～300　(D)300～500　Kg/cm^2。

(　) 3. 必須使用孔型噴油嘴的燃燒室是　(A)展開室式　(B)預燃室式　(C)渦動室式　(D)空氣室式。

(　) 4. 柴油引擎的爆震在何種轉速下容易發生？　(A)高速　(B)低速　(C)最高轉速　(D)重負荷。

(　) 5. 使用十六烷號數高之燃料，可　(A)增長著火遲延時期　(B)縮短著火遲延時期　(C)增加著火延遲時期之噴油率　(D)節省燃料。

(　) 6. 柴油之著火性普通是以什麼號數來代表？　(A)正庚烷　(B)十六烷　(C)辛烷數　(D)異辛烷。

(　) 7. 下列何者為預燃室式柴油引擎之優點？　(A)汽缸蓋構造簡單容易製造　(B)可以使用較小的起動馬達　(C)可以使用較粗劣的柴油　(D)不須預熱塞就能啟動。

(　) 8. 使用節流型噴油嘴之主要目的為　(A)提高引擎轉速　(B)節省燃料　(C)減少爆震　(D)減輕重量。

(　) 9. 噴射泵之噴油量不合乎規定，應調整　(A)齒桿　(B)齒環　(C)控制套筒　(D)舉桿螺絲。

(　) 10. 柴油引擎之直列式噴射泵　(A)調整舉桿螺絲可改變噴油量　(B)轉動柱塞可改變噴油量　(C)舉桿滾輪磨損時，噴射時期會提早　(D)柱塞彈簧力量較弱時，噴射壓力會降低。

(　) 11. 複式噴射泵控制燃料噴射量的機構是　(A)柱塞與柱塞筒　(B)凸輪與挺桿　(C)齒桿、齒桿及控制套　(D)輸油門。

(　) 12. 噴射泵上之輸油門(Delivery valce)其主要功用是　(A)控制噴油量　(B)控制燃料噴射開始壓力　(C)使噴射管保持一定之殘壓　(D)以上皆是。

(　) 13. 噴射泵之挺桿間隙應為　(A)1.3mm　(B)0.3mm　(C)1.0mm　(D)3.0mm　以上。

(　) 14. 四缸柴油引擎的分油式噴射泵，分油轉子上有　(A)四個低壓油孔，一個高壓油孔　(B)一個低壓油孔，四個高壓油孔　(C)四個低壓油孔，四個高壓油孔。

(　) 15. 四行程六缸柴油引擎的噴射泵(複式)，各缸間的噴射間隔(噴射泵凸輪軸角度)為　(A)60°　(B)90°　(C)120°　(D)180°

(　) 16. 噴射泵挺桿滾輪磨損時會造成何種影響？　(A)噴射時間提早　(B)噴射時間延遲　(C)噴射量增加　(D)噴射量減少。

(　) 17. 正螺旋油泵柱塞　(A)噴射完畢時間一定　(B)噴開始與完畢時間都隨噴射量而變　(C)噴射開始時間一定　(D)噴射開始與結束時間一定。

(　) 18. 柴油引擎之狄塞爾爆震是發生在那一燃燒時期？　(A)著火遲延時期　(B)放任燃燒時期　(C)直接燃燒時期　(D)後燃時期。

(　) 19. 四缸柴油引擎在1200rpm時各缸噴油量為12.6cc，10.4cc，11.4cc，9.6cc，求噴油不均率為　(A)12%　(B)14.5%　(C)16%　(D)8%。

(　) 20. 柴油噴射泵的輸油門圓柱體的功用為　(A)加強噴油壓力　(B)防止噴油嘴滴油　(C)增加噴油量　(D)防止回油。

(　) 21. 波細高壓分配式之噴射泵內所使用的供油泵為　(A)柱塞式　(B)齒輪式　(C)輪葉式　(D)轉子式。

(　) 22. 噴射壓力過低之可能原因是　(A)噴油嘴彈簧調整過鬆　(B)噴油嘴積碳　(C)噴油嘴卡住　(D)輸油閥彈簧折斷。

(　) 23. 單作用柱塞式供油泵，當柱塞彈簧在推動供油泵柱塞時，發生　(A)吸油及送油作用　(B)儲油作用　(C)調節作用　(D)以上皆可能發生。

(　) 24. 不須預熱塞也能發動之複室式燃燒室是　(A)展開室式　(B)預燃室式　(C)渦動室式　(D)空氣室式。

(　) 25. RQ 型機械式調速器依其性能分，是屬於　(A)常速調速器　(B)全速調速器　(C)高低速調速器　(D)複合式調速器。

(　) 26. 若機械式調速器之離心力大於彈簧力量，則　(A)噴油量變多　(B)噴油量變少　(C)噴油量不變　(D)與噴油量無關。

(　) 27. 複式噴射泵當油泵柱塞升高，頂部堵住柱塞筒上之進出油孔時為　(A)停止噴油　(B)開始噴油　(C)噴射完了　(D)噴射中程。

(　) 28. 使用於美國肯敏式(Cummins)柴油汽車之噴油器是　(A)針型　(B)孔型　(C)節流型　(D)開式。

(　) 29. 下列有關柱塞之敘述何者為非？　(A)正螺旋之噴射開始時間隨噴油量增加而提前　(B)反螺旋柱塞之噴射結束時間一定　(C)雙螺旋柱塞之開始噴射時間，隨噴油量減少而延後　(D)雙螺旋柱塞之開始噴射時間隨噴油量而改變。

(　) 30. 調速器的功用是　(A)控制噴油量　(B)控制噴油速度　(C)控制噴油壓力　(D)控制噴射正時。

(　) 31. 齒桿限制套之功用是　(A)控制引擎轉速不使過低　(B)控制引擎轉速不使過高　(C)限制噴射泵之最大噴油量，以防止引擎超過額定轉速　(D)限制齒桿之移動量，不使齒桿滑動。

( ) 32. 自動正時器的作用是 (A)引擎負荷增大，噴射量增加 (B)引擎負荷增大，噴射時期提前 (C)引擎轉速增加，噴射時期提前 (D)引擎轉速增加，噴射量增加。

( ) 33. 下列對噴油嘴之敘述何者為誤？ (A)目前使用以閉式噴油嘴居多 (B)針型噴油嘴針尖露出噴油嘴體外 (C)噴射壓力會影響引擎性能 (D)孔型噴油嘴使用於複室式燃燒室者居多。

( ) 34. 若正時器內之彈簧彈力太強時，則 (A)噴油量不足 (B)噴油量過多 (C)噴射時間太晚 (D)噴射時間太早。

( ) 35. 下列有關調速器之敘述何者正確？ (A)真空調速器在進汽歧管處的負壓減小時，齒桿往減少噴油移動 (B)機械式調速器以飛重的離心力和彈簧力量的均衡來控制引擎的轉速 (C)機械式調速器係利用進汽歧管的負壓變化調整噴油量 (D)機械式調速器的飛重彈簧力量衰弱時，引擎最高轉速會比規定較高。

( ) 36. 下列有關調速器內等量彈簧之敘述何者正確？ (A)可增加高速之扭力 (B)可減少低速時發生爆震 (C)僅在無負荷最高轉速時發生作用 (D)可在全負荷低速時增加噴油量。

( ) 37. 有關影響油料粒子大小之因素，下列敘述何者錯誤？ (A)噴油孔直徑愈小，噴出之油粒愈小 (B)噴油速度愈快，油粒愈小 (C)空氣壓力及密度愈大，油粒愈大 (D)噴油孔直徑愈大，油粒愈大。

( ) 38. 真空式調速器之膜片彈簧係位於 (A)齒桿內 (B)限制套內 (C)大氣室 (D)真空室。

( ) 39. 真空調速器之等量裝置是在 (A)全負荷時作用 (B)中負荷時作用 (C)輕負荷時作用 (D)無負荷時作用。

( ) 40. 真空調速器當真空愈強時，則 (A)噴油量愈多 (B)噴油量愈少 (C)噴射時間愈早 (D)噴射時間愈晚。

4 潤滑系統

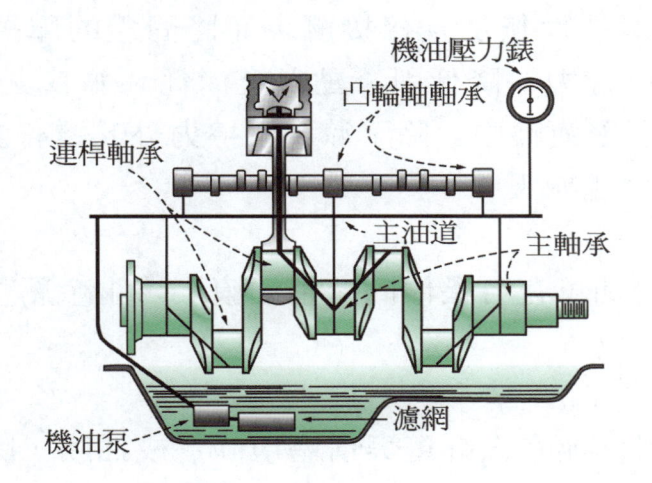

本章學習目標

1. 能瞭解潤滑油的功用。
2. 能瞭解潤滑油應具有之特性。
3. 能瞭解潤滑油作適當分類。
4. 能瞭解潤滑系統作適當分類。
5. 能瞭解壓力式潤滑系統各機件的構造與作用。
6. 能瞭解潤滑系統之濾清方式。
7. 能比較柴油引擎與汽油引擎之潤滑系統的差異性。

4-1 潤滑概述

一、潤滑油的功能

　　任何一部引擎在運轉時，其機件都會產生相對運動，若機件與機件間無潤滑油，則由於這些機件均為固體，在運動時，它們之間會產生很大的摩擦，而損失引擎之動力；且會因摩擦生熱，而將機件燒燬，使引擎無法運轉。若機件與機件間有潤滑油，則它會在機件間形成油膜，使金屬機件無法直接接觸，而將固體的摩擦變成液體的摩擦，以減少其摩擦力，降低引擎動力之消耗，並減少噪音。

　　潤滑油在引擎運轉中，除了減少摩擦力外，還有多項功能，今將潤滑油之功能分述如下：

1. 潤滑

　　潤滑油可在各機件間產生油膜，防止金屬直接接觸，以減少摩擦。

2. 密封

　　潤滑油能在汽缸壁與活塞環間形成油膜，除了減少活塞環與汽缸壁之摩擦外，更能產生密封作用，防止壓縮氣體及燃燒氣體洩漏至曲軸箱。

3. 清潔

　　潤滑油在引擎中循環，能將摩擦所產生的鐵屑及燃燒產生的碳渣帶至濾清器存積，以免這些鐵屑去刮傷機件。

4. 冷卻

　　潤滑油在引擎中循環，能將各機件所產生之摩擦熱及燃燒所傳導之熱(幫助冷卻活塞)帶至油底殼，由外部空氣冷卻。

5. 緩衝

　　由於潤滑油能在活塞銷及曲軸上形成油膜，此油膜能緩衝機件之撞擊力，減少震動與噪音，以增長引擎之使用壽命。

6. 防銹

　　由於潤滑油能在金屬機件上形成油膜，就算未運轉，也能防止腐蝕性氣體與金屬表面接觸，以免金屬機件生銹。

二、潤滑油的分類

引擎用的潤滑油又稱機油，機油可依黏度大小及服務性質來分：

(一)依黏度來分類

此為美國汽車工程協會(Society of Automotive Engineer簡稱SAE)之分類法，係以號數大小來表示機油之黏度程度，其SAE號數愈大，表示機油之黏度愈大；引擎用的機油一般可分為 5W、10W、20W、20、30、40、50 等七級，其中 W 代表適合冬天(Winter)使用，如 SAE 20W 與 SAE 20，該兩種機油之黏度相同，但SAEW之凝結點較低，更適合冬天使用。

另一種為複級機油，如SAE 10W-30，代表具有SAE10W在低溫時之黏度與 SAE30 在高溫時之黏度，其適用之溫度範圍較廣。

(二)依服務性質分類

此為美國石油協會(American Petroleum Institute 簡稱 API)之分類法，係用來表示機油之工作性質。在 1947 年，API係將引擎機油分為普通級、高級、重級三種；後來，由於引擎工作性能不斷地進步，在 1956 年，API 又將引擎機油細分為 ML、MM、MS(適用於汽油引擎)、DG、DM、DS(適用於柴油引擎)等六種。到了 1972 年，API 又將引擎機油之標準重新訂定，將汽油引擎用之機油分為 SA、SB、SC、SD、SE 等五級；將柴油引擎用之機油分為 CA、CB、CC、CD 等四級。至現在，汽油引擎使用的機油已增加有 SF、SG、SH、SI 等，而柴油引擎使用的機油已增加有CE、CF等。編號愈後的機油，表示愈晚開發，其工作性能愈佳。

三、機油的性質與添加劑

引擎機油之好壞，關係著引擎運轉時之潤滑性能；如果引擎使用之機油性質太差，則將加速引擎機件之磨損，降低引擎輸出之性能。所以，品質好的機油，需具有下列之特性：

1. 黏度要適當

　　黏度較小的機油其油膜較少，流動性較佳，所以使用於低溫區、輕負荷、高轉速之引擎，應選用黏度較小的機油；反之，使用於高溫區、重負荷、低轉速之引擎，應選用黏度較大的機油。

2. 黏度指數要高

　　黏度指數係指機油在不同溫度時，其黏度變化之數值；由於機油之黏度會隨溫度而變化，溫度升高時，其黏度會降低；溫度降低時，其黏度會升高。若其黏度指數高，表示該機油之黏度受溫度的變化影響愈小，換言之，該機油在熱時不易變稀薄，在冷時也不易變濃稠。

3. 沸點要高

　　機油之沸點較高時，較不易揮發，其潤滑油之消耗量較少。

4. 閃火點要高

　　機油之閃火點愈高，其儲存的安全性愈佳。

5. 氧化抵抗性要高，防腐性要好

　　柴油引擎之工作溫度較高，其機油受高溫時，較易產生氧化現象，且柴油中含有硫成份，經燃燒後會變成二氧化硫(SO_2)，在與水蒸氣(H_2O)結合後易形成硫酸，容易使潤滑部份產生腐蝕及磨耗，所以機油需加抗氧化與抗腐蝕之添加劑，使氧化抵抗性高，防腐性能良好。

6. 清潔及分散性能好

　　機油劣化後會生成淤渣，且燃燒後產生之碳素，在混入機油中時，會使機油產生淤泥，並在引擎內沉積。這些沉積物，若附著於潤滑部份，會使活塞環膠著，降低潤滑部份之潤滑功能，而使引擎壽命縮短，所以，引擎機油必須使用分散劑，分散機油中之淤渣、淤泥，以保持機油之清潔，提高潤滑功能，延長引擎壽命。

7. 油膜強度要大

　　潤滑部份產生之油膜，除油膜厚度外，必須具有能承受高的衝擊壓力而不被剪斷的能力。這種能力與黏度無關，但與機油之油性有關，所謂油性係指機油對金屬表面之附著性。

8. 無起泡性

　　引擎運轉時，曲柄銷不斷地在油底殼內的油池攪拌，使空氣進入機油中，而發生泡沫的現象，若機油泵送出的機油混有空氣，則將使油壓降低，並引起潤滑面斷油，使該部零件損耗，所以，機油需具有被攪拌而不發生泡沫之性質。

　　由於引擎性能愈來愈進步，機油所要求之條件也提高，單從原油精煉的潤滑油，已無法滿足其需要，所以，一般機油都需加入抗氧化劑、抗腐蝕劑，清潔及分散劑、流動點降低劑、極壓劑、黏度指數改善劑、抑制泡沫劑等多種添加劑，以滿足其需求。

四、柴油引擎之潤滑方式

　　柴油引擎潤滑的方法，可分為飛濺式、壓力式、飛濺壓力混合式三種，其中壓力式又可分為完全壓力式與部份壓力式，而柴油引擎大都採用完全壓力式潤滑法。

(一)飛濺式(Splash Type)

　　飛濺式潤滑，如圖4-1所示，當引擎運轉時，係利用連桿大端上之油杓，將油槽中的機油撥成微小粒子，讓微小的機油粒子，飛濺到各機件上，產生潤滑的作用。由於這種潤滑方法，其效果不佳，現代汽車已不採用，但因構造簡單，一般都用於小型引擎，如割草機，機車等之小型汽油引擎。或農機用之小型柴油引擎。

(二)部份壓力式(Part Pressure Type)

　　部分壓力式潤滑系統，如圖4-2所示，一般都使用在半浮式活塞銷之引擎，該引擎之連桿中央沒有油道，但在連桿大端之左側(由引擎前端觀之)設有噴油孔，在曲軸旋轉時能將機油噴出，以潤潤汽缸之動力衝擊面，其機油之循環流程如下：

　　　　　　　　　　┌→凸輪軸軸承→汽門機構→油底殼。
油底殼→濾網→機油泵→主油道→曲軸主軸承→連桿大端軸承
→噴出潤滑汽缸壁及活塞→油底殼。

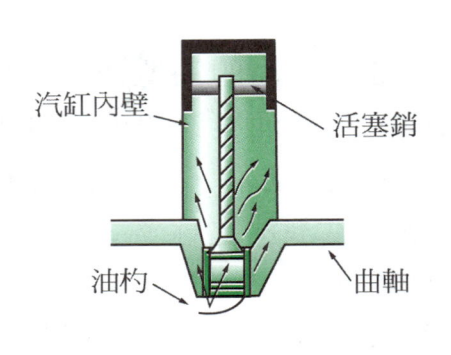

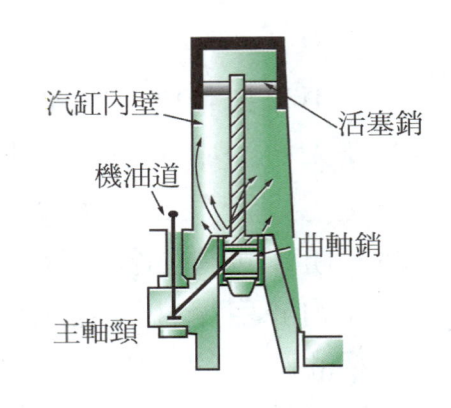

●圖 4-1　飛濺式潤滑　　　　　　●圖 4-2　部份壓力式潤滑

(三)完全壓力式(Full Pressure Type)

　　完全壓力式潤滑系統，如圖4-3所示，一般使用在固定式或全浮式活塞銷之引擎，該引擎之連桿中央鑽有油道；其機油之循環流程如下：

　　　　　　　　　　┌→凸輪軸軸承→汽門機構→油底殼。
油底殼→濾網→機油泵→主油道→曲軸主軸承→連桿大端軸承
→連桿中之油道→連桿小端軸承→噴出潤滑汽缸壁與活塞→油底殼。

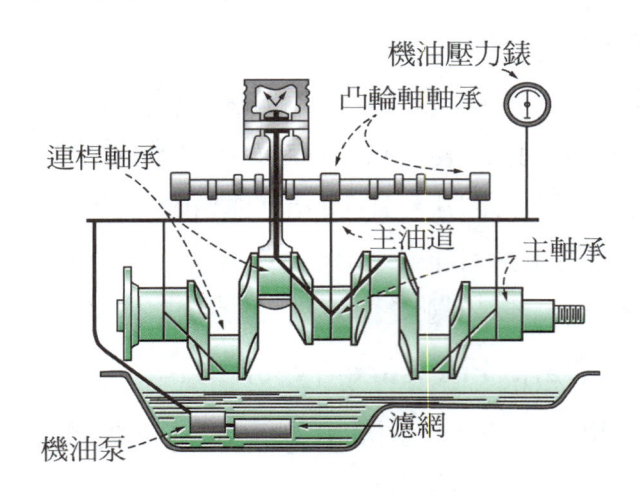

●圖 4-3　完全壓力式潤滑

(四)飛濺壓力混合式(Combination Pressure and Splash Type)

　　飛濺壓力混合之潤滑方法，如圖4-4所示，其曲軸主軸承，凸輪軸軸承及汽門機構等機件之潤滑係由機油泵壓送。而汽缸壁、活塞環、活塞銷之潤滑，則由連桿大端之油杓，撥動油槽之潤滑油來潤滑。

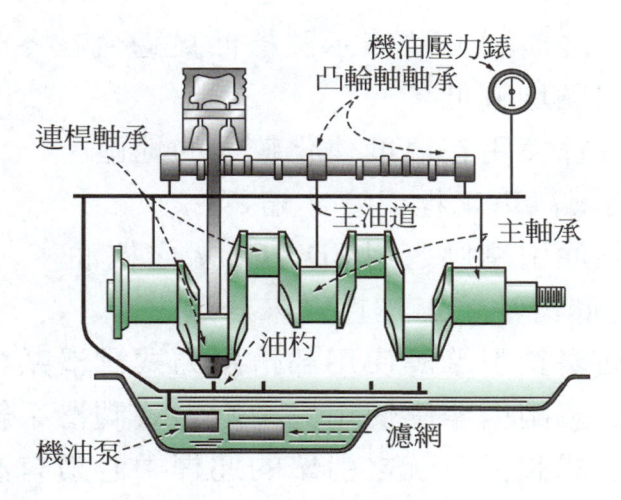

● 圖 4-4　飛濺壓力混合式

隨堂評量

一、是非題

(　) 1. 潤滑油能在機件間形成油膜，使機件由間接接觸變成直接接觸。
(　) 2. 潤滑油在汽缸中能提高密封性，以防止漏氣。
(　) 3. 潤滑油具有冷卻引擎機件的功用。
(　) 4. 潤滑油具有減少運轉噪音之功用。
(　) 5. 在活塞銷中的潤滑油膜具有緩衝的作用。
(　) 6. 潤滑油能減少機件間之摩擦阻力，減少引擎之動力消耗。
(　) 7. 在高溫地區工作的引擎，應使用黏度較小之機油。
(　) 8. 輕負荷高速引擎，應使用黏度較小之機油。
(　) 9. 黏度指數高的機油，其黏度受溫度影響較小。
(　) 10. 溫度愈高時，機油之黏度會變大。
(　) 11. 機油之抗氧化性要佳，以免因氧化而劣化。
(　) 12. 機油之閃火點要高，以提高儲存之安全性。
(　) 13. 機油中須添加分散劑，以降低油垢之附著力。
(　) 14. 機油中一般添加有極壓劑，以提高油膜的強度。
(　) 15. SAE之號數愈大者，表示其黏度愈小。

(　) 16. SAE10W 之機油，W 表示該機油更適合在冬天使用，其流動點與凝固點均較低。
(　) 17. 複級機油係使用在溫度變化較大的地區。
(　) 18. API 為美國汽車工程協會之縮寫。
(　) 19. 重負荷柴油引擎應選用 CD、CE 級之機油。
(　) 20. API 係將潤滑油依工作性質來分類。
(　) 21. 半浮式活塞銷引擎應使用部份壓力式潤滑系統。
(　) 22. 固定式活塞銷引擎應使用完全壓力式潤滑系統。
(　) 23. 完全壓力式潤滑系統之引擎的連桿中心鑽有油道。
(　) 24. 完全壓力式潤滑系統之連桿大端應設有噴油孔，此噴油孔應向動力衝擊面。
(　) 25. 目前柴油引擎大多使用完全壓力式潤滑方系統。

二、問答題

1. 引擎中的潤滑油具有那些功用？
2. 引擎用之潤滑油需具有那些特性？
3. 引擎用之潤滑油的添加劑包括那些？
4. 潤滑油該如何分類？

4-2　潤滑系統的主要機件

　　柴油引擎的潤滑系統，一般都採用完全壓力式潤滑系統；由於柴油引擎之壓縮比較高，所以引擎的工作溫度也較高，尤其是重負荷柴油引擎，其機油的溫度會比一般引擎為高，為了防止機油因高溫氧化而劣化，重負荷柴油引擎在潤滑系統中，都裝有機油冷卻器。為了使潤滑油能發揮應有之功能，柴油引擎之潤滑系統的構造應包括油底殼、機油濾網、機油泵、機油濾清器、壓力調整器、機油冷卻器等。

一、潤滑系統各部機件的構造與功能

(一)油底殼(Oil Pan)

油底殼裝於曲軸箱下方，用以貯存機油與冷卻機油，如圖4-5所示。其內部設有隔板，以防止機油搖動；在最下方設有放油螺絲，以更換機油。有些引擎在油底殼中並放置磁鐵，以吸住磨損下來之金屬粉，以免金屬粉再進入潤滑系統中刮傷引擎機件。

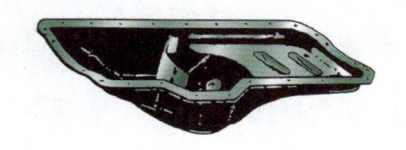

● 圖4-5　油底殼

(二)機油濾網(Oil Filter)

在油底殼之機油與機油泵之間，設有機油濾網，此機油濾網由鐵絲網構成，當機油泵吸取油底殼之機油時，能由機油濾網先將機油內之大粒雜質過濾，以保證機油泵能吸入較乾淨之機油。

(三)機油泵(Oil Pump)

機油泵一般都由凸輪軸來驅動，依其構造可分為齒輪式、轉子式，葉片式，柱塞式四種，大部份柴油引擎都採用齒輪式。

1. 齒輪式機油泵(Gear Pump)

齒輪式機油泵之構造如圖4-6所示，其內部有兩個正齒輪，被動齒輪在一根短軸上空轉，主動齒輪固定在一根驅動軸上，此驅動軸之一端與凸輪軸之螺旋齒輪相嚙合，由凸輪軸來驅動。其作用情形如圖4-7所示，當引擎運轉時，兩齒輪按箭頭的方向旋轉，入口處產生真空，將機油吸入，隨齒輪之轉動，機油沿著齒輪與泵殼內側間之空隙被帶至吐出口，送入主油道。送油量及壓力與齒輪轉速成正比，在高速時，送油量及油壓都會超過規定，當出口油壓超過轉放閥彈簧彈力時(約2～5kg/cm^2)，釋放閥被推開，機油又回到入口處。

● 圖 4-6　齒輪式機油泵之構造　　　　● 圖 4-7　齒輪式機油泵之作用

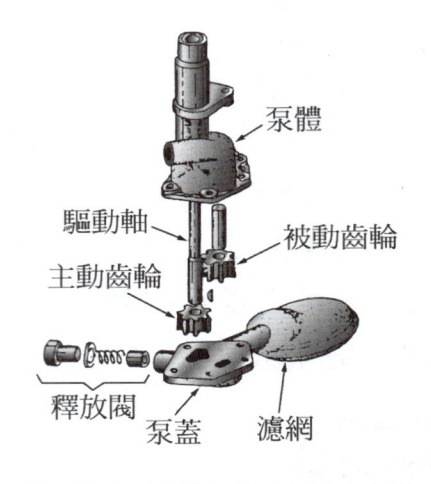

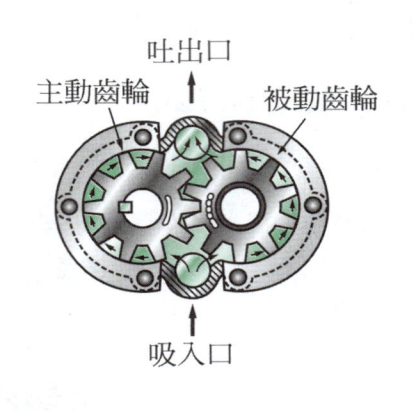

2. 轉子式機油泵(Rotary Pump)

轉子式機油泵之構造如圖 4-8 所示，內轉子比外轉子少一牙，一般內轉子四牙，外轉子五牙；內轉子與泵體為偏心安裝，且為主動，當內轉子驅動外轉子轉動時，內外轉子之牙間產生了容積變化，而造成吸油送油之作用。其作用情形如圖 4-9 所示。由於轉子式機油泵，作用確實，壽命長，汽油引擎採用較多。

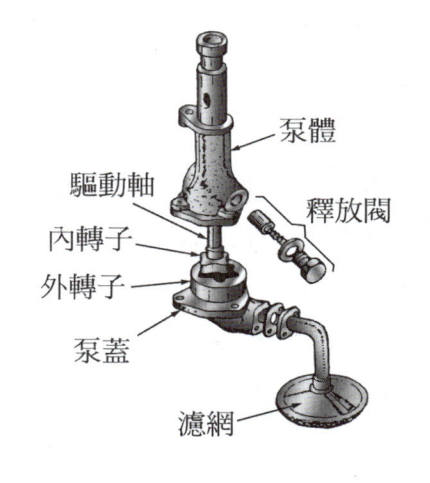

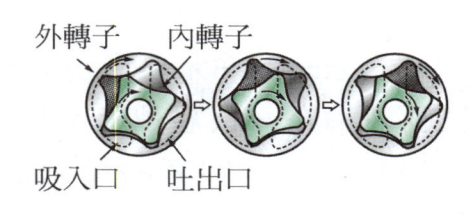

● 圖 4-8　轉子式機油泵之構造　　　　● 圖 4-9　轉子式機油泵之作用

3. 葉片式機油泵(Vane Pump)

葉片式機油泵之構造如圖4-10所示，轉子與泵體為偏心安裝，轉子內之葉片以彈簧壓緊在泵體上，當轉子運轉時，葉片跟隨運轉，使泵體內之容積產生變化，而造成吸油送油之動作。

4. 柱塞式機油泵(Plunger Pump)

柱塞式機油泵之構造如圖4-11所示，其柱塞直接由凸輪軸之凸輪推動，不斷地做往後運動，當彈簧將柱塞外上頂時，柱塞室容積增加，機油由進油閥進入，當凸輪將柱塞下壓時，機油即由出油閥被壓入主油道。此式因易磨損，且噪音大，現代引擎已不採用。

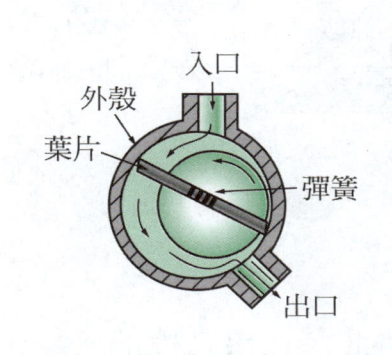

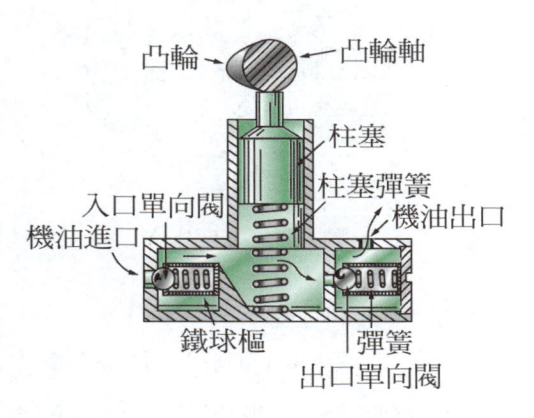

● 圖 4-10　葉片式機油泵之構造　　● 圖 4-11　柱塞式機油泵之構造

(四)機油濾清器(Oil Filter)

由於燃料燃燒不完全時會產生碳粒，且機油也會因高溫氧化而產生淤渣，這些碳粒與淤渣及金屬磨落之細屑若不予以過濾，而讓其跟隨機油在引擎機件間循環，將會使活塞環與汽缸壁及各軸承間發生磨損，並降低引擎馬力。為了使引擎之機油經常保持清潔，應使用機油濾清器，予以過濾。

機油濾清器依其過濾的方法，可分為全流式、旁通式、分流式、全流及旁通組合式四種。

1. 全流式(Full Flow Type)

如圖 4-12 所示為全流式，機油濾清器是裝在機油泵與主油道之間，由機油泵送出的機油，需全部經機油濾清器濾清後再送入主油道。此式濾清器內需設置旁通閥，當機油濾清器阻塞時，由機油泵送來的機油能經由旁通閥直接流入主油道，以保持機油之循環。全流式濾清器之流量較多，但壓力損失較大。一般車用柴油引擎大都採用此種方式。

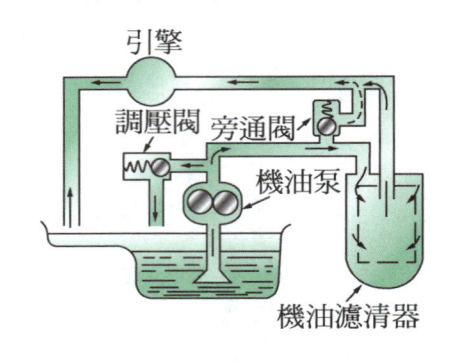

●圖 4-12　全流式 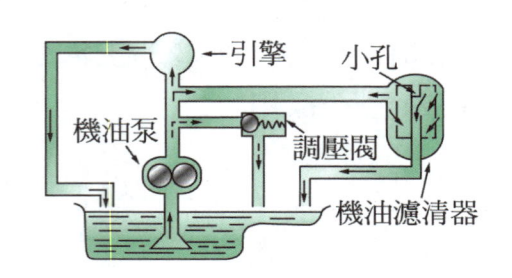　　　　　　●圖 4-13　旁通式

2. 旁通式(By-pass Type)

如圖 4-13 所示為旁通式，由機油泵送出之機油，一部份未經濾清器濾清即進入主油道潤滑引擎機件，另一部份經濾清器濾清後再流回油底殼。此種方式，引擎之油壓受濾清器之阻力影響較小。

3. 分流式(Shunt Type)

如圖 4-14 所示為分流式，由機油泵送出之機油，一部份經濾清器濾清，另一部份經流量控制閥與經濾清器來的機油會合後，再送入主油道潤滑引擎機件。其流量控制閥之大小，要以引擎潤滑所需的流量而定，此種方式目前使用不多。

4. 全流及旁通組合式

全流及旁通組合式如圖 4-15 所示，由機油泵送出之機油一部份經濾清器濾清後再流回油底殼(旁通式)，另一部份經濾清器濾清後，再送入主油道潤滑引擎機件(全流式)。此式的優點，其油壓受阻小，且濾清效果良好。

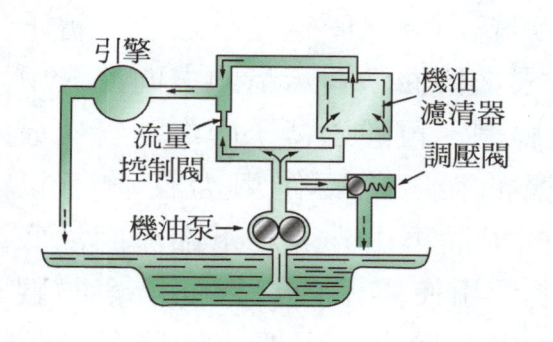

第四章　潤滑系統

●圖 4-14　分流式濾清 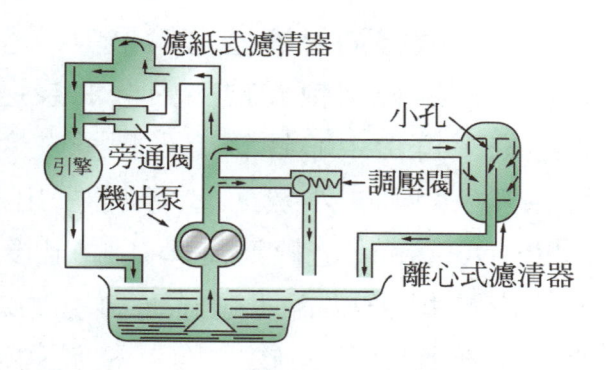　　　●圖 4-15　全流及旁通組合式濾清器

機油濾清器之構造有濾蕊更換式(如圖 4-16 所示)及整體更換式(如圖 4-17 所示)兩種，前者由外殼、中心螺絲管，濾蕊等組成，更換時僅更換濾蕊即可。後者則外殼與濾蕊一起更換。

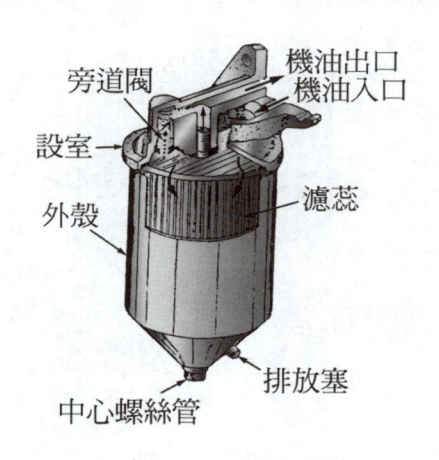

●圖 4-16　濾蕊更換式機油濾清器 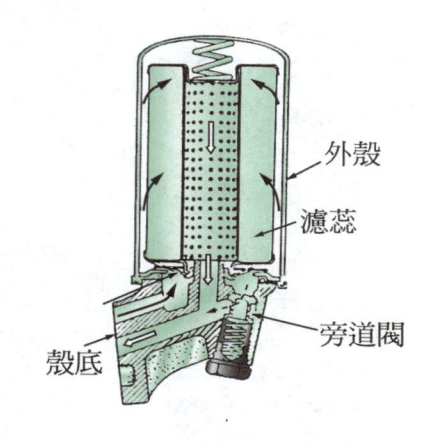　　　●圖 4-17　整體更換式機油濾清器

機油濾清器之過濾材料可分為濾紙式、疊層板式、棉紗式及燒結式等數種。汽油引擎使用濾紙式較多，而柴油引擎則使用疊層板式較多。

重型柴油引擎大多採用全流及旁通組合式，其全流部份採用濾紙濾件，而旁通部份則採用離心式濾清器；此種濾清之效果良好，且可使濾紙濾件之壽命延長。離心式機油濾清器之構造如圖 4-18 所示，其剖面圖如圖 4-19 所示。

離心式機油濾清器之轉子由中心螺絲、軸承固定在外殼上，轉子能以中心螺絲為軸旋轉。由機油泵送來之機油沿圖示箭頭方向流入中心螺絲，再由中心螺絲流入轉子之金屬網，再通過轉子內之油管，最後由噴嘴噴向外殼，當噴嘴噴出機油後，其反作用力使轉子以2000～9000rpm之轉速旋轉；噴出後的機油再由外殼之下部流回油底殼。由於轉子以高速迴轉，離心力之作用使離子內之機油所含的碳渣，金屬粉等不純物，均沉積於轉子之側壁上，只要定期將蓋子拆下，就能將雜物清除。

在離心式濾清器之入口處有一低壓切斷閥，當油壓未達一定值時，機油無法進入濾清器，以維持引擎潤滑油道之適當油壓，使潤滑效果良好。

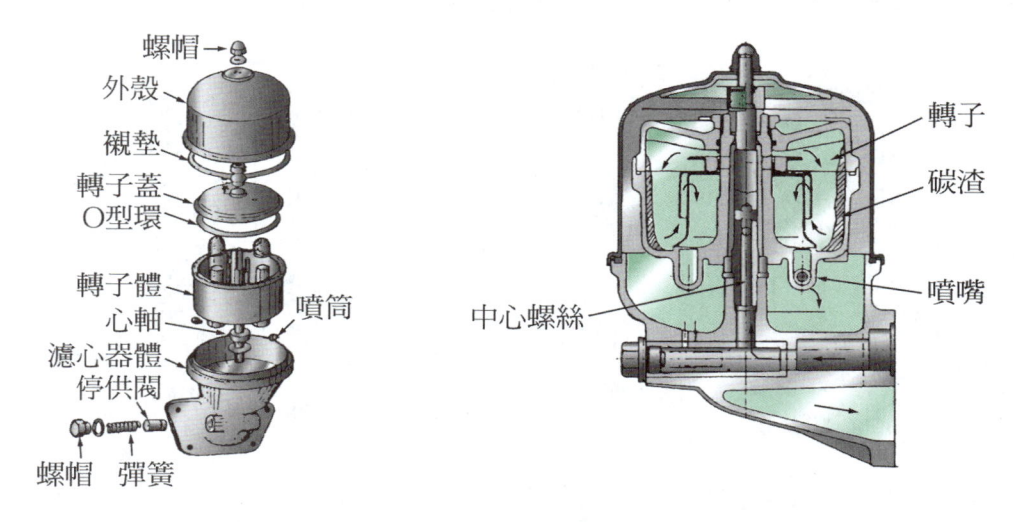

●圖 4-18　離心式機油濾清器之構造　　●圖 4-19　離心式機油濾清器剖面圖

（五）機油冷卻器(Oil Cooler)

機油之溫度在超過 120°C 以上時，則易產生氧化作用而劣化，且會使機油之粘度急劇降低，即在軸承上所形成之油膜厚度將減少，而導至滑動部份磨損，使軸承因摩擦生熱而燒燬。為了防止這種現象之發生，應設機油冷卻器，適當降低機油之溫度。機油冷卻器一般都裝設在重負荷，且長時間運轉的柴油引擎上。

機油冷卻器，依構造不同可分為板管式與蜂巢式兩種：
1. 板管式

　　板管式機油冷卻器之構造，如圖4-20所示，是以兩塊金屬板形成之平坦管，內側通機油，外側流通冷卻水。此種形式構造簡單、輕便，使用較多。

2. 蜂巢式

　　蜂巢式機油冷卻之構造，如圖4-21所示，是以傳熱較佳之銅合金管組合而成，冷卻水在合金管內流動，而機油則在殼內流動。

依其冷卻方式，可分為氣冷式與水冷式，氣冷式由風扇鼓動空氣來散熱，水冷式則利用引擎之冷卻水冷卻之，由水箱下水管將水引導流經機油冷卻器後，再進入引擎之水套。為了使進入油道之機油溫度不至於太高，機油由濾清器送來，即經過機油冷卻器冷卻後，再送入機油油道，以潤滑引擎機件。

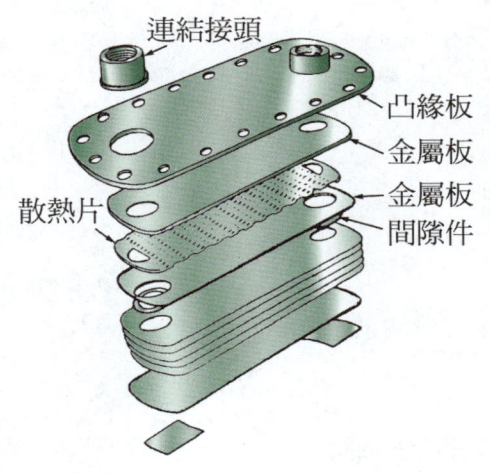

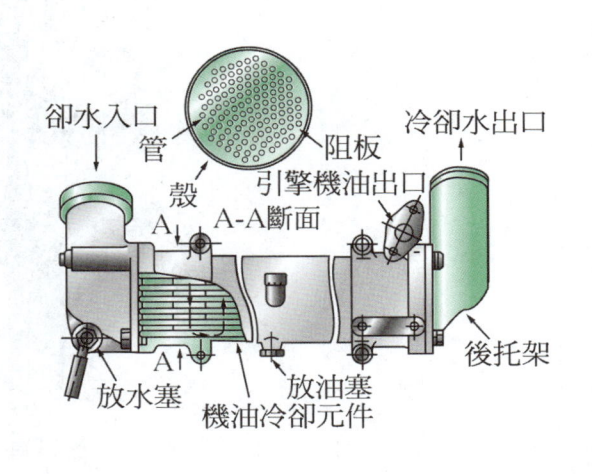

● 圖4-20　板管式機油冷卻器之構造　　● 圖4-21　蜂巢式機油冷卻器之構造

（六）安全裝置

潤滑系統之安全裝置包括機油壓力指示燈及壓力洩放閥。

1. 機油壓力指示燈

　　現代引擎大部份均使用壓力式潤滑系統，其機油必須具有足夠的壓力才能確保潤滑系統之效能，為了瞭解潤滑系統之功能是否良好，引擎之潤滑油道上均裝有壓力指示燈，當機油壓力低於規定時($0.5\sim1.0$ Kg/cm^2)，機油壓力指示燈亮，使駕駛者能立刻停車檢查，若繼續行駛，將使引擎之機件因得不到適當之潤滑而燒燬。

2. 壓力洩放閥

　　潤滑系統之油壓，大約 $2\sim5$kg/cm^2，機油黏度太高，或機油油道阻塞，或引擎轉速過高時，將使機油泵送出之壓力增高；若過高之壓力不予限制的話，將使機油泵或油管破裂，而失去潤滑功效。若機油壓力過高，則機油溫度也會升高，將易使機油因高溫氧化而劣化。為了避免發生這種狀況，通常在機油泵上裝置壓力洩放閥，或在主油道上裝置壓力洩放閥，如圖 4-22 所示。

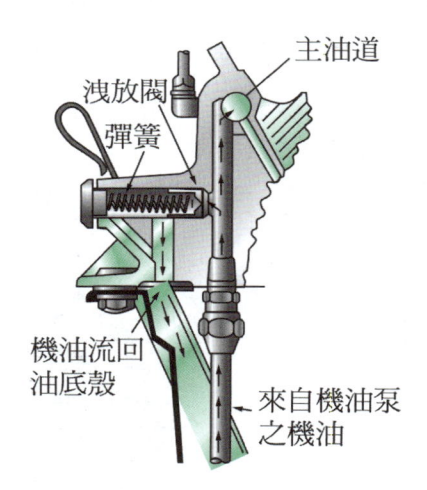

● 圖 4-22　主油道上之壓力洩放閥

　　壓力洩放閥又稱壓力調整閥，其構造包括調整螺絲(調整墊片)、彈簧、閥等。若壓力不合規定，可旋轉調整螺絲或增減墊片來調整，如圖 4-23 之(a)所示為螺絲調整式，若將調整螺旋入，則彈簧彈力會變大，其油壓會升高；反之，將調整螺絲放鬆時，其油壓會降低。如圖 4-23 之(b)所示為內裝墊片調整式，若增加調整墊片，則彈簧彈力變大，其油壓會升高；反之，若減少調整墊片，其油壓會降低。如圖

4-23 之(c)所示為外裝墊片調整式,若增加調整墊片,則彈簧彈力會變小,其油壓會降低;反之,若減少調整墊片,其油壓會升高。

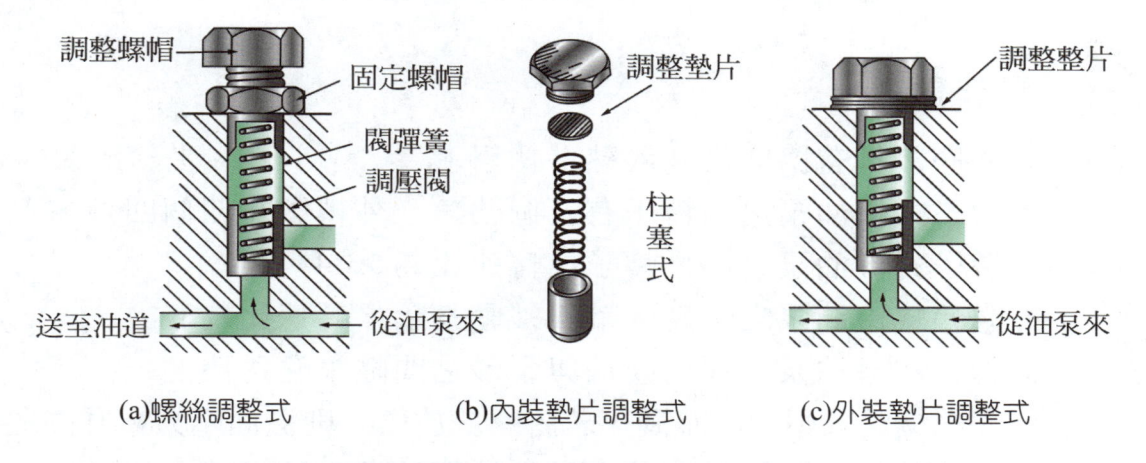

(a)螺絲調整式　　(b)內裝墊片調整式　　(c)外裝墊片調整式

◯圖 4-23　壓力洩放閥(壓力調整閥)之調整

二、柴油引擎與汽油引擎潤滑系統的比較

　　二行程汽油引擎,因會先將混合汽吸入曲軸箱,所以其潤滑方式係採用機油、汽油混合式,易造成嚴重的空氣污染,並使機油之消耗量增加,且潤滑效果也較差;而二行程柴油引擎,係利用鼓風機(增壓器)將空氣送入汽缸,所以,二行程柴油引擎之潤滑方式與四行程引擎相同,也採用完全壓力式潤滑系統,其潤滑效果較佳,也不會造成嚴重的空氣污染。

　　柴油引擎,無論是二行程引擎或四行程引擎,其燃燒壓力均較汽油引擎為高,引擎機件之負荷也較大,所以其活塞銷與活塞之固定方式均採用全浮式,所以潤滑系統均採用完全壓力式,其油壓也較高,約 2～5kg/cm^2;而濾清器之過濾方式大都採用全流式或分流式,全流部份都使用紙質式濾蕊,而分流部份則採用離心式濾清器。因其潤滑系統之油壓較高,潤滑油之溫度較易升高,因此,重型柴油引擎大都裝設有機油冷卻器,以防止機油溫度過高而產生氧化現象。

隨堂評量

一、是非題

(　) 1. 油底殼具有協助機油散熱之功用。
(　) 2. 轉子式機油泵之內轉子有五個凸角，外轉子有四個凹角。
(　) 3. 轉子式機油泵之內外轉子之轉速比為 5：4。
(　) 4. 齒輪式機油泵之主動齒輪與被動齒輪之轉速比為 1：1。
(　) 5. 齒輪式機油泵係利用齒輪與泵殼之間隙來輸送機油。
(　) 6. 螺絲調整式壓力調整閥，若將螺絲放鬆，則機油壓力會升高。
(　) 7. 外接齒輪式機油泵，其主動齒輪與被動齒輪之轉向相反。
(　) 8. 壓油壓力愈高，則機油之溫度會升高，易使機油產生氧化現象而劣化。
(　) 9. 壓力式滑系統之油壓約 $0.2\sim0.4$ kg/cm^2。
(　) 10. 內裝墊片調整式壓力調整閥，若將墊片減少，則機油壓力會升高。
(　) 11. 外裝墊片式壓力調整閥，若將墊片增加，則機油壓力會降低。
(　) 12. 機油濾清器係裝於機油泵之前端，以過濾機油之雜質。
(　) 13. 全流式之機油濾清器係與主油道成並聯連接。
(　) 14. 全流式機油濾清器一定要裝設旁通閥。
(　) 15. 旁通式潤滑系統，其機油經過濾清器後會直接流回油底殼。
(　) 16. 分流式潤滑系統，其機油經濾清後仍會進入主油道。
(　) 17. 機油溫度在超過 100℃ 時，易產生氧化作用而劣化。
(　) 18. 一般柴油引擎都會使用機油冷卻器來冷卻機油，以防止機油溫度過高。
(　) 19. 水冷式機油冷卻器大多裝於水箱下方，利用引擎之冷卻水冷卻。
(　) 20. 離心式機油濾清器在主油道之壓力太低時，主油道之機油無法進入濾清器內。

二、問答題

1. 說明轉子式機油泵之構造與作用原理。
2. 說明齒輪式機油泵之構造與作用原理。
3. 引擎潤滑系統之機油壓力的調整方法有那幾種？
4. 機油之過濾方式有那幾種？

綜合評量

( ) 1. 下列有關引擎潤滑系統之敘述何者錯誤？ (A)SAE號數愈大的機油，其粘度愈小 (B)完全壓力式潤滑系統在連桿小端有機油孔道 (C)油壓式汽門舉桿之壓力油，是由引擎潤滑系統提供 (D)在機油中添加之二硫化鉬(MoS_2)為一種極壓添加劑。

( ) 2. 引擎之機油壓力約 (A)2～5 (B)5～8 (C)8～10 (D)10～12 kg/cm^2。

( ) 3. 油壓調整閥之功用為 (A)防止機油泵送出的壓力太高 (B)防止機油泵送出的壓力太低 (C)防止曲軸箱中之機油被沖淡 (D)防止機油變成乳白色。

( ) 4. 引擎機油之粘度指數愈高，代表機油 (A)粘度愈高 (B)粘度愈低 (C)粘度因溫度之變化而變化愈大 (D)粘度因溫度之變化而變化愈小。

( ) 5. 下列何種情況下應使用粘度較大的機油？(A)新引擎 (B)高溫 (C)高速 (D)間隙小。

( ) 6. 下列敘述何者為真？ (A)機油粘度及用途均用SAE號數來分類 (B)機油粘度及用途均用API度數來分類 (C)機油粘度係用API分類，而用途則以SAE號數來分類 (D)機油粘度係以SAE分類，而用途卻以API度數分類。

( ) 7. 機油指示燈亮時，代表什麼意義？ (A)機油壓力太大 (B)機油壓力不足 (C)油底殼機油太多 (D)機油泵正在送油中。

(　) 8. SAE30與SAE30W的機油比較時　(A)粘度前者比後者大，但凝結點相同　(B)粘度相同，但前者之凝結點較低　(C)粘度相同，但後者之凝結點較低　(D)粘度與凝結點均相同。

(　) 9. 滑油粘度分類中　(A)粘度之變化率應愈少愈好　(B)粘度指數大者，粘度號數也愈大　(C)粘度指數愈高，則粘度因溫度之變化愈大　(D)SAE20W-40號之複級機油在低溫時流動性較低，高溫時則粘度降低。

(　) 10. 下列有關引擎機油之敘述何者有誤？　(A)粘度指數要低，流動點要高　(B)不可混合使用　(C)油膜強度最大　(D)不易起氣泡。

(　) 11. 汽車行駛中若機油警告燈一直亮著，則表示　(A)機油號數太高　(B)機油壓力太高　(C)機油壓力太低　(D)機油泵作用正常。

(　) 12. 造成引擎潤滑油消耗量過多之原因為　(A)曲軸主軸承間隙過大　(B)汽門腳間隙過大　(C)汽門彈簧太弱　(D)汽門桿與導管間隙過大。

(　) 13. 機油添加劑中，具有清潔作用的為　(A)極壓劑　(B)腐蝕抑制劑　(C)接泡沫劑　(D)分散劑。

(　) 14. 以下敘述何者正確？　(A)粘度指數(VI)是指機油粘度因壓力變化而改變的大小　(B)SAE 5W-30 複式機油之粘度指數(VI)比 SAE 30 單級機油高　(C)SAE 20W 機油之粘度比 SAE 30 機油高　(D)普通機油比合成機油較不易形成油泥及積碳。

(　) 15. 機油粘度之分別是在　(A)顏色　(B)流動率或流動阻力　(C)品質　(D)添加劑之多寡。

(　) 16. 下列有關潤滑系統之敘述何者有誤？　(A)機油壓力太高，可在泵上調整螺絲增加墊片　(B)完全壓力式潤滑系統之壓力約 8 kg/cm^2　(C)完全壓力式者，機油自連桿小端及活塞銷噴出　(D)引擎溫度低時，機油易被沖淡。

(　) 17. 引擎的潤滑油依照SAE號數分類，其粘度適合於台灣氣候使用的 SAE 號數是　(A)20W-50　(B)5W-20　(C)10W-20　(D)20W-20。

( ) 18. 重負荷的柴油車，最適用的工作等級的潤滑油是　(A)SD～SE級機油　(B)SB～SC級機油　(C)CE級機油　(D)CC級機油。

( ) 19. 全流式機油過濾系統的濾芯阻塞時，機油　(A)不能到達軸承　(B)經壓力釋放閥流回油底殼　(C)直接流回油底殼　(D)經旁通閥直接到達軸承。

( ) 20. 旁流式機油濾清系統，從機油泵輸出之機油　(A)先經濾清器後輸出潤滑　(B)先輸出潤滑後經濾清器　(C)一部份直接輸出，另一部分經濾清器後輸出　(D)一部份直接輸出，另一部分經濾清器後流回油底殼。

( ) 21. 在運轉中之引擎，其油底殼的機油溫度應該多少才適宜？　(A)30～40℃　(B)40～50℃　(C)50～60℃　(D)70～80℃。

( ) 22. 引擎潤滑系統中，機油壓力調整閥在何種情況下發揮作用？　(A)機油被沖淡時　(B)機油量過多時　(C)油道壓力過低時　(D)油道壓力過高時。

( ) 23. 完全壓力式之潤滑系統，其活塞銷的潤滑係利用　(A)連桿大端的噴油孔潤滑　(B)連桿大端的油杓潤滑　(C)連桿中心之油道潤滑　(D)以上均可。

( ) 24. 機油粘度之SAE分類中有5W、10W，其中W代表何種意義？　(A)粘度較高　(B)溫度變化時粘度變動較大的一種潤滑劑　(C)可使用在0℃以下　(D)低溫時流動性差，高溫時則流動性大。

( ) 25. 下列有關引擎之機油敘述何者有誤？　(A)以SAE等級區分，若號數愈大，則粘度愈大　(B)SAE號數最後加"W"，表示此機油適合冬天使用　(C)粘度指數愈大，代表溫度變化時粘度變化愈大　(D)燃點愈高愈佳。

( ) 26. 下列何者是機油壓力過高之原因？　(A)機油量不足　(B)機油被沖淡變稀　(C)洩壓閥彈簧彈力過大　(D)凸輪軸磨損。

( ) 27. 最普遍使用之機油過濾形式為　(A)壓力式　(B)旁通式　(C)分流式　(D)全流式。

( ) 28. 全流式機油過濾的方法，其機油濾清器置於　(A)機油泵之前，機油壓力錶之後　(B)機油泵與主油道之間　(C)機油壓力錶之前，機油泵之後　(D)主油道之後。

(　) 29. 在連桿中央設有鑽孔油道，將機油引導至小端而噴出來潤滑及冷卻活塞之潤滑方式為　(A)噴濺式　(B)部分壓力式　(C)完全壓力式　(D)全流式。

(　) 30. 在完全壓力潤滑系統中，整支連桿中有一油道通至頂端，其主要目的是　(A)潤滑活塞銷　(B)潤滑汽缸壁　(C)潤滑曲軸　(D)潤滑連桿大端軸承。

5 冷卻系統

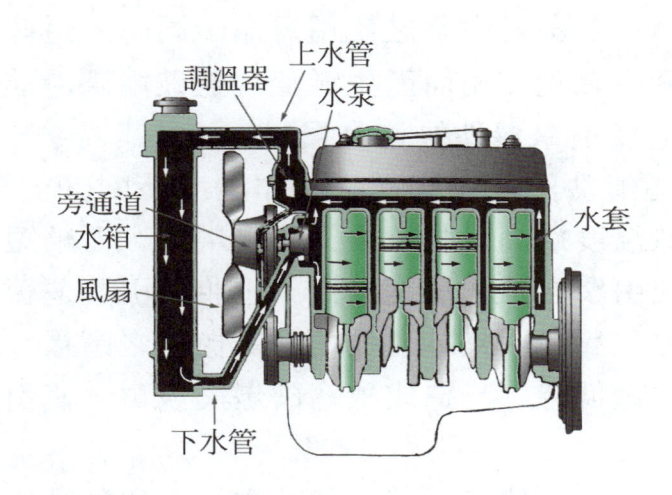

本章學習目標
1. 能瞭解冷卻系統功用。
2. 能瞭解冷卻系統的種類與特性。
3. 能瞭解壓力式冷卻系統的循環路徑。
4. 能瞭解壓力式冷卻系統各機件的構造與功能。
5. 能瞭解冷卻液的種類與特性。

5-1 熱的傳遞與排除

　　柴油引擎在燃料燃燒後，汽缸內的燃燒溫度常高達2000℃以上，這些熱能約30～40%用於推動活塞，使引擎運轉，另約35%隨廢氣排出引擎外，約25～35%的熱能需由冷卻系統予以帶走，使引擎保持在80～90℃之適當工作溫度。

　　如果冷卻效果不好，則在引擎燃燒室周圍之各機件，包括汽缸蓋、副燃燒室、活塞、排汽門等，將因溫度過高而使材料強度降低，易引起引擎故障，並縮短引擎之使用壽命。同時，這些過高的溫度，也易使潤滑油產生氧化作用而產生淤渣，並破壞潤滑油之油膜，使潤滑效果降低，造成引擎機件快速磨損。

　　由於引擎必須常保持在適當的工作溫度範圍(80～90℃)，若冷卻效果不良，導致溫度過高，將產生上述之現象，而縮短引擎之壽命。若冷卻過度，使引擎之工作溫度過低，也將使引擎運轉困難，燃料消耗量增加，並發生潤滑不良，且加速引擎機件之磨損。尤其是柴油引擎，在工作溫度過低時，易造成狄塞爾爆震現象，使引擎的性能嚴重降低。

　　熱能由一個地方，傳達到另一個地方，即稱為熱的傳遞。熱的傳遞方法有傳導、對流、輻射三種：

一、熱的傳導

　　凡熱能從高溫處，以物質為媒介，逐漸傳到低溫處的現象，稱為熱的傳導，此為固體之熱能傳遞方式。如燃料在燃燒室燃燒後，產生之熱能可由活塞頂傳導至活塞裙，或由汽缸體上方傳導至下方，或由汽門頭傳導至汽門桿等，皆為熱的傳導現象。

二、熱的對流

　　由於流體之流動，而引起熱能之傳遞，逐漸地將熱能傳播到其他部位，稱為熱的對流。熱的對流可分為自然對流與強迫對流兩種。如圖5-1所示即為熱的對流，容器底部的水在吸收了火燄的熱量後，其體積膨脹，密度減小而逐漸上升，熱水上升後，四周冷的部份立即補充其位，如此不斷地循環，直至將熱能傳至流體全部。而強迫對流係採用水泵增加水流之流動速度，以促進熱能之傳導，如水冷式冷卻系統中之水泵；或採用風扇鼓動空氣之流動，以促進熱能之交換，如冷卻系統中水箱之冷卻風扇。

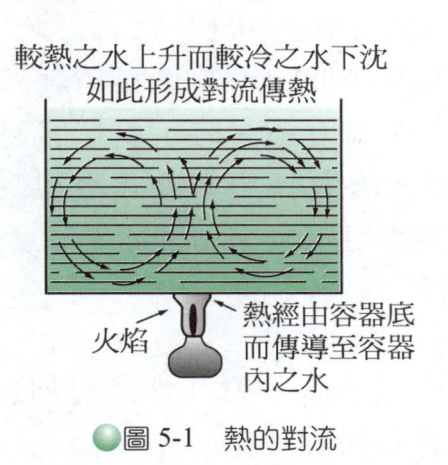

圖 5-1　熱的對流

三、熱的輻射

　　凡熱能不依賴物質為媒介而傳播之現象，稱為熱的輻射。如太陽能的傳播，它能穿越空氣或其他透明物體，將熱能傳遞至大地。

　　引擎運轉時，在燃燒室產生之熱能，可經由熱的傳遞，即利用傳導、對流(冷卻水或空氣)、輻射等三種方式，將多餘的熱能傳遞出來，讓引擎外的空氣帶走。所以引擎需裝置冷卻系統，其冷卻的方法有氣冷式與水冷式兩種。氣冷式之冷卻效果較差，一般使用在小型之汽油引擎上，車用引擎，尤其是柴油引擎，全部使用水冷式冷卻系統。

隨堂評量

一、是非題

( ) 1. 引擎冷卻不良時，潤滑油的溫度也會過高。
( ) 2. 引擎之工作溫度約 80～90℃。
( ) 3. 引擎之工作溫度過低時，其燃料消耗率會增加。
( ) 4. 柴油引擎之工作溫度過高時，引擎容易爆震。
( ) 5. 車用柴油引擎大多會採用氣冷式冷卻系統。
( ) 6. 強迫對流法係利用水泵來增加水流之速度。

二、問答題

1. 柴油引擎過冷或過熱時，對其性能有何影響？
2. 熱的傳遞方法有哪幾種？

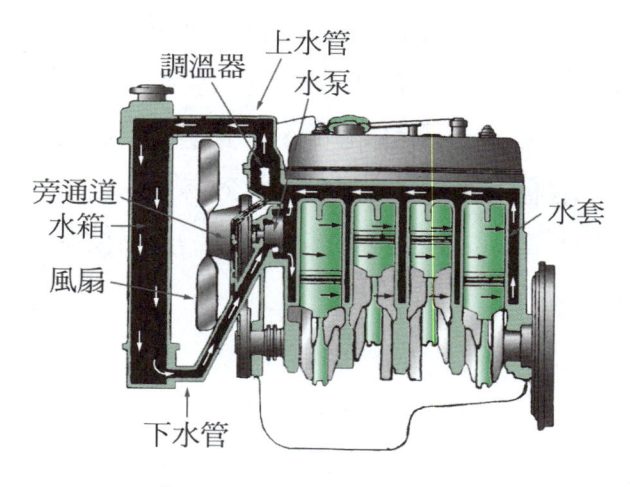

5-2 水冷式冷卻系統

水冷式冷卻系統之裝置包括水箱、下水管、水泵、引擎水套、旁通管、調溫器、上水管、風扇等。如圖 5-2 所示。

●圖 5-2 水冷式冷卻系統

水泵從水箱底部將冷卻水吸出，並壓送至引擎水套，冷卻水經過引擎水套時，即從汽缸外、燃燒室周圍吸取熱量，而變成高溫的冷卻水，再經調溫器後才進入上水箱，冷卻水在經過水箱時，立即將熱量傳導給水箱之散熱片，由外界的空氣冷卻之，所以流至水箱底部為已經冷卻之冷卻水，再由水泵壓入引擎水套，如此不斷地循環，使冷卻系統發揮適當的功能。由圖 5-2 可知冷卻水循環路線為：

下水箱→下水管→水泵→汽缸體水套→汽缸蓋水套→調溫器→上水管→上水箱→水箱芯子→下水箱。

一、引擎水套

水冷式冷卻系統之引擎，其汽缸體與汽缸蓋在鑄造時已鑄有水套，汽缸床墊也有水孔，使冷卻水能在汽缸、燃燒室周圍通過，並將熱量移至水箱，經散熱片，由外界空氣帶走。因各汽缸、燃燒室、排汽門與水泵之距離不相等，所以在水套中裝有分水管，使冷卻水能均勻地流到各汽缸，使各汽缸、燃燒室、排汽門之溫度能保持平均，以避免造成局部過熱之現象。

有些引擎在排汽門座附近另裝有噴水口，使冷卻水能以較快的速度流經溫度極高的排汽門座，以降低其溫度，如圖 5-3 所示。

另在調溫器前之引擎水套與水泵之間設有旁通道，當引擎未達工作溫度，調溫器仍關閉時，使冷卻水能在引擎水套內循環，讓引擎各機件能迅速達到工作溫度。

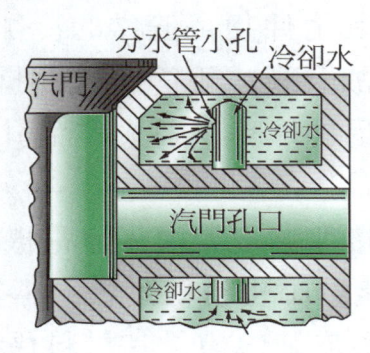

● 圖 5-3　排汽門座附近之噴水口

二、水泵

　　水泵有齒輪式與離心式兩種，齒輪式水泵之送水效率較差，不符合高性能引擎之需要，一般柴油引擎之水泵都採用離心式水泵。離心式水泵之構造如圖 5-4 所示，由泵體、葉輪、水泵軸、水封等組成。水泵軸與風扇皮帶盤裝在一起，由引擎曲軸皮帶盤用三角皮帶驅動。

　　水泵普通都裝在汽缸體上，當葉輪轉動產生了離心力即將下水箱之冷卻水或從汽缸蓋旁通道來之冷卻水壓入引擎水套中，使冷卻水循環。一般水泵之軸承均採用封閉式軸承，所以不需要定期潤滑。

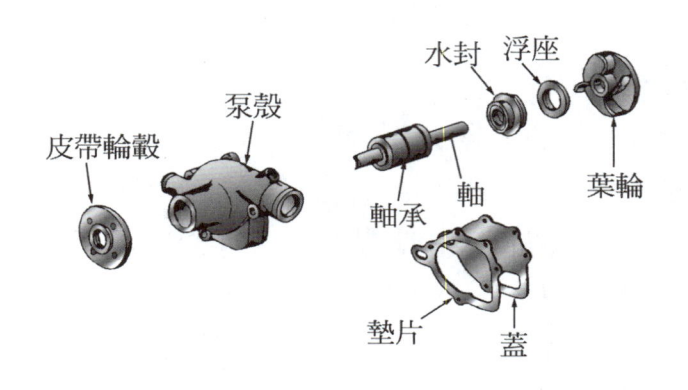

● 圖 5-4　水泵之構造

三、風扇機構

　　風扇係裝在水泵皮帶盤之前端、水箱之後面，主要的功用是將空氣吸經水箱散熱片，並吹向引擎外殼，使水箱芯子中的冷卻水溫度降低，同時使引擎外殼及其附件獲得適當的冷卻。

　　風扇葉片的間隔常故意製成不等，其曲折角度也不同，如圖 5-5 所示，如此即可減少風扇旋轉時，因共震而引起的噪音，並減少風扇旋轉之阻力，使轉速增高。

　　風扇皮帶係負責連接曲軸皮帶盤、發電機皮帶盤、水泵皮帶盤，如圖 5-6 所示，使曲軸能經由皮帶傳動發電機與水泵。皮帶一般均使用梯形斷面，以配合 V 形皮帶盤槽；其材料係以合成橡膠及抗張力高之尼龍繩製成，利用接觸之摩擦力來傳動，所以風扇皮帶之緊度須合乎廠家規範(以 10kg 之力下壓，應下陷約 8-12mm)，若不合規定，應移動發電機之位置來調整，風扇皮帶太鬆時，皮帶會打滑，使水泵與發電機之轉速變慢，而易造成引擎過熱及發電機發電量不足之現象。若風扇皮帶太緊，則水泵之軸承易受損。

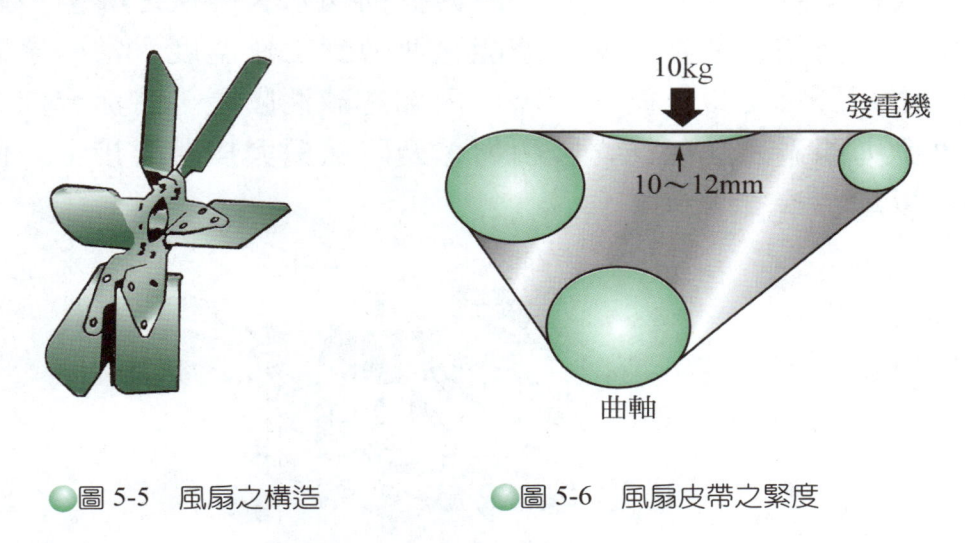

◯圖 5-5　風扇之構造　　　　◯圖 5-6　風扇皮帶之緊度

　　風扇所消耗的動力隨轉速的升高而變大，其轉速約為曲軸之 0.8～1.4 倍左右，所消耗的動力約5%左右。為了提高風扇效率，使水箱四周獲得良好的冷卻，現代車用引擎都裝設風扇罩。風扇葉片之材料，有以鋼板衝壓而成與合成塑膠製成兩種，後者可減少運轉時產生之噪音。

　　水箱的最大冷卻能力，係設定在酷暑時或爬坡、全負荷狀況下決定的；當在冬季行駛時，或連續以引擎剎車、或下坡時，引擎易造成過冷的現象，此時，水箱的冷卻能力就過於餘裕，尤其是柴油引擎在使用引擎煞車時，其燃料被切斷，沒有發生燃燒，引擎過冷之現象比汽油引擎顯著。為了防止過度冷卻之現象，並減少風扇消耗引擎之動力及減少風扇產生之噪音，現代新式引擎都裝設自動控制裝置。

　　裝設風扇自動控制裝置之引擎具有減少燃料消耗率(省油)、提高加速性能、縮短溫車運轉時間、及延長引擎壽命之優點。其裝置之種類有矽油控制風扇離合器、電磁式風扇離合器及電動式風扇三種。

(一)矽油控制風扇離合器

其構造如圖 5-7 所示，由矽油、板彈簧、永久磁鐵、壓板、離合器片等組成。當通過水箱之空氣溫度低於 65℃ 時，其總成內的矽油收縮，板彈簧將活塞向左壓動，壓力板則因永久磁鐵之吸引，將風扇脫離皮帶盤而停止運轉，使引擎能迅速轉到工作溫度，當引擎體外之空氣溫度高於 65℃ 以上時，則總成內部之矽油膨脹，將活塞向右推動，其推動力勝過永久磁鐵之吸引力，乃將風扇與皮帶盤接上，使風扇轉動，以增加冷卻效果。

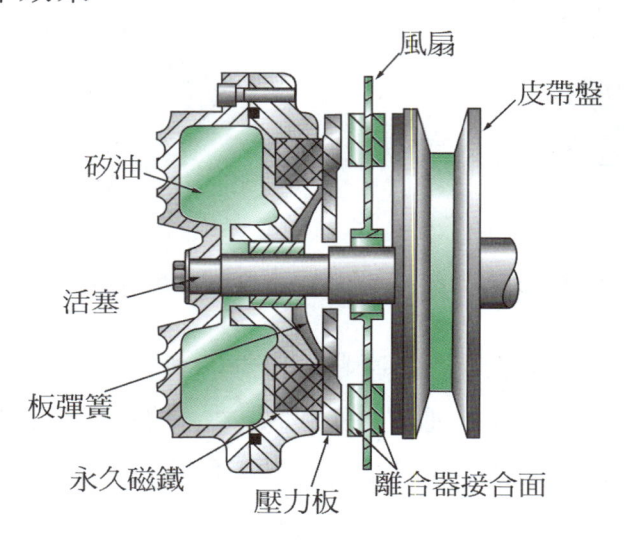

●圖 5-7　矽油控制風扇離合器

(二)電磁控制式風扇離合器

其構造如圖 5-8 所示，係由線圈箱、電磁線圈、磁粉、風扇軸圓盤、皮帶盤等所構成。皮帶盤為主動側受曲軸驅動，風扇軸圓盤為被動側，在兩者間介入磁粉。線圈電流的接通與切斷，係由感測引擎水套內冷卻水之溫度的感溫開關與繼電器所控制。當冷卻水溫度高過標準時，感溫開關使繼電器作用，電流即流入線圈，線圈產生磁力，使磁粉產生磁化而將皮帶盤與風扇軸圓盤結為一體，使風扇旋轉，鼓動空氣流經水箱，將冷卻水冷卻。當冷卻水溫度低於標準值時，感溫開關使繼電器斷路，電流無法流入線圈，皮帶盤與風扇軸圓盤分離，風扇停止運轉，而節省了引擎馬力的消耗，使燃料消耗率降低，也可縮短引擎之溫車時間。

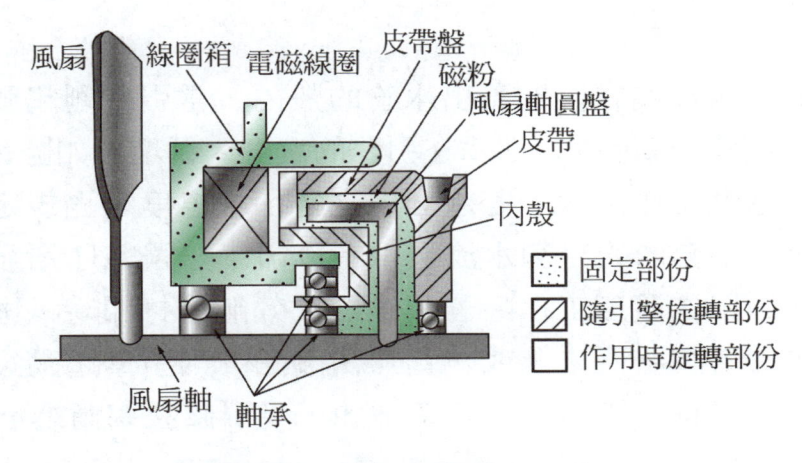

◯圖 5-8　電磁式風扇離合器

（三）電動式風扇

　　電動式風扇之構造如圖 5-9 所示，風扇馬達之電源由電瓶供應，但電流的接通與切斷，係由感測引擎水套內冷卻水溫度之溫度感知器與繼電器所控制。溫度感知器為負溫度係數之熱敏電阻，其電阻變化與溫度成反比；當冷卻水溫度高於標準值時，溫度感知器之電阻變小，使繼電器成通過，電瓶的電即流入風扇馬達，使風扇作用，將水箱內之冷卻水冷卻。若冷卻水溫度低於標準值時，溫度感知器之電阻變大，使繼電器成斷路，風扇馬達電流被切斷，風扇停止作用，以縮短引擎之溫車時間，並減少引擎動力之損耗；目前大多數汽車均採用電動式風扇。

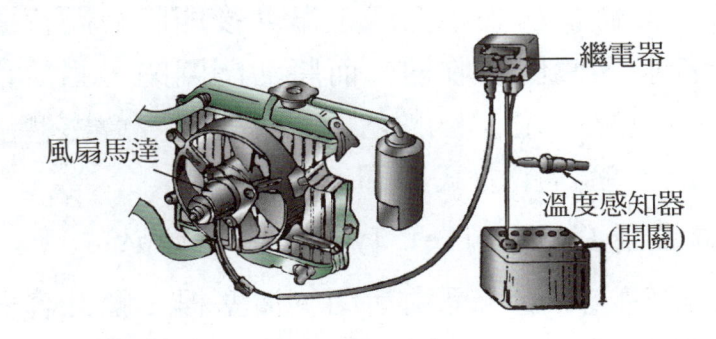

◯圖 5-9　電動式風扇

四、調溫器

調溫器通常都裝在汽缸蓋出水管的殼內,當引擎剛起動溫度較低時,調溫器關閉,僅允許冷卻水在引擎的水套內循環,如圖 5-10 所示,使引擎迅速達到工作溫度,若水套內之冷卻水溫度超過規定,則調溫器打開,允許水套內的冷卻水流入水箱冷卻,如圖 5-11 所示,以保持引擎在適當的工作溫度工作。若調溫器失效無法打開時,則造成引擎過熱之現象。若調溫器未裝或一直無法關閉,則引擎起動後至達到工作溫度的時間拉長,使燃料消耗率增加,易引起狄塞爾爆震之現象。

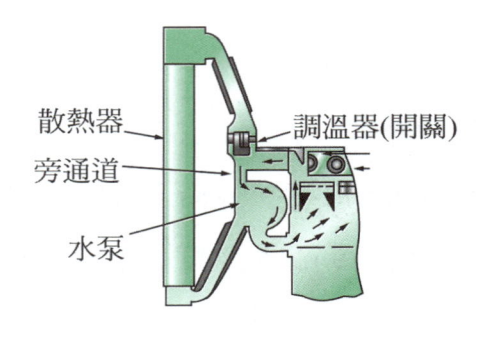

●圖 5-10　溫度低,調溫器關閉時 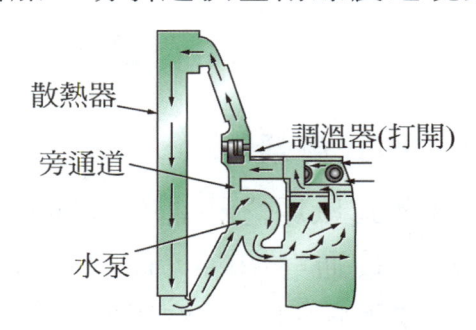　　●圖 5-11　溫度高,調溫器打開時

調溫器的種類有摺囊式、臘丸式、雙金屬式三種。

(一) 摺囊式調溫器 (Bellows Type Thermostat)

其構造如圖 5-12 所示,是由活門、活門連桿、摺囊、支架等所構成。摺囊內裝高揮發性的液體。如乙醚,當摺囊外部的溫度升高時,液體立即蒸發,使體積膨脹,至一定溫度後即將活門打開。若溫度降低,氣體凝為液體,使體積收縮,而將活門關閉。由於摺囊式調溫器之摺囊對壓力很敏感,在水套內之壓力改變時,會影響調溫器活門打開之溫度,所以不適合壓力式冷卻系統使用。

(二) 臘丸式調溫器 (Wax Pellet Type Thermostat)

其構造如圖 5-13 所示,是由活門、活塞桿、臘丸容器、彈簧、支架等所構成。臘丸容器內裝有臘丸,當冷卻水溫度低時,臘為固體,體積較小,彈簧的力量將容器及活門向上推,使活門關閉。當冷卻水溫度高於規定值時,臘溶化成液體,體積膨脹,而克服彈簧的力量將容器及活門向下拉,將活門打開。臘丸式調溫器不因冷卻系壓力之變而而受影響,其活門之開閉能完全依溫度而定,所以目前的壓力式冷卻系統都採用之。

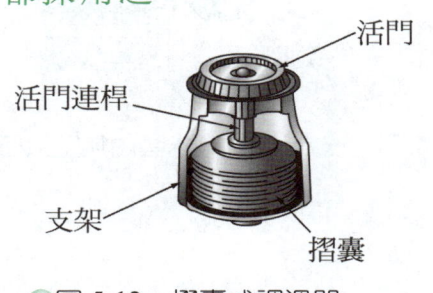

● 圖 5-12　摺囊式調溫器　　　　● 圖 5-13　臘丸式調溫器

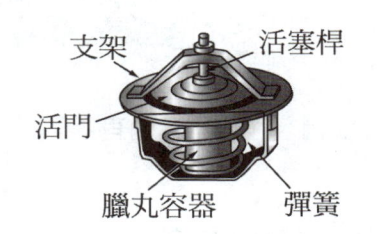

(三)雙金屬式調溫器(Bi-metal Type Thermostat)

其構造如圖 5-14 所示,是由雙金屬熱偶彈簧、活門、支架等構成,雙金屬熱偶彈簧係由膨脹係數不同的兩片金屬鑲合而成,內層為青銅片,外層為鋼片,冷卻水溫度低時,彈簧捲緊,彈力使活門在關閉位置,當冷卻水溫度升高超過規定值時,因青銅片的膨脹係數較大,使彈簧鬆弛,而逐漸將活門打開。

一般調溫器都設有鉤閥,如圖 5-15 所示,其主要的功用係在排除引擎水套內之空氣,使冷卻效果良好。若水套內有空氣存在,將使冷卻水循環不良,而易發生引擎過熱之現象。

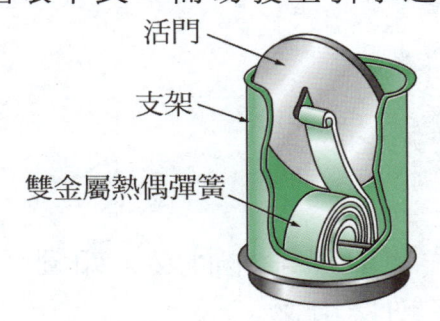

● 圖 5-14　雙金屬式調溫器　　　　● 圖 5-15　調溫器之鉤閥

當引擎水套內有空氣存在時,鉤閥會傾斜,如圖 5-16 所示,將呼吸孔打開,使空氣排出至水箱。當水套內無空氣時,冷卻水之壓力會推動鉤閥將呼吸孔關閉,如圖 5-17 所示,使冷引擎時,冷卻水不會經呼吸孔流至水箱,以縮短引擎溫車時間。

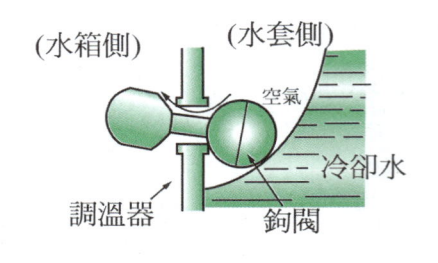

● 圖 5-16　水套內有空氣時　　　　　● 圖 5-17　水套內無空氣時

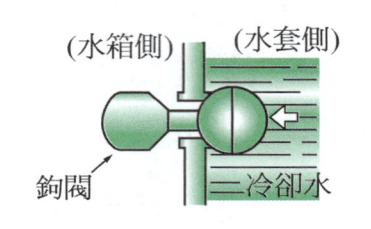

五、水箱及水箱蓋

水箱係由上水箱、下水箱、散熱器芯子等構成，如圖 5-18 所示，上水箱有加水口與溢水管，其內有分水管，能使冷卻水均勻地流入散熱器芯子。散熱器芯子依其構造可分為管及葉片式與蜂巢式兩種。

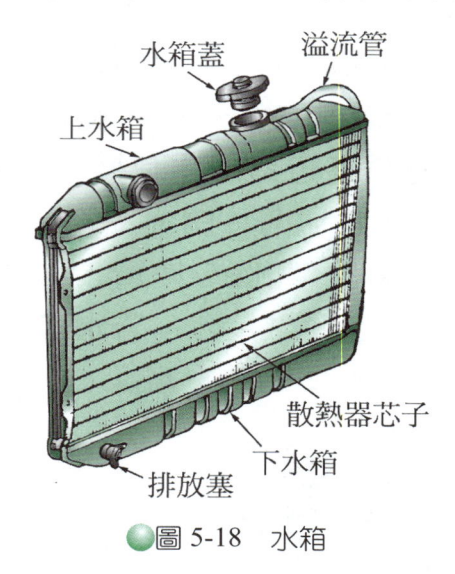

● 圖 5-18　水箱

（一）管及葉片式

其構造是由許多細銅管穿過多片薄散熱葉片而成，如圖 5-19 所示，因其構造較簡單，一般散熱芯子均採用之。

（二）蜂巢式

其散熱器芯子外形如蜂巢，如圖 5-20 所示，空氣流過蜂巢式管內散熱，而冷卻水在蜂巢形外管流動。由於冷卻水流動管路曲折，較易阻塞，且製造成本較高，現已較少使用。

●圖 5-19　管及葉片式散熱器芯子　　　　●圖 5-20　蜂巢式散熱器芯子

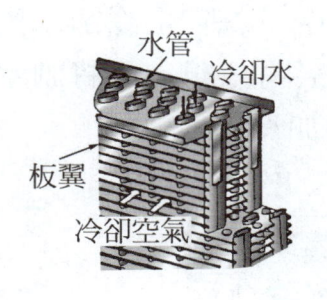

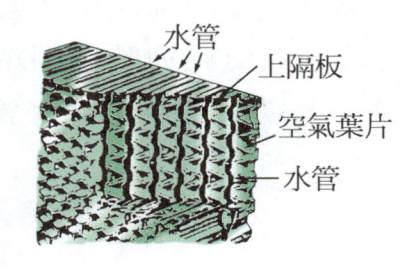

現代汽車引擎都採用壓力式冷卻系統，以提高冷卻水之沸點，使冷卻水不易沸騰。若提高流經散熱器芯子的冷卻水與大氣之溫度差，不但可以提高冷卻效率，並能減少冷卻水之流失。壓力式冷卻系統均使用壓力式水箱蓋，它能將冷卻系之壓力提高約 $0.5 \sim 1.0 kg/cm^2$，且使冷卻水之沸點提高至 110～125℃。

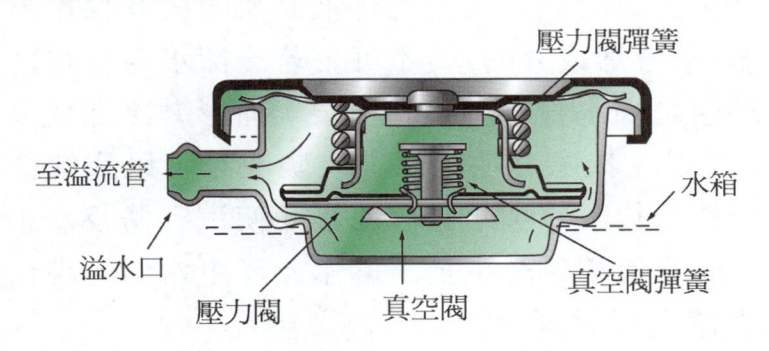

●圖 5-21　壓力蓋壓力閥打開時

壓式式水箱蓋係由壓力閥、壓力彈簧、真空閥、真空彈簧等所組成，當水箱內部之壓力大於規定值時，即能克服壓力彈簧之力量將壓力閥打開，如圖 5-21 所示，高壓蒸氣及冷卻水立即經由溢流管流出。當引擎熄火後，冷卻水之溫度降低，使冷卻水體積收縮，直到水箱內之壓力低於大氣壓力時，真空吸力會克服真空彈簧的力量將真空閥打開，如圖 5-22 所示，使空氣或貯存箱(副水箱)之水流入水箱，以防止散熱器芯子之水管塌陷，並保持冷卻水水量。若冷卻水在引擎之工作溫度範圍，其壓力閥與真空閥均在關閉狀態。副水箱係裝在水箱之附近，以溢水管與水箱之溢水口連接；當水箱之壓力過高時，由水箱溢出之高壓蒸氣及冷卻水會流至副水箱儲存，以防止冷卻水流失；當水箱壓力低於大氣壓力時，因壓力蓋之真空閥打開，又將副水箱內之冷卻水吸入，以減少水箱之保養次數（添加冷卻水）。

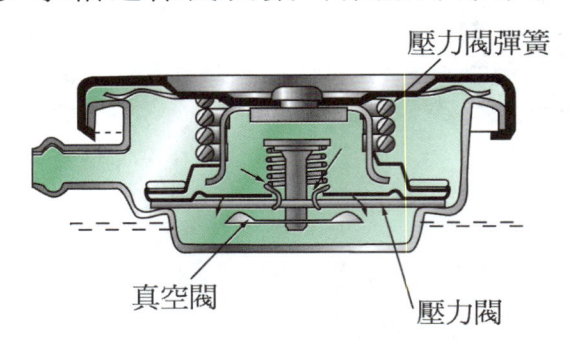

● 圖 5-22　壓力蓋真空閥打開始時

六、冷卻液及添加劑

水冷式冷卻系統，最常用的冷卻液為水，因其採用方便，但需使用清潔的軟水(不含鈣或鎂的水)才可，若冷卻水內含有鈣或鎂，將易使水套及水箱內之細水管發生積垢現象，而影響冷卻效果。因水的凝固點為 0℃，所以在較寒冷地區應加入防凍劑，以降低冷卻水之凝固點，以免引擎停止後，冷卻水結冰膨脹而使汽缸體及水箱遭受嚴重之損壞。而為了防止冷卻系統生銹、漏水及產生水垢，現代的冷卻液內均添加有保護劑及密封劑等。

（一）防凍劑

冷卻水加入防凍劑後，不但可降低冷卻水之凝固點，更可提高冷卻水之沸點。冷卻系統常用的防凍劑有永久式防凍劑與半永久式防凍劑兩種。

1. 永久式防凍劑(Permanent Type Anti Freezer)：永久式防凍劑係以乙烯乙二醇(Ethylene Glycol)為主劑，乙烯乙二醇佔60%，水佔40%，其凝固點約－45℃。此類冷卻液仍須每年更換一次為佳。
2. 半永久式防凍劑(Semi-Permanent Type Anti Freezer)：半永久式防凍劑係以酒精(Alcohol)或木精(Methyl Alcohol)為主劑，其價格較廉，凝固點溫度約－58℃，但容易蒸發消失，且具有可燃性，並會損傷汽車之表漆。

（二）保護劑

保護劑具有下列之效果：

1. 防止水垢及生銹，以免影響冷卻效果。
2. 具有潤滑效果，防止水泵產生噪音。

（三）密封劑

密封劑具有下列之功能：

1. 能防止漏水、漏氣。
2. 能防止水套、水封之磨損。

隨堂評量

一、是非題

(　) 1. 壓力式冷卻系統之壓力約 $0.5\sim1.0\text{kg/cm}^2$。
(　) 2. 壓力式冷卻系統可提高冷卻水之沸點，以提高冷卻效率。
(　) 3. 壓力式冷卻系統能減少冷卻水之損失，並減少保養次數。
(　) 4. 水泵之軸承一般都採用密封式，仍須定期潤滑保養。
(　) 5. 皮帶的緊度係以 10kg 之力量下壓，其皮帶應下陷 20～30mm 左右。
(　) 6. 風扇皮帶太鬆時，引擎易過熱，且發電機之發電量會不足。
(　) 7. 風扇應裝置在水箱之前面，使空氣由水箱吹向引擎。
(　) 8. 風扇葉片之間隔不相等，其曲折角度也略有差異，以減少噪音。
(　) 9. 風扇罩具有提高風扇效率，使水箱獲得良好的冷卻。
(　) 10. 矽油控制式風扇離合器，在冷引擎時，其風扇會快速運轉。
(　) 11. 矽油控制式風扇離合器在水溫達 65℃ 以上時，矽油會膨脹而使離合器接合。
(　) 12. 電動風扇能縮短溫車時間，減少消耗引擎之動力。
(　) 13. 電動風扇之控制電路所使用的溫度感知器，為負溫度係數之熱敏電阻。
(　) 14. 電動風扇之控制電路所使用的溫度感知器係裝在汽缸蓋水套上。

(　) 15. 直流式水箱具有降低引擎高度、增加擋風玻璃視野的優點。
(　) 16. 水箱之散熱片一般都以散熱性佳的鋁合金薄片製成。
(　) 17. 副水箱具有協助主水箱散熱之功用。
(　) 18. 壓力式水箱蓋內裝有壓力閥與彈簧及真空閥與彈簧。
(　) 19. 壓力式水箱蓋之真空閥若無法打開，則水箱或水管易凹陷。
(　) 20. 壓力式水箱蓋若無法打開，則水箱易崩裂。
(　) 21. 冷卻水在正常的工作溫度時，水箱蓋之壓力閥與真空閥均在關閉狀態。
(　) 22. 節溫器一般裝於汽缸蓋之出水口。
(　) 23. 節溫器在冷時關閉、熱時打開，以減少引擎動力損失。
(　) 24. 摺囊式節溫器之摺盒內裝有乙醚，不適合壓力式冷卻系統。
(　) 25. 一般引擎大多使用臘丸式節溫器。
(　) 26. 節溫器上之鉤閥具有排除水箱內之空氣的作用。
(　) 27. 冷卻水應用含鈣、鎂的軟水，以防止水套內產生水垢。
(　) 28. 一般冷卻水中加有永久防凍劑(乙烯乙二醇)，但冷卻水仍須定期更換。
(　) 29. 半永久性防凍劑較永久性防凍劑之揮發點為高。
(　) 30. 使用永久性防凍劑之冷卻水，其沸點會提高。

二、問答題

1. 寫出水冷式冷卻系統之流程。
2. 說明風扇之構造與功用。
3. 壓力式冷卻系統有何優點。
4. 說明節溫器的功用與種類。

綜合評量

(　) 1. 高速行駛之車輛，水箱熱水的冷卻方法主要靠　(A)節溫器　(B)機油　(C)副水箱　(D)空氣之相對運動。

(　) 2. 下列有關冷卻系統之敘述何者不正確？　(A)壓力式水箱蓋可提高冷卻系統的壓力，以提高冷卻水的沸點　(B)副水箱可減少冷卻液的流失　(C)將節溫器置於水中加熱，可檢查其打開的溫度及最大開度　(D)水箱漏水試驗的試驗壓力約2～3kg/cm^2。

(　) 3. 冷卻系統中自動減速風扇，又稱變速風扇，在引擎溫度低或高速負荷行駛時　(A)自動加速運轉　(B)自動減速或停轉　(C)風扇皮帶不轉　(D)減速吹水箱。

(　) 4. 引擎冷卻系統之調溫器的功用是　(A)使冷卻水保持低溫狀態　(B)使引擎迅速達到正常工作溫度　(C)將水套內熱水盡快送到水箱　(D)不使引擎過熱。

(　) 5. 水箱中的冷水部分是在　(A)上水箱　(B)水箱芯子　(C)下水箱　(D)注水管。

(　) 6. 水箱壓力蓋的功用是控制冷卻系統的　(A)壓力　(B)真空　(C)水量　(D)壓力和真空。

(　) 7. 一般冷卻系統的節溫器是裝在　(A)水箱上之進水口　(B)水箱上之出水口　(C)引擎上之進水口　(D)引擎上之出水口。

(　) 8. 風扇的主要功用是　(A)鼓動空氣吹向引擎　(B)冷卻水箱之熱水　(C)使引擎得到冷卻　(D)以上均對。

(　) 9. 風扇葉片製成角度不等的目的是　(A)製造方便　(B)減少噪音，增加轉速　(C)減少重量　(D)減少轉速，增加冷卻效果。

(　) 10. 下列對節溫器之敘述何者為真？　(A)水套中之旁通閥打開時，節溫器應處於關閉狀態　(B)摺盒乙醚式最適合有壓力式的冷卻系統使用　(C)所有形式的節溫器其開啟之時刻，均當引擎溫度達 140°F 時　(D)有破洞的節溫時，則其活門會一直處在開啟位置，使引擎工作溫度過高。

(　) 11. 裝在水箱周圍的風扇罩的功用為　(A)增大水箱散熱表面　(B)保護風扇　(C)減小風扇旋轉阻力　(D)消除風扇周圍空氣渦流

(　) 12. 引擎之熱量損失中，佔最大比例的為　(A)冷卻水損失　(B)機件摩擦損失　(C)燃燒不完全之損失　(D)排氣之損失。

(　) 13. 水冷式引擎較氣冷式引擎　(A)成本低　(B)保養容易　(C)機油消耗量少　(D)行車噪音大。

(　) 14. 水冷式引擎較氣冷式引擎　(A)機油消耗量大　(B)噪音較大　(C)熱效率較高　(D)故障多。

(　) 15. 引擎冷卻系統的主要功用是　(A)保持引擎冷卻，增長引擎壽命　(B)保持引擎適溫，減少熱效率損失　(C)保持冷卻，確保高容積率　(D)消耗過高熱量，維持正常潤滑。

(　) 16. 冷卻系統中調溫器之作用為　(A)控制水套中冷卻水循環流量　(B)防止水箱中之冷卻水過熱　(C)使進汽歧管加熱，促進燃料汽化　(D)防止水套中之冷卻水過熱。

(　) 17. 引擎副水箱主要之作用是　(A)增大水箱容量　(B)減少水之損耗　(C)連結引擎到水箱　(D)供應渦輪增壓之需要。

(　) 18. 冷卻系統中節溫器之目的在　(A)增高水之沸點，減少水之蒸發　(B)防止熱水逆流　(C)保持水箱溫度　(D)保持引擎工作溫度。

(　) 19. 壓力式水箱蓋裝配有　(A)真空閥和壓力閥　(B)壓力閥和壓力彈簧　(C)真空閥、真空閥彈簧　(D)真空閥、真空閥彈簧和壓力閥、壓力彈簧。

(　) 20. 發電機不充電且引擎水溫過高，表示　(A)電壓調整器故障　(B)風扇皮帶太鬆　(C)節溫器損壞　(D)二極體燒壞。

(　) 21. 壓力式水箱蓋的作用壓力普通約　(A)0.5～1　(B)1～1.5　(C)1.5～2　(D)2～2.5　kg/cm^2。

(　) 22. 冷車發動時，能使引擎冷卻水溫度盡速上升的零件是　(A)節溫器　(B)水箱　(C)水泵　(D)風扇。

(　) 23. 下列敘述何者錯誤？　(A)壓力式冷卻系統，散熱效果較佳　(B)冷卻液是由防凍劑和水混合而成　(C)節溫器的功能是使引擎迅速達到工作溫度　(D)前輪驅動橫置引擎，其冷卻風扇係由皮帶驅動。

(　) 24. 冷卻水的凍結溫度係　(A)隨防凍劑的混合比率而改變　(B)隨壓力與真空而改變　(C)隨大氣溫度之高低而改變　(D)隨水平面的高度而改變。

(　) 25. 設 1. 表節溫器，2. 表上水箱，3. 表汽缸蓋，4. 表水箱下水管，5. 表引擎水套，6. 表水箱上水管，7. 表下水箱，8. 表水泵浦，則引擎冷卻水之循環方向順序為　(A)7.4.1.3.5.8.6.2.　(B)2.6.8.5.3.1.4.7.　(C)2.6.1.3.5.8.4.7.　(D)7.4.8.5.3.1.6.2.。

(　) 26. 下列之敘述何者為真？　(A)摺囊式節溫器最適合壓力式冷卻系統　(B)酒精為永久防凍劑　(C)由冷卻水的顏色可以判斷水箱是否阻塞　(D)加水箱冷卻水時，應讓引擎運轉。

(　) 27. 有永久防凍劑之稱的防凍劑是　(A)甲醇　(B)酒精　(C)甘油　(D)乙二醇。

(　) 28. 引擎水溫錶所指示的溫度為　(A)水箱進水口之溫度　(B)水箱出水口之溫度　(C)水箱外圍之溫度　(D)機油溫度。

(　) 29. 下列有關引擎冷卻系統之敘述何者錯誤？　(A)壓力式水箱蓋可提高冷卻液沸點，增加冷卻效果　(B)乙烯乙二醇為目前常用的永久性防凍劑　(C)風扇液體接合器通常用矽油來傳遞動力　(D)副水箱能增強主水箱之散熱能力。

(　) 30. 壓力式水箱蓋之功用是　(A)避免冷卻水流失　(B)減少水垢　(C)增加冷卻水的流速散熱　(D)提高冷卻水的沸點。

(　) 31. 自動風扇離合器是　(A)當水溫低於150°F時，風扇轉速降低，皮帶盤空轉　(B)當水溫低於150°F時，風扇轉速升高，皮帶盤空轉　(C)當空氣溫度高於150°F時，風扇轉速降低，皮帶盤空轉　(D)當空氣溫度低於150°F，風扇轉速降低，皮帶盤空轉。

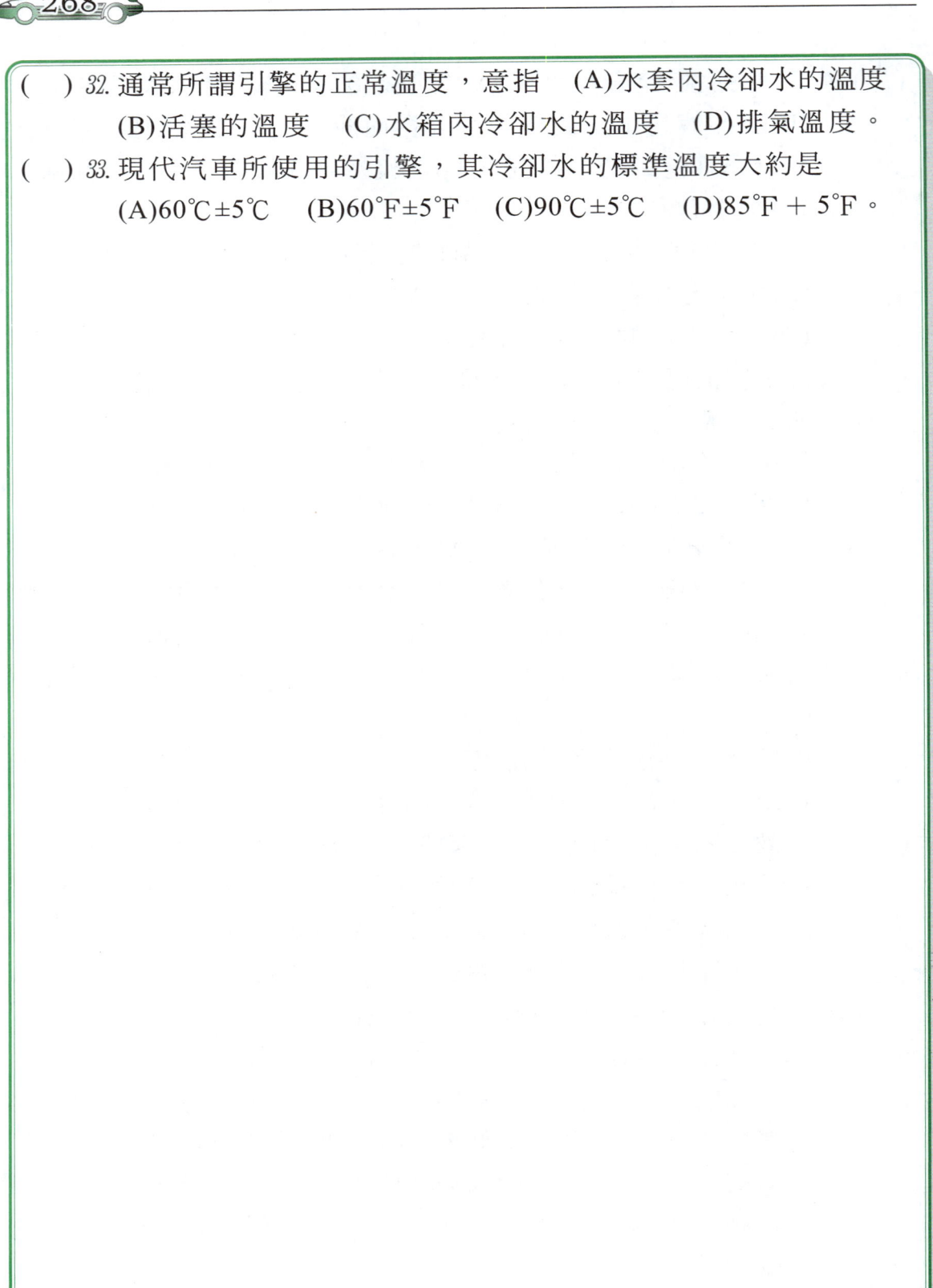

(　) 32. 通常所謂引擎的正常溫度，意指　(A)水套內冷卻水的溫度　(B)活塞的溫度　(C)水箱內冷卻水的溫度　(D)排氣溫度。

(　) 33. 現代汽車所使用的引擎，其冷卻水的標準溫度大約是　(A)60°C±5°C　(B)60°F±5°F　(C)90°C±5°C　(D)85°F＋5°F。

6 預熱系統

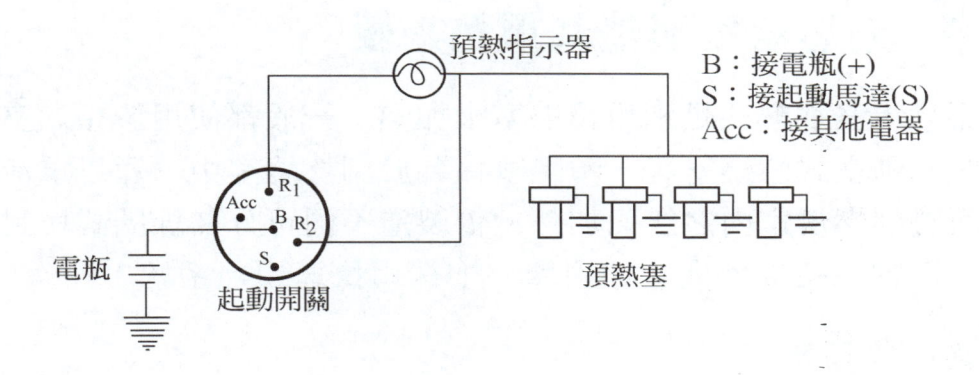

預熱指示器

B：接電瓶(+)
S：接起動馬達(S)
Acc：接其他電器

電瓶

起動開關

預熱塞

本章學習目標

1. 能瞭解串聯式預熱系統之之特性。
2. 能瞭解並聯式預熱系統之之特性。
3. 能比較線圈式與封閉式預熱塞之差異性。
4. 能瞭解進氣加熱器之作用特性。

柴油引擎之發動原理係利用壓縮後之高壓空氣的熱量，使噴入汽缸之柴油微粒自行著火燃燒而產生動力。但在冷天發動引擎時(或冷引擎)，因壓縮後的空氣熱量，一部份被活塞、汽缸、汽缸蓋所吸收，使溫度降低至無法達到燃料自行著火之溫度，造成引擎不易發動，甚至於根本無法發動。尤其是燃燒室表面積大之副室式燃燒室(預燃燒室式、渦動室式、空氣室式)之柴油引擎更為顯著，為了解決這項困難，而採用預熱系統，將進入到燃燒室內之空氣預先加熱，使初噴入汽缸之柴油微粒能立即著火燃燒，讓引擎順利發動。

柴油引擎之預熱系統依加熱位置可分為副燃燒室加熱式與進汽歧管加熱式兩種。

6-1 副燃燒室加熱式預熱系統

副燃燒室加熱式是利用預熱塞來加熱，一般都使用於預燃室式燃燒室、渦動室式燃燒室等。預熱塞係裝於副燃燒室中，通以電流產生熱量而將副燃燒室內之空氣加熱。依製造不同可分為線圈式與封閉式兩種。現代有些高性能柴油引擎，則採用快速預熱系統。

一、線圈式預熱塞

線圈式預熱塞之構造如圖6-1所示，係由電熱線圈、中心電極、外側電極、安裝螺牙等所組成。其電熱線圈是由鎳鉻合金繞成線圈狀，並暴露在外面，線頭的一端接中心電極，另一端接外側電極。在中心電極與外側電極間，及外側電極與外殼間，皆用雲母絕緣襯套或玻璃粉絕緣隔開。由於電熱線圈暴露在外面，且經常承受著高壓力及高溫度之燃燒氣體，需很牢固，所以電熱線圈較粗，電阻很小約0.045Ω。因電阻小，通過之電流大，為了防止電流過大而將電熱線圈燒燬，常將預熱塞串聯使用，如圖6-2所示，所以線圈式預熱塞又稱為串聯式預熱塞。線圈式預熱塞在電路中需串聯減壓電阻，使每個預熱塞之電壓均在2伏持以下。

● 圖 6-1　線圈式預熱塞之連接　　● 圖 6-2　線圈式預熱塞之連接

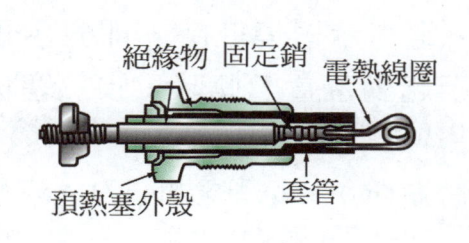

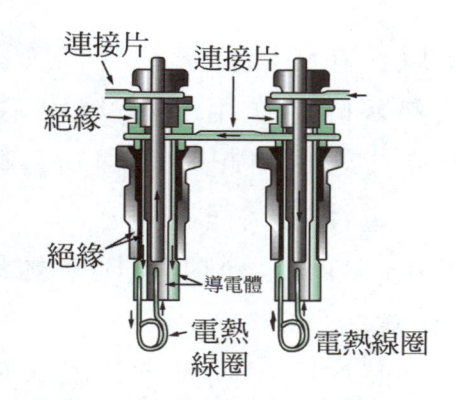

線圈式預熱塞之特性：

1. 預熱時間較短：為低電壓大電流型，每個預熱塞之電壓約 1.7～2.0V，耗用電流約 35～40A，產生之熱量大，約 15 秒鐘左右可燒紅。
2. 可靠性差：電路為串聯連接，若有一個燒斷，則全部預熱塞均不發生作用。
3. 耐用性差：由於電熱線圈暴露在外，較易受到燃燒壓力與溫度之影響而燒斷，使用壽命較短。
4. 價格便宜：因構造簡單，所以價格便宜。

線圈式預熱塞之電路如圖 6-3 所示，起動開關向反時鐘方向轉為預熱位置，其電流之流程為：

電瓶(＋)→起動開關(B)→起動開關(R_1)→預熱指示器→減壓電阻(19)→減壓電阻(18)→預熱塞→搭鐵。

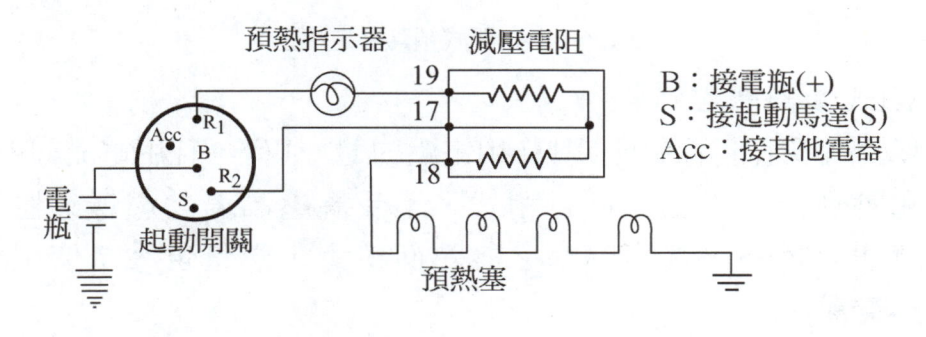

B：接電瓶(+)
S：接起動馬達(S)
Acc：接其他電器

● 圖 6-3　線圈式(串聯式)預熱塞之電路

所以，在預熱位置時，位於駕駛室儀錶板上之指示器與副燃燒室內之預熱塞同時作用，經 15 秒後，當指示器燒紅時，即表示預熱塞已預熱完成，可將起動開關向右轉至起動位置，此時，預熱塞仍繼續預熱，其電流之流程為：

電瓶(＋)→起動開關(B)→起動開關(R_2)→減壓電阻(17)→減壓電阻(18)→搭鐵。

起動時，因起動馬達運轉，使電瓶電壓下降，所以預熱電路不經指示器，且少經過一個減壓電阻，可防止預熱塞之電壓被降低，而能繼續保持紅熱狀態，使引擎容易起動。

二、封閉式預熱塞

封閉式預熱塞之構造如圖 6-4 所示，係由中心電極、電熱線、金屬管、安裝螺牙等組成。電熱線製成線圈狀，封閉在耐高熱、防腐性強的不銹鋼管內，且用導熱性極佳之氧化鎂絕緣粉固定之。由於電熱線圈不暴露在外面，不會受到高壓高溫的燃燒氣體影響，所以電熱絲採用電阻大的細絲，一端固定於中心電極，另一端接於金屬管搭鐵。其預熱塞採並聯連接，又稱為並聯式預熱塞。

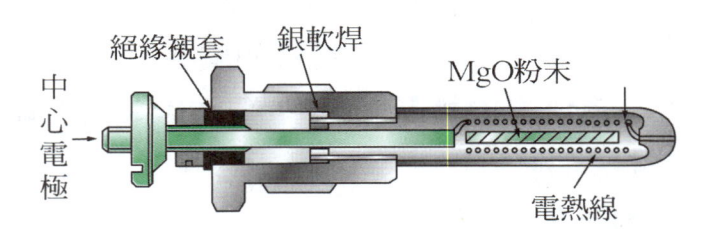

● 圖 6-4　封閉式預熱塞之構造

封閉式預熱塞之特性：

1. 屬於高電壓小電流型：其作用電壓約 11～12V，耗用電流約 4～6A。
2. 起動性能佳：因為是封閉式，不受高壓高溫之燃燒氣體影響，可伸入較多，其預熱塞之發熱面積大，熱量也大，使引擎較容易發動。
3. 可靠性佳：由於是並聯連接，就算有 1 個或 2 個預熱塞燒斷，也不影響其他預熱塞之預熱作用，照樣可以使引擎發動。

4. 耐用性佳：其電熱線圈封閉在金屬管內，不受高壓高溫之燃燒氣體影響，不需清潔保養，使用之壽命較長。
5. 預熱時間較長：為高電壓小電流型，又不須減壓電阻，其耗用電流約 4～6A，且熱量需經金屬管再傳出，所以預熱的時間較長，約 40～60 秒後才可紅熱。
6. 價格較貴：因構造較複雜，所以價格較貴。

封閉預熱塞之電路圖，如圖 6-5 所示，起動開關向反時鐘方向轉為預熱位置，其電流之流程為：

電瓶(＋)→起動開關(B)→起動開關(R_1)→預熱指示器→預熱塞→搭鐵。

當預熱指示器燒紅後，再將起動開關向順時鐘轉至起動位置，此時，預熱塞仍繼續在預熱，其電流之流程為：

電瓶(＋)→起動開關(B)→起動開關(R_2)→預熱塞→搭鐵。

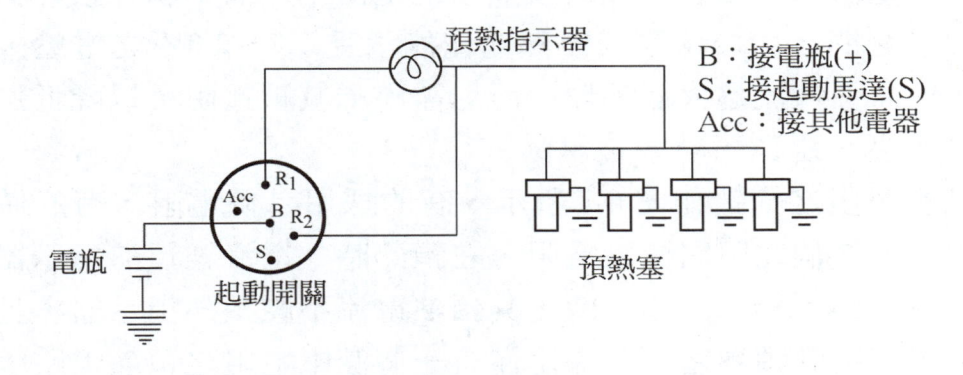

◉圖 6-5　封閉式(並聯式)預熱塞之電路

三、預熱指示器

預熱指示器係利用鎳鉻線製成線圈狀，如圖 6-6 所示，裝於駕駛室之儀錶板上，與預熱塞串聯連接。起動開關在預熱位置時，和預熱塞同時燒紅，使駕駛者可由此判斷預熱塞作用是否正常。對串聯式預熱塞來說，只要有一個預熱塞燒斷，預熱指示器就不會發紅。至於並聯式預熱塞，如果有一個或二個預熱塞燒斷，其預熱指示器燒紅之時間較長。

起動時，預熱塞仍然作用，但預熱指示器並不作用，其預熱電流不經預熱指示器，以免預熱塞之作用電壓太低，作用電流太小，而減少預熱效果。

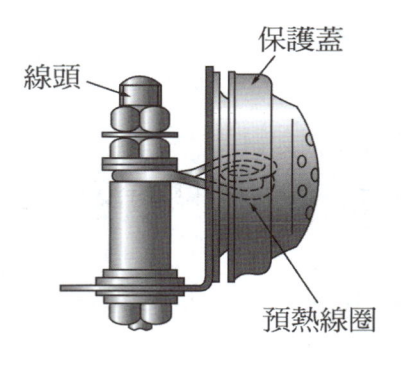

●圖 6-6　預熱指示器

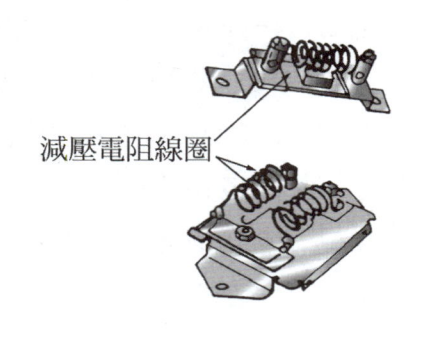

●圖 6-7　減壓電阻

四、減壓電阻

減壓電阻都使用在線圈式預熱塞之電路中，而串聯在預熱指示器與預熱塞之間。由於線圈式預熱塞僅能承受 1.7～2.0V 之電壓，若電壓過大，將使電流過大而燒壞，所以需串聯減壓電阻，以降低送至預熱塞之電壓，避免預熱塞被燒斷。

減壓電阻之構造如圖 6-7 所示，有的採用二個電阻，有的僅有一個電阻。對二個電阻之減壓電阻，在預熱時，電流經預熱指示器、二個減壓電阻到預熱塞；起動時，其預熱電流不經預熱指示器，且僅經一個減壓電阻到預熱塞。若採用僅有一個減壓電阻之預熱電路，在預熱時，電流經預熱指示器、減壓電阻到預熱塞；在起動時，電流不經預熱指示器與減壓電阻，在這種電路中，預熱指示器也相當於一個減壓電阻，所以，在馬達運轉時，預熱塞仍能得到相同的電壓。

五、預熱繼電器

線圈式預熱塞所耗用之電流約 40A 左右，這樣大的電流若直接經過起動開關，容易使起動開關之接點燒壞。為了解決這項缺點，都採用預熱繼電器，在預熱時，預熱塞之電流不經起動開關，而改由預熱繼電器之接點通過，使經過起動開關之電流小，增加起動開關之壽命。

預熱繼電器之電路圖如圖 6-8 所示，當起動開關在預熱位置時，其電流流程如下：

電瓶(＋)→電瓶開關→起動開關(B)→起動開關(R)→預熱繼電器→E_1 線圈→搭鐵。

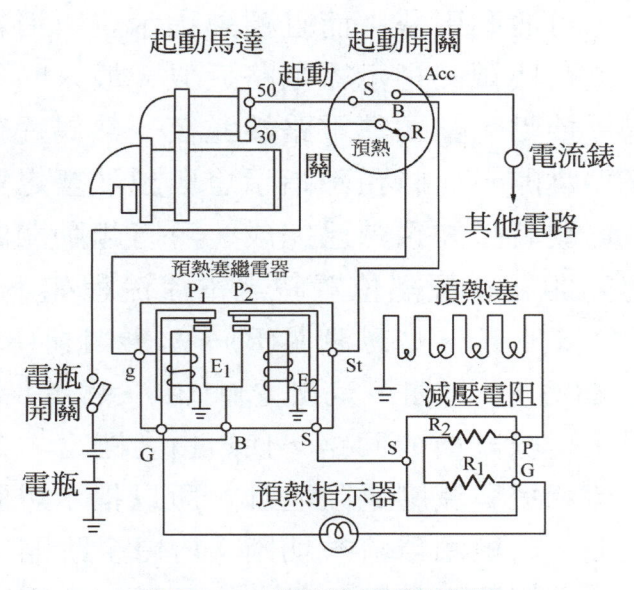

●圖 6-8　預熱繼電器電路圖

E_1 線圈構成迴路，產生吸力，使 P_1 白金接合，P_1 白金一閉合，其電流流程如下：

電瓶(＋)→預熱繼電器(B)→P_1 白金→預熱繼電器(G)→預熱指示器→減電電阻(G)→減壓電阻(R_1)→減壓電阻(R_2)→減壓電阻 P→預熱塞→搭鐵。

預熱塞燒紅後，將起動開關轉至起動位置，起動開關之 B 與 S 接通，其電流流程如下：

電瓶(＋)→電瓶開關→起動開關(B)→起動開關(S)
→預塞繼電器(st)→E_2 線圈→搭鐵。

繼電器之 E_2 線圈構成迴路，產生吸力，使 P_2 白金閉合，P_2 白金一閉合，其電流流程如下：

電瓶(＋)→預熱繼電器(B)→P_2 白金→預熱繼電器(S)
→減壓電阻(S)→減壓電阻(R_2)→減壓電阻(P)→預熱塞→搭鐵。

六、預熱指示燈

有的預熱電路採預熱指示燈來代替預熱指示器，如圖6-9所示，它的優點是能明確地指示駕駛者預熱時間，只要預熱指示燈熄，即表示預熱已經完成，可發動引擎；而且預熱指示燈所消耗的電流也比預熱指示器少。其電路與預熱指示器電路近似，最大的不同是減壓電阻內增加一個熱偶片接點，當預熱電路接通後，熱偶片經過一段時間燒紅即翹曲，使接點跳開，而將預熱指示燈與預熱塞之電流切斷，讓預熱指示燈熄，使駕駛者獲知預熱已完成，可將起動開關轉於起動位置發動引擎。當起動開關在預熱位置時之電流流程如下：

電瓶(＋)→電瓶開關→起動開關(B)→起動開關(R)
→預熱繼電器(g)→E_1線圈→減壓電阻(Bi)→熱偶片P_3接點→搭鐵。

預熱繼電器之E_1線圈構成回路，使P_1白金閉合，電瓶的電流流經預熱塞，且預熱指示燈與減壓電阻並聯，所以指示燈點亮。經一段時間後，熱偶片跳開，E_1線圈電流被切斷，P_1白金跳開，指示燈熄，即可起動引擎。當起動開關在起動位置時，其電流流程與預熱指示器之電路相同。

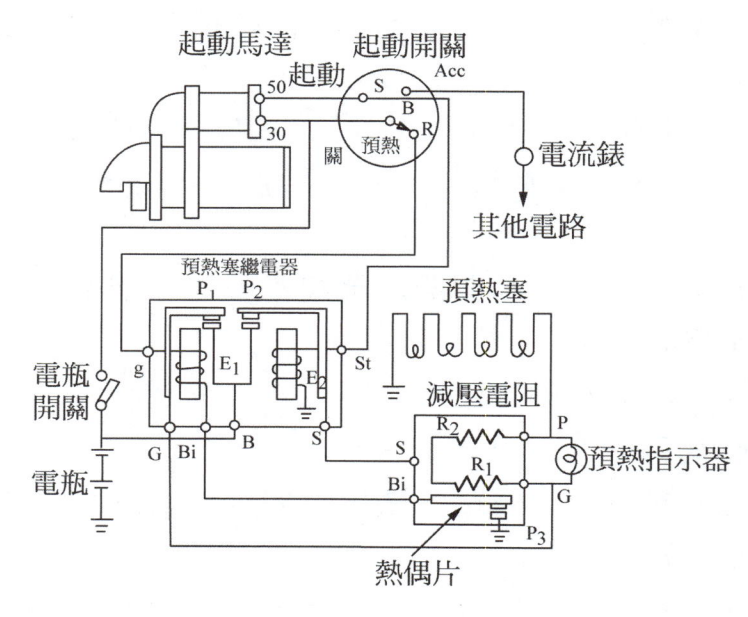

● 圖6-9　預熱指示燈之預熱繼電器電路圖

七、快速預熱系統

在冷引擎發動前,線圈式預熱塞之預熱時間約15～20秒,封閉式預熱塞約40～60秒,這對急著開車的人來說,實在是很懊腦的事。在70年代,五十玲汽車公司就發展出快速預熱系統,使用在轎車用之柴油引擎上,其預熱時間約3.5秒。

快速預熱系統所使用的預熱塞之構造如圖6-10所示。為封閉式預熱塞(並聯式),其六角螺絲頭漆上綠色,以資辨認。電熱線採用經氧化錳處理之鎳鉻線,電阻值小,電流大,使預熱塞能迅速發熱。

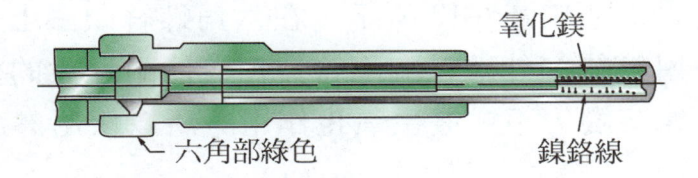

● 圖6-10　快速預熱系統之預熱塞

快速預熱系統之電路圖,如圖6-11所示,其作用如下:

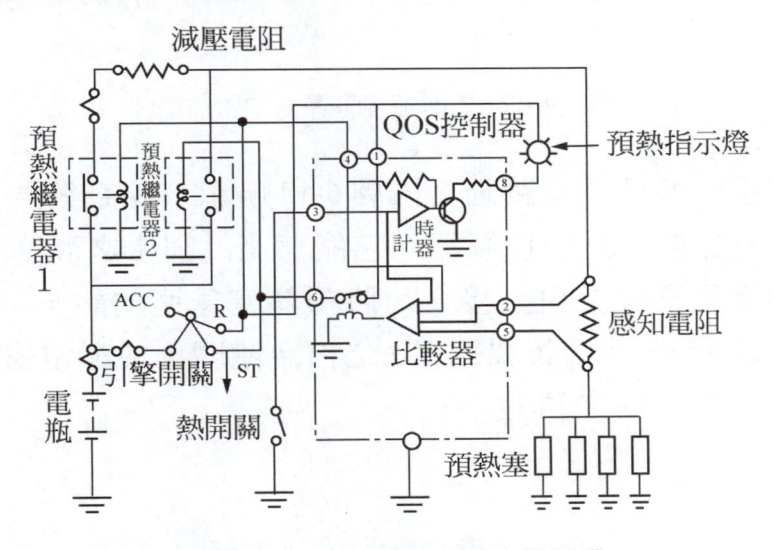

● 圖6-11　快速預熱系統之電路圖

1. 當起動開關ON時,預熱指示燈亮,同時電流流入預熱繼電器1之線圈,使繼電器1之白金閉合,電瓶的電即經由白金、減壓電阻、感知電阻到預熱塞搭鐵,使預熱塞發熱,經計時器計算,約3.5秒立即將預熱指示燈熄滅,此時,預熱塞之溫度約500℃。

2. 預熱指示燈熄滅後，再將起動開關轉 St 段，預熱繼電器 2 之線圈作用，使繼電器 2 之白金閉合，電瓶的電即經白金、感知電阻到預熱塞搭鐵，使預熱塞在起動時仍繼續預熱，其中計時器能使引擎發動後，繼續讓繼電器 2 之白金閉合約 7 秒鐘，使預熱塞保持穩定預熱狀態，讓剛發動之引擎運轉更為平穩。

在 1982 年，五十玲汽車公司更開發出超快速預熱系統，其起動速度幾乎與汽油引擎相同，只要將起動開關打開，立即可以發動引擎，不須等待預熱。就算在 － 20℃ 的低溫下，照樣可以得到快速起動之效果。其預熱塞之構造如圖 6-12 所示，在六角螺絲頭漆上銀色，以資辨認。電熱線採用鎢絲，外部以陶瓷管披覆，能耐極大的衝擊力，電熱絲完全不與空氣接觸，不會發生氧化作用，所以使用壽命很長。

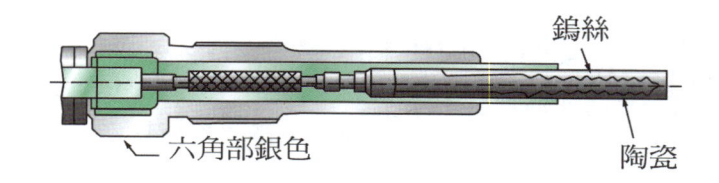

●圖 6-12　超快速預熱系統之預熱塞

　　超快速預熱系統之電路圖，如圖 6-13 所示，此系統為了防止電力過度消耗，而加裝了電子控制器，它能感測冷卻水之溫度在 60℃ 以下時，使預熱繼電器 1 之白金接合，將預熱塞急速加熱至 700℃ 以上，若預熱塞超過 850℃，則讓繼電器 1 之白金跳開，使繼電器 2 之白金繼續作用，維持預熱塞之預熱。

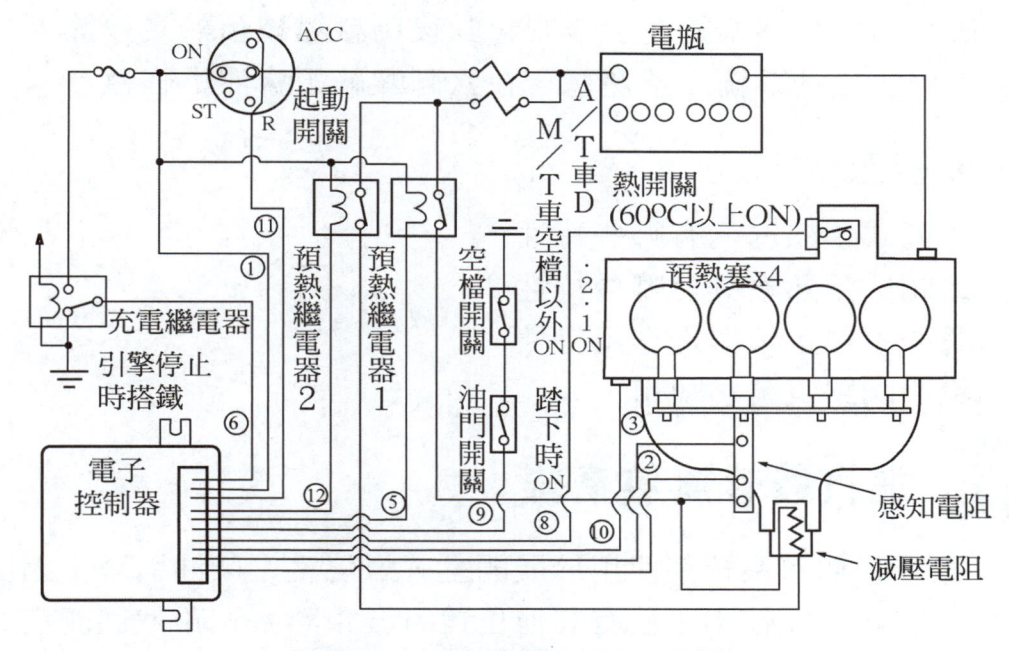

●圖 6-13　超快速預熱系統之電路圖

隨堂評量

一、是非題

(　) 1. 線圈式預熱塞之電熱線圈較封閉式預熱塞為粗。
(　) 2. 線圈式預熱塞所消耗之電流較封閉式預熱塞為大。
(　) 3. 線圈式預熱塞若一個燒壞，則全部的預熱塞都不作用。
(　) 4. 線圈式預熱塞之作用電壓約 10～11V。
(　) 5. 封閉式預熱塞之電路，其預熱指示器應與預熱塞並聯連接。
(　) 6. 預熱塞之作用時機為預熱時與起動時。
(　) 7. 封閉式預熱塞之預熱時間較線圈式預熱塞為短。
(　) 8. 封閉式預熱塞應採用並聯連接。
(　) 9. 封閉式預熱塞之可靠性與耐用性均較線圈式預熱塞為佳。
(　) 10. 預熱與起動時，電流都會經過預熱指示器。
(　) 11. 封閉式預熱塞須串聯減壓電阻。
(　) 12. 預熱電路中，預熱指示燈亮時，表示正在預熱中。
(　) 13. 快速預熱系統之預熱塞，在六腳螺絲頭會漆上綠色。

(　) 14. 封閉式預熱系統在引擎剛起動後仍會繼續預熱幾秒鐘。
(　) 15. 快速預熱系統之預熱塞，在六腳螺絲頭會漆上紅色。

二、問答題

1. 線圈式預熱塞具有哪些特性？
2. 封閉式預熱塞具有哪些特性？
3. 說明預熱指示器之作用特性。
4. 說明減壓電阻之功用。

6-2 進汽歧管加熱系統

　　進汽歧管加熱系統都使用於展開室式燃燒室之柴油引擎，因展開室式燃燒室之空間較小，沒有其他位置可裝預熱塞。雖然展開室式燃燒室之柴油引擎比其他型式之燃燒室較易發動，但是在寒冷的天氣下，若不預先將空氣加熱，還是很難將引擎發動，所以才設有進汽歧管加熱系統。一般進汽歧管之加熱方式有電熱式空氣預熱器與進氣加熱器兩種。

一、電熱式空氣預熱器

　　電熱式空氣預熱器之構造如圖 6-14 所示，裝置在進氣總管上，任何汽缸進氣時，其空氣均要經過進氣總管，所以不論汽缸數目多少，空氣預熱器都只裝置一個或兩個。空氣預熱器耗用之電能約 400～600W，

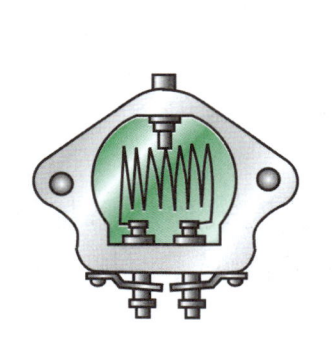

● 圖 6-14　空氣預熱器之構造　　　　● 圖 6-15　空氣預熱器電路圖

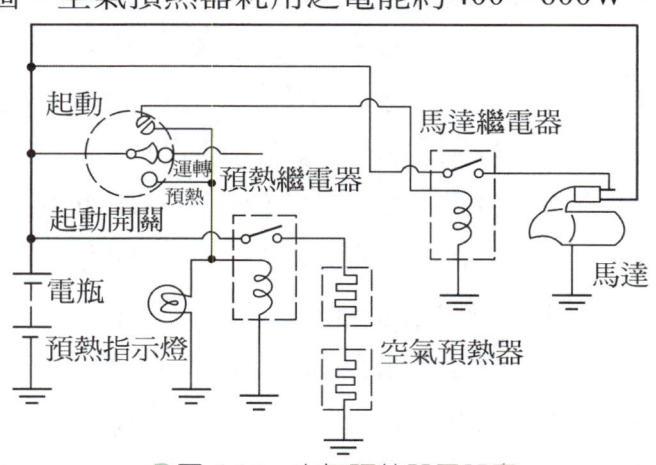

比預熱塞大得多。其電路圖如圖 6-15 所示，當起動開關在預熱位置時，預熱指示燈與預熱繼電器同時作用，使電瓶的電經繼電器白金流入空氣預熱器將電熱線加熱。空氣預熱器不像預熱塞可以在噴油嘴附近加熱空氣，所以在預熱時，不但要耗用大量的電，而且效果也不好。

二、進氣加熱器

進氣加熱器係利用用電熱塞，使少量的柴油燃燒，而將通過進汽歧管的空氣加熱，同時燃燒的火焰被吸入汽缸中，使噴入的柴油更易著火燃燒。此式與電熱式空氣預熱器相較，其耗用之電僅空氣預熱器之 1/20，且能將空氣加熱至 50～60℃。在引擎發動後，使用預熱塞和空氣預熱器的引擎都已停止加熱，但使用進氣加熱器之引擎卻仍能保持 20～30 秒的加熱，以縮短引擎低溫運轉時間，且能減少引擎冒黑煙量。由於在進汽歧管燃燒的是柴油引擎的過剩空氣，所以不會影響引擎的正常燃燒。

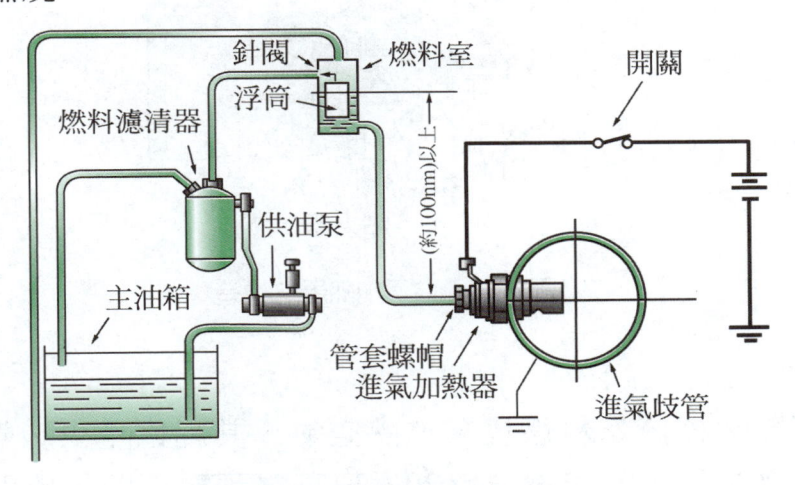

○圖 6-16　進氣加熱器系統

進氣加熱器系統之構件如圖 6-16 所示，其使用之燃料與引擎使用之燃料相同，由供油泵將燃料送至燃料室，燃料室有一浮筒與針閥來控制油面之高度。

進氣加熱器之構造如圖 6-17 所示，進氣加熱器都裝於進氣總管上，將流過進汽歧管進入汽缸的空氣預先加熱。

當起動開關在預熱位置時，電流流入加熱器之電熱線圈，將加熱器加熱，待溫度上升後，由於加熱器本體與閥桿之膨脹差，使鋼珠閥打開。鋼珠閥一打開，燃料即進入加熱器本體內，燃料一進入加熱器立即因高溫而汽化，汽化後的燃料蒸氣，進入點火器後，立即與經由封閉管上之小孔所進入之空氣混合成混合汽，此混合汽由點火器點火燃燒，而將通過進汽歧管的空氣加熱。在引擎發動後，雖然預熱電路已被切斷，但因加熱器本體的溫度還很高，鋼珠閥仍在打開位置，燃料仍繼續進入加熱器燃燒，待加熱器被經過的空氣冷卻下來後，鋼珠閥立即關閉，才將燃料切斷，停止預熱。

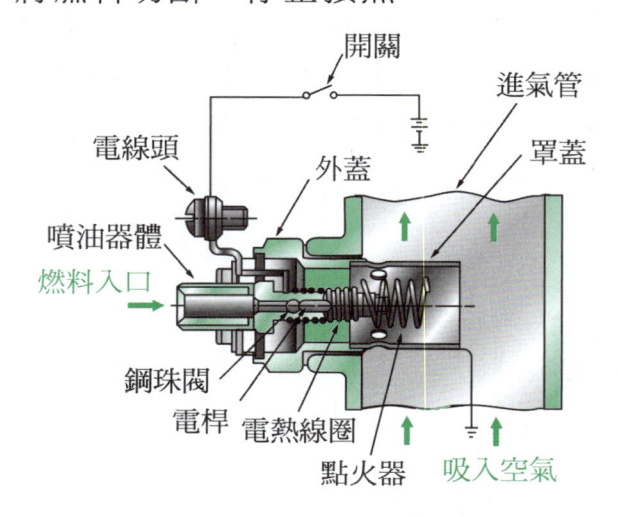

● 圖 6-17　進氣加熱器之構造

進氣加熱器具有下列之優點：

1. 利用點火器將燃料燃燒來加熱空氣，其耗電量少，熱量大。
2. 引擎發動後，能繼續維持 20～30 秒之預熱時間，使引擎運轉平穩，並縮短其溫車時間，減少排出之黑煙量。
3. 利用柴油引擎的過剩空氣來燃燒，所以不會影響引擎的正常運轉。
4. 能將進氣溫度加熱至 50～60℃，使引擎容易發動。
5. 裝設於進汽總管，不受高壓高溫之燃燒氣體之影響，使用壽命較長。

隨堂評量

一、是非題

(　) 1. 進汽歧管加熱系統大多使用於展開室式燃燒室。
(　) 2. 空氣預熱器之預熱效果較預熱塞之預熱效果為佳。
(　) 3. 進氣加熱器在引擎發動後仍能維持20～30秒之預熱時間。
(　) 4. 進氣加熱器也是使用電熱線圈來預熱。
(　) 5. 空氣預熱器之耗電量較進氣加熱器為大。

二、問答題

1. 進氣加熱器具有哪些優點？
2. 進汽歧管加熱系統有哪幾種加熱方式。

綜合評量

(　) 1. 下列有關串聯預熱電路之敘述何者為非？　(A)預熱指示器若燒紅太快可能有預熱塞短路　(B)若預熱指示器都不燒紅則表示線路斷路　(C)若預熱塞燒紅時間太長則可能有一預熱塞燒斷　(D)屬於低電壓大電流型。

(　) 2. 下列有關進氣加熱系統之敘述何者正確？　(A)引擎起動後仍繼續加熱以維持慢車穩定　(B)係採用電器加熱　(C)係將進入汽缸後之空氣加熱　(D)一般採用於空氣室式燃燒室。

(　) 3. 下列有關預熱塞之敘述何者為誤？　(A)線圈式電熱絲電阻較小　(B)線圈式須串聯使用　(C)封閉式需並聯使用　(D)封閉式用於展開室式之燃燒室。

(　) 4. 柴油引擎各缸之預熱塞是　(A)按發火順序輪流燒紅　(B)同時燒紅　(C)按汽缸順序輪流燒紅　(D)不一定。

(　) 5. 12V車系的封閉式預熱塞承受電壓約在　(A)2～3V　(B)6～7V　(C)8～9V　(D)10～11V。

(　) 6. 下列之敘述何者正確？　(A)預燃室式與空氣室式都需使用預熱塞來幫助起動　(B)預熱塞是幫助起動馬達增加溫度與電流使起動容易　(C)並聯式預熱塞其預熱時間比規定為長，表示有一預熱塞短路　(D)並聯式之預熱時間約30～40秒。

(　) 7. 關於線圈式預熱塞之敘述，下列何者為誤？　(A)電熱絲暴露於高溫高壓的燃燒氣體中　(B)電熱絲較細，電阻較大　(C)必須串聯使用　(D)每只預熱塞所承受之電2V以下。

(　) 8. 並聯式預熱塞電路，若任一預熱塞斷路時，則　(A)預熱塞電路不通　(B)電路中預熱指示燈不亮　(C)不受任何影響　(D)預熱指示器之溫度上升所需時間較長。

(　) 9. 串聯式預熱塞是屬於　(A)高電壓低電流型　(B)高電壓高電流型　(C)低電壓高電流型　(D)低電壓低電流型。

(　) 10. 關於燃燒式進汽加熱器之敘述，下列何者為誤？　(A)耗用電流為電熱式的1/20　(B)能將進汽加熱至50～60℃　(C)將燃料噴入進汽歧管燃燒，以加熱進入汽缸之空氣　(D)引擎發動後，加熱器立即停止作用。

(　) 11. 封閉式預熱塞是屬於　(A)高電壓大電流型　(B)低電壓大電流型　(C)高電壓小電流型　(D)低電壓小電流型。

(　) 12. 封閉式預熱塞所耗用電流約為　(A)6～10A　(B)15A　(C)25～30A　(D)35～40A。

(　) 13. 線圈式預熱塞耗用電流約在　(A)10～15安培　(B)20～25安培　(C)35～40安培　(D)50～60安培。

(　) 14. 進汽加熱器大多使用於何種燃燒室之引擎　(A)預燃室式　(B)空氣室式　(C)渦流室式　(D)敞開室式。

(　) 15. 下列關於減壓電阻之敘述，何者為誤？　(A)串接於各預熱塞之間　(B)大多使用於線圈式(串聯式)預熱塞的電路中　(C)設置減壓電阻的目的在於防止預熱塞所受之電壓太高　(D)減壓電阻故障時，預熱塞不作用。

(　) 16. 並聯式接線線中之預熱塞指示器和預熱塞是　(A)串聯　(B)並聯　(C)複聯　(D)分聯。

(　) 17. 預熱指示器是與各預熱塞　(A)並聯　(B)串聯　(C)分聯　(D)有的串聯有的並聯。

(　) 18. 下列有關預熱系統之敘述何者為非？　(A)封閉式預熱塞屬於高電壓低電流型　(B)引擎起動時預熱塞仍有作用　(C)封閉式預熱塞之預熱指示器須與預熱塞並聯連接　(D)封閉式預熱塞若其中一個斷路其他預熱塞仍有作用。

(　) 19. 下列何者非封閉式預熱塞之優點　(A)可靠性佳　(B)預熱時間短　(C)不須清潔與保養　(D)使用壽命長。

(　) 20. 線圈型預熱塞電路接線是　(A)預熱指示器→減壓電阻器→預熱塞串聯　(B)預熱指示器→預熱塞串聯　(C)預熱指示器→減壓電阻器→預熱塞並聯　(D)預熱指示器→預熱塞並聯。

(　) 21. 超快速預熱塞，其預熱時間約為　(A)15秒　(B)25～40秒　(C)3～5秒　(D)趨近於0秒。

(　) 22. 柴油引擎起動時，預熱塞　(A)依然有作用　(B)停止作用　(C)依然有作用但電流極少　(D)不一定。

(　) 23. 封閉式預熱塞金屬管內之絕緣材料為　(A)雲母片　(B)玻璃粉　(C)氧化鎂　(D)鈉原素。

(　) 24. 預熱塞係在何時使用　(A)引擎運轉時　(B)引擎發動前和發動時　(C)引擎發動時和運轉中　(D)引擎起動時與運轉時。

(　) 25. 為使柴油引擎冷天容易發動，可裝置　(A)點火系統　(B)減壓桿　(C)噴油器　(D)預熱塞。

286

7 排放污染物控制裝置

本章學習目標

1. 能瞭解柴油車排放 CO、HC、NOx、SOx、游離碳等之原因。
2. 能瞭解我國對汽車排放污染氣體管制之具體措施。
3. 能瞭解柴油車污染氣體之測試。
4. 能瞭解柴油車排氣污染氣體之處理裝置。

7-1 柴油車排放污染氣體概述

柴油與汽油同為石臘油族(C_nH_{2n+2})，均為碳氫化合物燃料，所以在燃燒後，其排放之污染氣體與汽油引擎相同，包括CO、HC、NOx、SOx、游離碳(黑煙粒子)等。

1. CO之排放

CO(一氧化碳)為燃燒不完全之產物，燃燒在燃燒時，若有足夠的空氣與燃燒時間，則在完全燃燒後，應僅形成H_2O與CO_2；若燃燒時所供應的空氣不足或燃燒時間太短，則易有CO排出，一般來說，混合比愈濃時，CO之排出量愈多；由於柴油引擎之空燃比約 16～200:1，其空氣過剩率(λ值)較汽油引擎較大，所以，柴油引擎排放之CO值較汽油引擎為少。

2. HC之排放

HC(碳氫化合物)為完全未燃燒之油氣，其排放之位置有油箱、曲軸箱、排氣管等。由於柴油之揮發性較汽油為低，所以，柴油引擎由油箱排放之 HC 值較汽油引擎為少；因柴油引擎吸入汽缸的為純空氣，壓縮時也是純空氣，所以，柴油引擎因曲軸箱之吹漏氣所排放之HC值較汽油引擎為少。而柴油引擎之混合比範圍很廣，且柴油係在壓縮上死點前才噴入汽缸，雖然其混合比較稀，但噴入汽缸的柴油僅會與局部空氣混合，所以，柴油引擎由排氣管排放之HC值較汽油引擎為少。

3. NOx之排放

NOx(為氮氧化物，可能為NO或NO_2)為高溫下之產物，由於柴油引擎之壓縮比較高，燃燒壓力及溫度也較高，所以，柴油引擎排放之NOx值較汽油引擎為多。而柴油引擎在各種燃燒室中，其中以展開室式燃燒室的引擎所排放之NOx量最多。

4. SOx之排放

SOx(為硫化合物，可能為SO_2或SO_3)係因為燃料中含有硫，燃燒後在高溫下形成，SOx排放至大氣中後，經與水蒸氣結合，最後易形成酸雨而破壞生態環境。因柴油之含硫量較汽油為高，所以，柴油引擎排放之 SOx 值也較汽油引擎為多。

5. 游離碳

游離碳係因燃料在燃燒室之高溫下還未氧化時即被裂解所形成，俗稱黑煙。一般來說，混合比過濃時，引擎容易排放黑煙；而柴油引擎屬於壓縮點火，其燃料係在壓縮上死點前才噴入汽缸，經霧化的柴油粒子吸收汽缸內的壓縮熱後自行著火燃燒，由於在燃燒過程中仍會有柴油噴入燃燒室，因此有部份柴油粒子因來不及與空氣充份混合後即被燃燒室的高溫所裂解，而形成游離碳；所以，柴油引擎較汽油引擎更容易排放黑煙。

隨堂評量

一、是非題

( ) 1. 柴油引擎排放之 CO 值較汽油引擎為少。
( ) 2. 柴油引擎排放之 HC 值較汽油引擎為少。
( ) 3. 柴油引擎排放之 NOx 值較汽油引擎為少。
( ) 4. 柴油引擎排放之游離碳較汽油引擎為少。
( ) 5. 柴油引擎排放之 SOx 值較汽油引擎為少。

二、問答題

1. 柴油引擎排放之污染氣體有哪些？與汽油引擎比較，排出量何者較嚴重？
2. 柴油引擎為何較易排放黑煙？

7-2 排放空氣污染物標準與測試

一、汽車排放空氣污染物之標準

在世界上已開發或開發中國家，由於人民對生活品質的要求，所以對汽車排放之廢氣都有設計法規管制。最早是美國加州自 1963 年即對曲軸箱排放之HC開始立法管制，其聯邦政府也在1968年立法管制HC、CO之排放量。而日本也在1970年開始立法管制汽車之廢氣排放標準。加拿大則在1972年立法管制HC、CO之排放量。歐洲經濟委員會之加盟國也在 1970 年制定法規來限制汽車之廢氣排放標準。而我國對汽車排放污染氣體之管制卻較美、日、歐洲等國較晚。直至 1976 年(民國 65 年)才僅對柴油車管制黑煙之排放，規定柴油車之黑煙排放不能超過林格曼 2 號(40%之濃度)。而對汽油車，則在 1980 年(民國69年)才在「空氣污染防制法施行細則」中訂定「汽車廢氣排放最高容許量」，且在 1981 年(民國 70 年)才開始實施。

(一)我國對汽車排放污染氣體管制之具體措施有：

1. 在 1976 年(民國 65 年)限制柴油車之黑煙排放不能超過 50%之濃度。
2. 在 1981 年(民國 70 年)全面禁止二行程汽油車繼續生產或進口。
3. 在 1981 年(民國 70 年)授權各監理所或汽車委託代檢廠商於車輛定期檢查時，需檢測 HC、CO 之排放量。
4. 在 1987 年(民國 76 年)規定國產車在量產前，或進口車在申請進口時，需通過新車審驗標準，其 HC、CO 之排放標準較使用中之車輛為高。
5. 在 1988 年(民國 77 年)規定所有新車都必須裝置積極式曲軸箱通風系統(PCV 系統)，以減少 HC 之排放。
6. 在 1991 年(民國 80 年)規定所有新車都必須裝置蒸發氣體排放控制(Evaporative Emission Control System；簡稱EEC系統)，以減少 HC 之排放。

7. 在1993年(民國82年)，制定新車之廢氣排放必須合乎二期環保標準，新車必須裝置觸媒轉換器。
8. 在1999年(民國88年)，制定新車之廢氣排放必須合乎三期環保標準。
9. 在2008年(民國97年)，97/01/01施行汽油車第四期排放標準；規定所有新車都必須配備車上診斷系統(on board diagnostics，簡稱OBD)，以監控廢氣排放之狀況。
10. 在2012年(民國101年)，101/10/01施行汽油車五期環保排放標準。

(二)我國對使用中汽油車污染氣體之排放標準

1. 在79年6月30日以前出廠(含)之汽車，其CO應在4.5%以下，HC應在1200ppm以下。
2. 在79年7月1日至81年7月31日出廠(含)之汽車，其CO應在3.5%以下，HC應在900ppm以下。
3. 在81年8月1日以後出廠(含)之汽車，其CO應在1.2%以下，HC應在220ppm以下。
4. 在88年1月1日以後出廠(含)之汽車，其CO應在0.5%以下，HC應在100ppm以下。(第三期汽油車之環保標準)

(三)我國對使用中柴油車污染氣體之排放標準

1. 在82年6月30日以前出廠之柴油車，其排煙污染度(不透光度)應在50%以下。
2. 在82年7月1日以後出廠(含)柴油車，其排煙量污染度(不透光度)應在40%(林格曼2號)以下。
3. 在88年7月1日以後出廠之柴油車，其排煙污染度(不透光度)應在35%以下。(第三期柴油車之環保標準)
4. 在95年10月01日(2006.10.01)以後出廠之柴油車，其排煙污染度(不透光度)應在30%以下。(第四期柴油車之環保標準)
5. 在101年01月01日(2012.01.01)以後出廠之柴油車，其排煙污染度(不透光度)應在20%以下。(第五期柴油車之環保標準)
6. 在108年09月01日以後(2019.09.01)以後出廠之柴油車，其排煙污染度(不透光度)應在20%以下。(第六期柴油車之環保標準)

二、柴油車污染氣體之測試

我國環保署規定行駛中的柴油車於監理站作定期檢驗後，係在無負荷且加油踏板踩到底狀態，檢測其排煙污染度是否在規定範圍內，每次加油踏板踩到底之時間應在 4 秒鐘以上，共測三次，取其平均值。柴油車之排煙污染度(黑煙)的量測方法有目測法與儀器法兩種。

(一)目測法

早期的排煙污染度是以目測法即為林格曼法(Linglma)，為世界上最早用於煙度量測的方法，如圖 7-1 所示為我國環保署製作之林格曼煙度卡。100%濃度(全黑)為林格曼 5 號，80%濃度為林格曼 4 號，60%濃度為林格曼 3 號，40%濃度為林格曼 2 號，20%濃度為林格曼 1 號。測量時，檢測員由測量孔中看排煙污染度與林格曼煙卡上之各濃度比較，以顏色最接近者定之。

這種方法最大的誤差來自個人訓練程度及黑煙背景顏色，易出現不同程度之差異，且也無法記錄存檔，所以現在已不再採用。

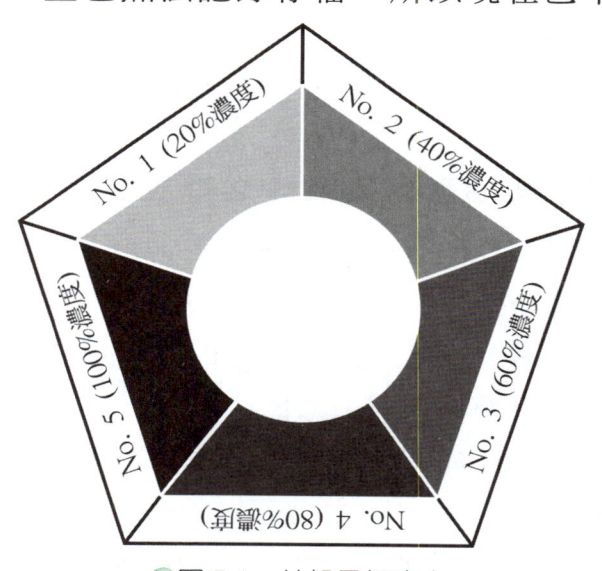

● 圖 7-1　林格曼煙度卡

(二)儀器法

儀器法係利用儀器來量測柴油車之排煙污染度，此方法之精確度較目測法高，也較具有公信力，目前都採用儀器法量測排煙污染度。儀器法有光線衰減法與過濾法兩種。

1. 光線衰減法

光線衰減法係利用一定波長的可見光線透過欲測的煙柱，測出光線被遮蔽之量，以求出不透光率；不透光率係以百分比(%)表示之，當排煙濃度愈濃時(愈黑)，其不透光率愈大，百分比值愈大。

2. 過濾法

過濾法係以定量的排氣氣體強迫其通過一張濾紙，再以光源來測出其光線之反射程度，其反射程度仍以百分比(%)表示之，當排煙濃度愈時(愈黑)，其反射程度愈差，百分比值愈大。

隨堂評量

一、是非題

( ) 1. 我國在1976年開始限制柴油車之黑煙排放不能50%之濃度。
( ) 2. 我國在1981年授權汽車委託代檢廠商做車輛定期檢驗。
( ) 3. 民國81年8月1日出廠的汽車，其CO值應在3.5%以下、HC值應在900ppm以下。
( ) 4. 第三期汽油車之環保標準，其CO值應在0.5%以下、HC值應在100ppm以下。
( ) 5. 第三期柴油車之環保標準，其CO值應在0.5%以下、HC值應在100ppm以下。
( ) 6. 88年7月1日以前生產之柴油車，其黑煙排放不能超過林格曼2號。
( ) 7. 柴油車在監理站做定期檢驗時，係在無負荷狀態將加油踏板踩到底，以測試其排煙濃度。
( ) 8. 林格曼煙度卡在2號時，其排煙濃度為40%。

二、問答題

1. 說明林格曼法之排煙濃度。
2. 說明我國對使用中柴油車污染氣體之排放標準。

7-3 排氣污染物處理裝置

　　柴油引擎所排放的污染物中,HC、CO之排出量較汽油引擎為少,但 NOx、SOx 及碳粒(黑煙)卻較汽油引擎嚴重。由於環保意識抬頭,各國均逐漸嚴格要求汽車排放的污染物應儘量減少。所以,各汽車製造廠為了能減少柴油引擎之排氣污染物,對引擎都作了相當的改良,並加裝各種裝置。

一、裝置PCV系統

　　PCV 系統(Positive Crankcase Ventilation System)稱為積極式曲軸箱通風系統,可減少HC之排放。

二、進氣系統之改良

　　在進氣系統中,修正進汽歧管之形狀,改良進汽口及變更汽門正時,以減少進氣阻力,並增加容積效率,同時能增強空氣渦流,促進燃料與空氣能充分混合,使獲得良好的燃燒,並縮短燃燒時應以減少HC、CO、NOx之排放。

三、燃燒室之改良

　　適當修正燃燒室之形狀,增強空氣渦流,促進燃料與空氣能充分混合,使獲得良好之燃燒,並縮短燃燒時間,以減少 HC、CO、NOx 之排放。

四、設置排氣再循環裝置

　　設置排氣再循環裝置(Exhaust Gas Recirculation,簡稱 EGR),可降低燃燒溫度,以減少NOx之排放。

　　EGR裝置係在排汽歧管中抽取少量之排出氣體,再回流入進汽歧管,進入燃燒室中,以降低燃燒溫度,減少NOx之排放。由於將排氣再導入進汽歧管內,會降低引擎之性能,所以,為了避免過度影響引擎性能,必須依循進氣溫度,冷卻水溫度,引擎轉速,車速等狀況,適當控制其排氣還流量；目前較新的引擎，其 EGR 控制閥都採用電腦來控制。

五、燃料系統之改良

現代柴油引擎，為了使排氣污染物能合乎第三期環保標準，都將傳統的燃料系統改用電腦控制，使燃料系統能依進氣溫度、大氣壓力、冷卻水溫度、引擎轉速、引擎負荷、加減速狀態、燃油溫度等變化，適當地修正噴射量、噴射時期、噴射壓力，並改良其霧化程度及油粒分佈狀態，以提高燃燒性能，減少 HC、CO、NOx 之排放。

六、裝置氧化還原觸媒轉換器

現代的柴油引擎為了能合乎第三期環保標準，也與汽油引擎相似，在排汽歧管後，加裝氧化還原觸媒轉換器，以減少 HC、CO、NOx 之排放。

隨堂評量

一、是非題

( ) 1. PCV 系統能減少 CO 之排放。
( ) 2. 促進空氣渦流，能同時減少 CO、HC、NOx 之排放。
( ) 3. 設置排氣再循環裝置能減少 CO、HC 之排放。
( ) 4. 目前新的引擎，其 EGR 控制閥都採用電腦控制。
( ) 5. 合乎第三期環保標準之柴油車也都裝有觸媒轉換器。

二、問答題

1. 何謂 EGR 裝置？有何功用？
2. 燃料系統改用電腦控制，具有哪些修正？

綜合評量

一、選擇題

( ) 1. 柴油引擎所排放的污染物體中,下列那一種較汽油引擎之排出量多?　(A)CO　(B)HC　(C)NOx　(D)CO_2。

( ) 2. 柴油引擎所排放的污染氣體中,下列那一種最嚴重?　(A)HC　(B)NOx　(C)C　(D)CO。

( ) 3. 下列那一種污染氣體係在高溫下產生的?　(A)HC　(B)NOx　(C)CO　(D)黑煙。

( ) 4. 柴油引擎所排放的污染氣體中,下列那一種較汽油引擎之排出量少?　(A)CO　(B)SOx　(C)NOx　(D)黑煙。

( ) 5. 柴油引擎較汽油引擎容易排放黑煙,係因　(A)柴油引擎供應之混合比較濃　(B)柴油引擎之燃燒溫度較低　(C)柴油引擎之壓縮比較高　(D)柴油引擎在燃燒時仍會噴入燃料。

( ) 6. 88年1月1日以前出廠的汽油車,其CO值應在多少以下?　(A)3.5%　(B)2.2%　(C)1.2%　(D)0.5%。

( ) 7. 88年1月1日以前出廠的汽油車,其HC值應在多少以下?　(A)1200ppm　(B)900ppm　(C)450ppm　(D)220ppm。

( ) 8. 82年6月30日以前出廠的柴油車,其排煙污染度應在多少以下?　(A)50%　(B)40%　(C)30%　(D)20%。

( ) 9. 88年7月1日以前出廠的柴油車,其排煙污染度應在多少以下?　(A)40%　(B)35%　(C)30%　(D)25%。

( ) 10. 目測排煙污染度,林格曼2號之百分比為多少?　(A)80%　(B)60%　(C)40%　(D)20%。

中英文索引

A

Acetone Peroxide　氧化丙酮　61
Air Cell Chamber Type　空氣室式燃燒室　74
Airless Injection　無氣噴射式　79
Airless Injection System　無氣噴射系統　3
Alcohol　酒精　262
All Speed Governor or Variable Speed Governor
全速調速器　160
American Petroleum Institute
美國石油協會，簡稱 API　58
Amyl Nitrate　戊烷基硝酸鹽　61
Auto-Timer　自動正時器　157

B

BDC　活塞下死點　14
Bellows Type Thermostat　摺囊式調溫器　258
Bi-metal Type Thermostat　雙金屬式調溫器　259
Blower　鼓風機　194
By-pass Type　旁通式　238

C

Cam Disk　凸輪盤　114
Close Type Nozzle　閉式噴油嘴　150
Combination Pressure and Splash Type
飛濺壓力混合式　232
Combined Governor　複合式調速器　160
Common Rail　共軌式　212
Compression Ignition　壓縮著火　2
Constant Speed Governor　等速調速器　160
Cooperative Fuel Research Engine
聯合燃料研究引擎，簡稱 CFR　57
CPU　中央處理器　200
Cross-flow Scavenging　橫流掃氣法　17
Cylindrical Type　圓柱式　138

D

Delivery Valve　輸油門　223
Diaphragm Type Fuel Pump　膜片式供油泵　87
Diesel Engine　狄賽爾引擎　2
Double Disc　雙盤式　129

E

Electronic Driver Unit　電子驅動元件　208
Enclosed Camshaft　含有凸輪軸　105
Energy Chamber Type　能量室式燃燒室　75
Ethylene Glycol　乙烯乙二醇　262
Evaporative Emission Control System
蒸發氣體排放控制系統，簡稱 EEC 系統　290
Exhaust Gas Recirculation
排氣再循環裝置，簡稱 EGR　294

F

Feed Pump　傳油泵　113
Flange Type　凸緣式　138
Fuel Cut Solenoid　燃料切斷電磁閥　123
Fuel Pump　燃油泵　129
Full Flow Type　全流式　238
Full Pressure Type　完全壓力式　232
Furol Type　弗洛式　58

G

Gear Pump　齒輪式機油泵　235
Gear Type Fuel Pump　齒輪式供油泵　88
Governor　調速器　129

H

High Heating Value　高熱值　60
Hole Type Nozzle　孔型噴油嘴　153
Hydraulic Head　液壓頭　115

I

Idling and Maximum Speed Governor
高低速調速器　160
Idling-Maximum Speed Governor and Variable
Governor　綜合調速器　160
Injection Pump　噴射泵　105
Injector　噴射器　147

L

Loop-flow Scavenging	環流掃氣法	17
Low Heating Value	低熱值	60

M

Manual Timer	手動式正時器	156
Mechanical Governor	機械式調速器	160
Mechanical Injection Type	機械噴射式	79
Methyl Alcohol	木精	262

N

Nozzle	噴油嘴	150
Nozzle Holder	噴油嘴架	149

O

Oil Cooler	機油冷卻器	240
Oil Filter	機油濾網	235
Oil Pan	油底殼	235
Oil Pump	機油泵	235
Open Combustion Chamber Type 展開室式燃燒室		71
Open Type Nozzle	開式噴油嘴	150

P

Part Pressure Type	部份壓力式	231
Permanent Type Anti Freez	永久式防凍劑	262
Pintaux Nozzle	輔助油孔型噴油嘴	152
Pintle Type Nozzle	針型噴油嘴	150
Plunger Pump	柱塞式機油泵	237
Plunger Type Fuel Pump	柱塞式供油泵	84
Pneumatic Governor	氣力調速器	160
Positive Crankcase Ventilation System 積極式曲軸箱通風系統,簡稱 PCV 系統		294
Pre-combustion Chamber Type 預燃室式燃燒室		72
Pressure Limiter	限壓器	216
Pressure Regulator	調壓器	114
Pressure Time Fuel Pump	PT 型燃油泵	129
Pump Housing	泵殼	112

R

Reciprocating Type	往復式增壓器	194
Roller Holder	滾輪架	114
Root's Type Blower	魯式鼓風機	194
Rotary Pump	轉子式機油泵	236

S

Saybolt Viscometer	賽式黏度計	57
Second Saybolt Furol	賽式弗洛秒	58
Second Saybolt Universal	賽式通用秒	58
Semi-Permanent Type Anti Freezer 半永久式防凍劑		262
Shunt Type	分流式	238
Single Disc	單盤式	129
Society of Automotive Engineer 美國汽車工程協會,簡稱 SAE		229
Splash Type	飛濺式	231
Standard Type Nozzle	標準型噴油嘴	151
Super Charger	機械驅動式增壓器	194
Supply Pump	主油泵	214

T

Throttle Shaft	油門軸	130
Throttling Type Nozzle	節流型噴油嘴	152
Thrust Bearing	正推軸承	52
Turbo Charger	渦輪增壓器	194
Turbulence Chamber Type	渦動室式燃燒室	73
Two Way Valve	二向電磁閥	216

U

Unit Injection	單體式噴射裝置	3
Unit-flow Scavenging	單流掃氣法	17
Universal Type	通用式	58

V

Vane Pump	葉片式機油泵	237
Vane Type Fuel Pump	輪葉式供油泵	88

W

Wax Pellet Type Thermostat 蠟丸式調溫器		258

評量簡答

第一章

1-1 隨堂評量

1. (✗) 2. (○) 3. (✗) 4. (○) 5. (✗) 6. (○) 7. (✗) 8. (○)
9. (✗) 10. (✗) 11. (○) 12. (○) 13. (✗) 14. (○) 15. (✗) 16. (○)
17. (○) 18. (✗)

1-2 隨堂評量

1. (✗) 2. (○) 3. (○) 4. (✗) 5. (✗) 6. (○) 7. (✗) 8. (○)
9. (○) 10. (✗) 11. (✗) 12. (✗) 13. (○) 14. (○) 15. (✗) 16. (○)
17. (○) 18. (✗)

第一章 綜合評量

1. (A) 2. (B) 3. (A) 4. (B) 5. (A) 6. (B) 7. (D) 8. (D)
9. (D) 10. (B) 11. (A) 12. (B) 13. (B) 14. (C) 15. (D) 16. (B)
17. (B) 18. (B) 19. (A) 20. (C) 21. (A) 22. (D) 23. (B) 24. (B)
25. (D) 26. (B) 27. (D) 28. (B) 29. (B) 30. (B) 31. (A) 32. (B)
33. (B) 34. (D) 35. (D)

第二章

2-1-1 隨堂評量

1. (✗) 2. (○) 3. (○) 4. (○) 5. (✗) 6. (○)

2-1-2 隨堂評量

1. (✗) 2. (○) 3. (○) 4. (✗) 5. (✗) 6. (○) 7. (✗) 8. (○)

2-1-3 隨堂評量

1. (✗) 2. (○) 3. (○) 4. (✗) 5. (✗) 6. (○) 7. (○) 8. (○)

2-1-4 隨堂評量

1. (✗) 2. (○) 3. (○) 4. (○) 5. (✗)

2-1-5 隨堂評量

1. (✗) 2. (○) 3. (○) 4. (✗) 5. (✗) 6. (✗) 7. (○) 8. (○)
9. (✗) 10. (○)

2-2 隨堂評量

1. (✗) 2. (○) 3. (✗) 4. (○) 5. (○)

附-4

第二章 綜合評量

1. (A)　2. (A)　3. (C)　4. (D)　5. (D)　6. (A)　7. (B)　8. (D)
9. (C)　10. (B)　11. (D)　12. (B)　13. (D)　14. (A)　15. (A)　16. (B)
17. (A)　18. (D)　19. (A)　20. (C)

第三章

3-1-1 隨堂評量

1. (○)　2. (○)　3. (○)　4. (×)　5. (×)　6. (○)　7. (○)　8. (×)
9. (○)　10. (×)　11. (○)　12. (×)　13. (×)　14. (○)

3-1-2 隨堂評量

1. (○)　2. (×)　3. (×)　4. (○)　5. (○)　6. (×)

3-1-3 隨堂評量

1. (○)　2. (○)　3. (×)　4. (×)　5. (×)　6. (○)　7. (×)　8. (○)
9. (×)　10. (○)

3-1-4 隨堂評量

1. (○)　2. (×)　3. (○)　4. (×)　5. (○)　6. (○)　7. (○)　8. (○)
9. (○)　10. (○)　11. (○)　12. (×)　13. (○)　14. (○)　15. (○)　16. (○)

3-2 隨堂評量

1. (○)　2. (○)　3. (×)　4. (×)　5. (○)　6. (○)　7. (×)　8. (○)

3-3-1 隨堂評量

1. (○)　2. (○)　3. (×)　4. (×)　5. (○)　6. (○)　7. (×)　8. (○)
9. (×)　10. (○)　11. (×)　12. (×)

3-3-2 隨堂評量

1. (○)　2. (○)　3. (×)　4. (×)　5. (○)　6. (○)　7. (×)　8. (○)
9. (×)　10. (○)　11. (×)　12. (×)　13. (×)　14. (×)　15. (○)　16. (○)
17. (×)　18. (○)　19. (×)　20. (○)　21. (×)　22. (×)　23. (○)　24. (×)
25. (○)　26. (×)　27. (×)　28. (○)　29. (○)　30. (○)　31. (×)　32. (○)
33. (×)　34. (○)

3-4 隨堂評量

1. (○)　2. (×)　3. (○)　4. (×)　5. (○)　6. (○)　7. (×)　8. (○)
9. (○)　10. (○)　11. (×)　12. (○)　13. (○)　14. (×)　15. (×)　16. (○)
17. (○)　18. (×)

3-5 隨堂評量

1. (○)　2. (○)　3. (○)　4. (○)　5. (×)　6. (○)　7. (○)　8. (○)
9. (×)　10. (×)　11. (○)　12. (○)

3-6 隨堂評量
1. (○)　2. (○)　3. (○)　4. (✗)　5. (○)　6. (✗)　7. (✗)　8. (✗)

3-7 隨堂評量
1. (○)　2. (✗)　3. (○)　4. (✗)　5. (✗)　6. (○)　7. (✗)　8. (○)
9. (○)　10. (✗)　11. (✗)　12. (○)　13. (○)　14. (✗)　15. (○)　16. (○)
17. (✗)　18. (✗)　19. (○)　20. (○)

3-8 隨堂評量
1. (○)　2. (○)　3. (✗)　4. (✗)　5. (○)　6. (○)　7. (○)　8. (✗)

3-9 隨堂評量
1. (○)　2. (✗)　3. (○)　4. (✗)　5. (✗)　6. (○)　7. (○)　8. (✗)
9. (○)　10. (○)　11. (✗)　12. (○)　13. (○)　14. (✗)　15. (○)　16. (○)
17. (✗)　18. (✗)　19. (○)　20. (○)　21. (✗)　22. (✗)　23. (○)　24. (○)
25. (○)　26. (✗)　27. (✗)　28. (✗)　29. (○)　30. (○)　31. (○)　32. (○)
33. (○)　34. (✗)　35. (○)

3-10 隨堂評量
1. (○)　2. (○)　3. (✗)　4. (✗)　5. (○)　6. (○)　7. (✗)　8. (○)
9. (○)　10. (✗)

3-11 隨堂評量
1. (○)　2. (✗)　3. (○)　4. (○)　5. (✗)　6. (✗)　7. (○)　8. (✗)
9. (○)　10. (○)　11. (○)　12. (✗)　13. (○)　14. (✗)　15. (✗)　16. (✗)
17. (✗)　18. (✗)　19. (○)　20. (✗)　21. (○)　22. (✗)　23. (○)　24. (○)
25. (✗)

第三章　綜合評量
1. (C)　2. (C)　3. (A)　4. (B)　5. (B)　6. (B)　7. (C)　8. (C)
9. (C)　10. (B)　11. (C)　12. (C)　13. (B)　14. (A)　15. (A)　16. (B)
17. (C)　18. (B)　19. (B)　20. (B)　21. (C)　22. (A)　23. (A)　24. (D)
25. (C)　26. (B)　27. (B)　28. (D)　29. (A)　30. (A)　31. (C)　32. (C)
33. (D)　34. (C)　35. (B)　36. (D)　37. (C)　38. (D)　39. (A)　40. (B)

第四章

4-1 隨堂評量
1. (✗)　2. (○)　3. (○)　4. (○)　5. (○)　6. (○)　7. (✗)　8. (○)
9. (○)　10. (✗)　11. (○)　12. (○)　13. (○)　14. (○)　15. (✗)　16. (○)
17. (○)　18. (✗)　19. (○)　20. (○)　21. (○)　22. (○)　23. (○)　24. (✗)
25. (○)

4-2隨堂評量

1. (○) 2. (✗) 3. (○) 4. (○) 5. (○) 6. (✗) 7. (○) 8. (○)
9. (✗) 10. (✗) 11. (○) 12. (✗) 13. (✗) 14. (○) 15. (○) 16. (○)
17. (✗) 18. (○) 19. (○) 20. (○)

第四章 綜合評量

1. (A) 2. (A) 3. (A) 4. (D) 5. (B) 6. (D) 7. (B) 8. (C)
9. (A) 10. (A) 11. (C) 12. (D) 13. (D) 14. (B) 15. (B) 16. (B)
17. (A) 18. (C) 19. (D) 20. (D) 21. (D) 22. (D) 23. (C) 24. (C)
25. (C) 26. (C) 27. (D) 28. (B) 29. (C) 30. (A)

第五章

5-1隨堂評量

1. (○) 2. (○) 3. (○) 4. (✗) 5. (✗) 6. (○)

5-2隨堂評量

1. (○) 2. (○) 3. (○) 4. (✗) 5. (✗) 6. (○) 7. (✗) 8. (○)
9. (○) 10. (✗) 11. (○) 12. (○) 13. (○) 14. (○) 15. (✗) 16. (○)
17. (✗) 18. (○) 19. (○) 20. (○) 21. (○) 22. (○) 23. (✗) 24. (○)
25. (○) 26. (✗) 27. (✗) 28. (○) 29. (○) 30. (○)

第五章 綜合評量

1. (D) 2. (D) 3. (B) 4. (B) 5. (C) 6. (D) 7. (D) 8. (D)
9. (B) 10. (A) 11. (D) 12. (D) 13. (C) 14. (D) 15. (D) 16. (A)
17. (B) 18. (D) 19. (D) 20. (B) 21. (A) 22. (A) 23. (D) 24. (A)
25. (D) 26. (D) 27. (D) 28. (A) 29. (D) 30. (D) 31. (D) 32. (A)
33. (C)

第六章

6-1隨堂評量

1. (○) 2. (○) 3. (○) 4. (✗) 5. (✗) 6. (○) 7. (✗) 8. (○)
9. (○) 10. (✗) 11. (✗) 12. (○) 13. (○) 14. (✗) 15. (✗)

6-2隨堂評量

1. (○) 2. (✗) 3. (○) 4. (✗) 5. (○)

第六章 綜合評量

1. (C) 2. (A) 3. (D) 4. (B) 5. (D) 6. (D) 7. (B) 8. (D)
9. (C) 10. (D) 11. (C) 12. (A) 13. (C) 14. (D) 15. (A) 16. (A)
17. (B) 18. (C) 19. (B) 20. (A) 21. (D) 22. (A) 23. (C) 24. (B)
25. (D)

第七章

7-1隨堂評量
1. (○) 2. (○) 3. (✗) 4. (✗) 5. (✗)

7-2隨堂評量
1. (○) 2. (○) 3. (✗) 4. (○) 5. (✗) 6. (○) 7. (○) 8. (○)

7-3隨堂評量
1. (✗) 2. (○) 3. (✗) 4. (○) 5. (○)

第七章 綜合評量
1. (C) 2. (C) 3. (B) 4. (A) 5. (D) 6. (C) 7. (D) 8. (B)
9. (C) 10. (C)

筆記欄

書　　　名	汽車學—柴油引擎篇	
書　　　號	CB01403	
版　　　次	2009年1月初版 2025年9月四版	國家圖書館出版品預行編目資料 汽車學—柴油引擎篇 / 許良明, 黃旺根編著. -- 四版. -- 新北市：台科大圖書股份有限公司, 2025.09 　面；　公分 ISBN 978-626-391-647-0(平裝) 1.CST: 汽車工程 2.CST: 引擎 447.1　　　　　　　　　　　　　114012559
編 著 者	許良明、黃旺根	
責 任 編 輯	李奇蓁	
校 對 次 數	6次	
版 面 構 成	陳依婷	
封 面 設 計	陳依婷	

出 版 者	台科大圖書股份有限公司
門 市 地 址	24257新北市新莊區中正路649-8號8樓
電　　　話	02-2908-0313
傳　　　真	02-2908-0112
網　　　址	tkdbook.jyic.net
電 子 郵 件	service@jyic.net
版 權 宣 告	**有著作權　侵害必究** 本書受著作權法保護。未經本公司事前書面授權，不得以任何方式（包括儲存於資料庫或任何存取系統內）作全部或局部之翻印、仿製或轉載。 書內圖片、資料的來源已盡查明之責，若有疏漏致著作權遭侵犯，我們在此致歉，並請有關人士致函本公司，我們將作出適當的修訂和安排。
郵 購 帳 號	19133960
戶　　　名	台科大圖書股份有限公司
	※郵撥訂購未滿1500元者，請付郵資，本島地區100元 / 外島地區200元
客 服 專 線	0800-000-599
網 路 購 書	勁園科教旗艦店 蝦皮商城　　博客來網路書店 台科大圖書專區　　勁園商城
各服務中心	總　　公　　司　02-2908-5945　　台中服務中心　04-2263-5882 台北服務中心　02-2908-5945　　高雄服務中心　07-555-7947

線上讀者回函
歡迎給予鼓勵及建議
tkdbook.jyic.net/CB01403